| 海西求是文库 |

本书受到以下项目的资助

国家社会科学基金青年项目"基于网络治理视角的流域区际生态利益协调机制构建：以闽江流域为例"（08CZZ023）

福建省社科规划项目"闽江流域生态服务网络化供给机制与政策创新"(2011B096)

福建省科技厅软科学项目"闽江流域农业面源污染治理机制与对策研究"(2011R0036)

福建省财政厅科技专项"闽江流域区际生态利益协调机制构建"（CH-0153）

| 海西求是文库 |

# 流域区际生态利益
# 网络型协调机制

胡 熠/著

INTER-REGIONAL ECOLOGY
INTEREST COORDINATION
MECHANISM in
WATERSHED

社会科学文献出版社
SOCIAL SCIENCES ACADEMIC PRESS (CHINA)

# 总　序

　　党校和行政学院是一个可以接地气、望星空的舞台。在这个舞台上的学人，坚守和弘扬理论联系实际的求是学风。他们既要敏锐地感知脚下这块土地发出的回响和社会跳动的脉搏，又要懂得用理论的望远镜高瞻远瞩、运筹帷幄。他们潜心钻研理论，但书斋里装的是丰富鲜活的社会现实；他们着眼于实际，但言说中彰显的是理论逻辑的魅力；他们既"力求让思想成为现实"，又"力求让现实趋向思想"。

　　求是，既是学风、文风，也包含着责任和使命。他们追求理论与现实的联系，不是用理论为现实作注，而是为了丰富观察现实的角度、加深理解现实的深度、提升把握现实的高度，最终让解释世界的理论转变为推动现实进步的物质力量，以理论的方式参与历史的创造。

　　中共福建省委党校、福建行政学院地处台湾海峡西岸。这里的学人的学术追求和理论探索除了延续着秉承多年的求是学风，还寄托着一份更深的海峡情怀。多年来，他们殚精竭虑所取得的学术业绩，既体现了马克思主义及其中国化成果实事求是、与时俱进的理论品格，又体现了海峡西岸这一地域特色和独特视角。为了鼓励中共福建省委党校、福建行政学院的广大学人继续传承和弘扬求是学风，扶持精品力作，经校委研究，决定编辑出版《海西求是文库》，以泽被科研先进，沾溉学术翘楚。

　　秉持"求是"精神，本文库坚持以学术为衡准，以创新为灵魂，要求入选著作能够发现新问题、运用新方法、使用新资料、提出新观点、进行新描述、形成新对策、构建新理论，并体现党校、行政学院学人坚持和发展中国特色社会主义的学术使命。

　　中国特色社会主义既无现成的书本作指导，也无现成的模式可遵循。

思想与实际结合，实践与理论互动，是继续开创中国特色社会主义新局面的必然选择。党校和行政学院是实践经验与理论规律的交换站、转换器。希望本文库的设立，能展示出中共福建省委党校和福建行政学院广大学人弘扬求是精神所取得的理论创新成果、决策咨询成果、课堂教学成果，以期成为党委政府的智库，又成为学术文化的武库。

马克思说："理论在一个国家实现的程度，总是取决于理论满足这个国家的需要的程度。"中共福建省委党校和福建行政学院的广大学人应树立"为天地立心、为生民立命、为往圣继绝学，为万世开太平"的人生境界和崇高使命，以学术为志业，以创新为己任，直面当代中国社会发展进步中所遇到的前所未有的现实问题、理论难题，直面福建实现科学发展跨越发展的种种现实课题，让现实因理论的指引而变得更美丽，让理论因观照现实而变得更美好，让生命因学术的魅力而变得更精彩。

中共福建省委党校 福建行政学院

《海西求是文库》编委会

# 内容简介

　　本书从流域生态系统的自然和经济属性出发，揭示了流域生态系统所蕴含的复杂利益关系，分析了流域区际生态利益结构及其多元主体的行为特征。基于公共池塘资源特性和公共产权制度残缺所引发的流域区际生态利益失衡，比较分析了科层机制、市场机制、自主治理机制和网络治理机制等四种治理机制的制度、技术条件与运行绩效，并将组织间网络理论引入流域生态公共治理的分析视野，探索构建了流域区际生态利益网络型协调机制的基本框架，包括：流域多层治理下的中央与地方政府纵向生态利益协调，流域区际伙伴治理下的水资源综合开发、水资源分配、生态受益补偿和跨界水污染赔偿等横向生态利益协调，以及行政区内部政府、企业、第三部门公私伙伴治理下生态利益协调的激励性制度安排与政策工具搭配。在比较分析美、法、澳等国流域区际生态利益机制经验的基础上，立足现实国情，以闽江流域为例，探索了我国流域区际生态利益网络型协调机制的政策思路，以期为深化我国流域管理体制改革和生态文明建设提供决策参考。

# 目 录
Contents

第一章　导　论 / 001

第一节　研究背景与选题意义 / 001

第二节　研究现状与文献综述 / 007

一　研究现状 / 007

二　文献综述 / 011

第三节　研究思路、主要内容与研究方法 / 012

一　研究思路 / 012

二　主要内容 / 014

三　研究方法 / 015

第四节　理论创新与研究不足 / 017

一　理论创新 / 017

二　研究不足 / 018

第五节　重要概念辨析和界定 / 019

一　利益 / 019

二　水资源 / 021

三　水污染 / 022

第二章　流域生态系统及其利益结构 / 025

第一节　流域生态系统的经济属性 / 025

一　流域生态系统具有三重经济属性 / 026

二 流域生态资本经营的循环公式与主要特征 / 028

第二节 流域生态系统所蕴含的利益关系 / 032

一 流域生态利益关系的主要内容 / 032

二 流域生态利益关系的多维度考察 / 035

三 流域区际生态利益关系的特征 / 037

第三节 流域生态系统利益相关者的博弈分析 / 041

一 流域生态系统利益相关者分析的含义 / 041

二 流域生态系统利益相关者构成 / 043

三 流域生态系统利益相关者的博弈分析 / 047

第三章 流域区际生态利益协调机制的比较与选择 / 059

第一节 流域区际生态利益协调的现实依据 / 059

一 流域生态资源的公共池塘资源属性 / 060

二 流域生态资源公共产权制度残缺 / 062

第二节 流域区际生态利益协调机制的类型与比较 / 065

一 流域区际生态利益协调机制的类型与特征 / 066

二 流域区际生态利益协调机制的比较分析 / 072

三 我国流域区际生态利益协调主导机制的选择 / 077

第三节 流域区际生态利益网络型协调机制的基本框架 / 079

一 流域区际生态利益网络型协调机制的人性假设 / 080

二 流域区际生态利益网络型协调机制的理论基础 / 083

三 流域区际生态利益网络型协调机制的基本框架 / 089

第四节 流域区际生态利益网络型协调机制的价值导向 / 093

一 流域区际生态利益网络型协调的基本原则 / 094

二 各种度量指标的运用及其优缺点评价 / 099

三 度量标准的具体化：原则与思路 / 101

第四章 流域多层治理与生态利益纵向协调 / 108

第一节 我国流域科层治理结构及其政策体系 / 108

一 流域科层制治理结构的主要内容 / 109

二 我国流域科层治理的政策体系 / 112

三 我国流域科层治理的碎片化及其困境 / 116

第二节 流域多层治理下的政府间纵向利益协调 / 121

一 建立流域多层治理结构的现实依据 / 122

二 建立流域多层治理结构的主要内容 / 126

三 完善流域多层治理的责权利分配机制 / 130

第三节 流域多层治理下地方政府行为偏差及其矫治 / 135

一 流域多层治理下地方政府行为决策的影响因素 / 136

二 流域治理中地方政府行为偏差的主要表现 / 138

三 流域治理中地方政府行为偏差的矫治 / 140

第五章 流域区际伙伴治理与生态利益横向协调 / 144

第一节 流域综合开发与区际生态利益协调 / 144

一 实施流域综合开发是流域自然经济社会协调发展的应有之义 / 145

二 流域综合开发中的行政区际利益冲突及其根源 / 147

三 流域综合开发中的行政区际协调机制构建 / 149

第二节 流域区际水资源配置与生态利益协调 / 152

一 当前我国流域区际水资源行政配置的现状 / 153

二 流域水资源行政配置中的区际生态利益失衡 / 155

三 流域水资源配置中区际生态利益协调机制构建 / 157

第三节 流域区际生态受益补偿与生态利益协调 / 160

一 流域区际生态补偿的依据及意义 / 160

二 我国流域区际生态补偿的主导模式：准市场模式 / 162

三 流域区际生态补偿机制的完善 / 164

第四节 流域跨界水污染赔偿与生态利益协调 / 167

一 流域跨界水污染经济补偿的理论与现实依据 / 168

二 流域跨界水污染经济补偿标准的确定 / 170

三 流域跨界水污染经济补偿的运行机制 / 173

**第六章　流域公私伙伴治理与生态利益府内协调 / 178**

第一节　地方政府与排污企业间的伙伴关系 / 179

一　地方政府与排污企业伙伴治理的动力机制 / 180

二　地方政府与排污企业伙伴治理的组织形式及其特点 / 185

三　地方政府与排污企业伙伴治理的政策导向 / 187

第二节　产业生态化演进中的企业间伙伴关系 / 190

一　生态产业园区：企业间伙伴关系的组织载体 / 191

二　水资源循环中企业间伙伴关系的基本原则 / 192

三　基于水资源循环利用的企业间伙伴关系构建 / 195

第三节　城镇污水处理的公私伙伴关系 / 197

一　建立城镇污水处理公私伙伴关系的现实依据 / 198

二　城镇污水处理公私伙伴关系的主要内容 / 200

三　城镇污水处理公私伙伴利益协调机制构建 / 203

第四节　政府与第三部门的伙伴合作关系 / 205

一　流域治理中第三部门参与的地位和作用 / 206

二　流域治理中第三部门参与的现状与问题 / 208

三　流域治理中第三部门参与机制创新的路径 / 210

**第七章　国外流域区际生态利益协调机制的比较与借鉴 / 214**

第一节　美国流域区际生态利益协调机制 / 215

一　科罗拉多流域州际水权自主型协调机制 / 215

二　卡茨基尔流域州际水权市场型协调机制 / 221

三　田纳西流域一体化管理机制 / 223

第二节　澳大利亚流域州际生态利益协调机制 / 227

一　以州际协议形式实行流域协商管理 / 227

二　设立跨州的流域管理机构 / 228

三　实施政府与社区的伙伴合作机制 / 229

四　探索跨州的水权交易机制 / 230

第三节　法国流域区际生态利益协调机制 / 232

一　建立以流域为单元的多层级治理结构 / 233

二　形成水资源利益相关者的民主协商机制 / 234

三　实行流域水资源综合管理 / 235

四　注重利用经济杠杆调节利益关系 / 236

第四节　国外流域区际生态利益协调机制的经验与启示 / 237

一　国外流域区际生态利益协调机制的基本经验 / 237

二　国外流域区际生态利益协调机制的主要启示 / 243

第八章　我国流域区际生态利益协调机制构建：以闽江为例 / 246

第一节　闽江流域管理碎片化体制与区际生态利益失衡 / 246

一　闽江流域管理体制及其碎片化特征 / 247

二　闽江流域区际生态利益失衡的主要表现 / 249

三　构建闽江流域区际生态利益协调机制的现实意义 / 252

第二节　闽江流域区际生态利益协调机制的探索及其缺陷 / 254

一　闽江流域区际生态利益协调的政策脉络 / 255

二　闽江流域区际生态利益协调机制的特点 / 256

三　闽江流域区际生态利益协调机制的缺陷 / 259

第三节　闽江流域区际生态利益网络型机制构建的思路与对策 / 261

一　完善流域管理和行政区管理的运行机制 / 262

二　建立和完善流域区际伙伴治理机制 / 266

三　建立农业面源污染治理的伙伴合作机制 / 271

四　小结 / 284

第九章　研究结论 / 286

附录1　闽江流域区际生态受益补偿标准探析 / 295

一　闽江流域区际生态受益补偿的现实依据 / 295

二　闽江流域区际生态受益补偿测算办法的比较与选择 / 296

三　闽江流域区际生态受益补偿资金的测算 / 297

四　结论 / 301

**附录 2　居民生态支付意愿调查与政策含义：以闽江下游为例** / 302

　　一　条件价值评估方法简述 / 302

　　二　闽江下游生态环境状况与 CVM 调查问卷设计 / 303

　　三　调查结果分析 / 307

　　四　研究结论与政策含义 / 310

**附录 3　闽江流域上下游生态补偿支付意愿调查表** / 313

**附录 4　闽江流域农户参与农业面源污染治理的意愿调查表** / 316

**参考文献** / 320

**后　记** / 335

# 第一章

# 导　论

## 第一节　研究背景与选题意义

　　水是生命之源，生产之要，生态之基。水是人类和一切生物生存与发展必不可少的物质。水还是工农业生产、经济发展不可替代的自然资源，是社会赖以生存与发展的基础和命脉，更是人类社会繁荣与文明的源泉。承载水资源的大江大河既是古代文明的摇篮，也是现代文明的中心。一部人类文明发展史，也是一部人类利用流域水资源，谋求生存和发展的历史。世界上最长的河流——尼罗河滋润着古埃及的文明，也是非洲大陆人民的生命之源；南亚的印度河沐浴着古印度的辉煌；西亚古巴比伦的繁荣更是得益于底格里斯河和幼发拉底河；奔流的黄河、长江孕育了五千多年璀璨厚重的华夏文明，成为中华民族的母亲河。我国水资源总量较大，多年平均水资源总量为 28124 亿立方米，总量水平约居世界第 5 位或第 6 位，但水资源人均占有量少且时空分布很不均衡，人均水资源占有量仅有 2200 立方米，只及世界人均占有量的 1/4，相当于美国的 1/4，俄罗斯的 1/8，加拿大的 1/64，被联合国列为 13 个贫水国之一。我国以占世界 6% 的水资源养活了占世界 21% 的人口，尤其是我国西北广大地区，人均水资源占有量只有全国平均水平的 1/20。水多（渍、涝）、水少（旱）和水坏（污染）均为水患，每年我国不定期的洪涝灾害，会对国民经济造成严重影响，甚至危及江河沿岸人民群众的人身和财产安全。随着工业化、城镇化和农业现代化的深入发展，经济发展与水资源短缺的矛盾日益突出，粗放型的经济增长模式所引发的流域生态安全问题日趋严峻。有关数据显示：我国已进入大范围生态退化和复合型环境污染的新阶段，水资源安全问题已越来越突出。水污染、水短缺和水浪费三种现象并存，成为影响我国经济社会与生态和谐发展的突出问题。

流域作为特殊的自然地理区域，其干支流往往跨越多个不同层级的行政区域，从而形成流域区与行政区的交叉关系。例如，长江干流流经11个省级行政区，黄河流经9个，海河流域地跨8个，淮河流域地跨5个，珠江流域跨越8个，松辽流域涉及5个。长江干流自西而东，流经青、藏、滇、川、渝、鄂、湘、赣、皖、苏、沪等十一个省、直辖市和自治区，其中，自江源至湖北宜昌称上游，宜昌至江西湖口称中游，江西湖口以下为下游。长江上游位于相对落后的中西部省份，却承担着生态建设和环境保护的重任，长江中下游地区各个省市是我国相对发达的沿海地区，享有对水资源利用的地理优势，同时承担相对较轻的流域生态治理任务。流域水资源的流动性和人类活动的两面性，产生了复杂的行政区际生态利益关系，包括流域水资源使用中上下游之间的水权分配关系，由于森林植被的开发、使用和破坏而产生的上下游之间的生态服务补偿或跨界水污染赔偿关系，由于流域水电资源的开发利用而产生的水电资源的开发受益者与受害者之间的利益关系，等等。流域区际生态利益关系日益复杂，已成为统筹城乡区域协调发展需要解决的突出问题。

## （一）流域区际水权模糊不清，水资源开发约束软化

我国流域水资源具有夏秋多冬春少、南方多北方少、东部多西部少和山区多平原少的时空分布不均衡特点，水资源分布与国民经济生产力布局不相匹配。现行《水法》除明确规定水资源所有权归国家之外，对流域上下游各个行政区的水资源分配方案和使用权限并没有明确。目前只有黄河、黑河等北方水资源短缺的少数河流实行了省际水权分配，其他流域和省区基本上没有进行区际水权确认。流域水资源利用的公共性、开放性和区域性特点，以及各个行政区对水资源使用权益范围的不清楚，用水义务的不清楚等，加剧了流域区际在水资源开发领域的过度竞争。流域水资源

利用分为消耗性用水和非消耗性用水，前者包括灌溉、生产及工业用水，后者包括发电、养殖、航运用水等。目前我国居民节水意识淡薄，生活用水量居高不下；企业节水技术和设施落后，万元 GDP 用水量明显高于发达国家水平。在水资源总量相对紧缺的北方地区，上中游地区为满足基本的消耗性用水需求，常在枯水年份或者枯水季节，利用区位优势多引水、多蓄水，上游地区之间争水、抢水屡有发生，而上游地区水资源利用的过度竞争，必然导致下游断流，影响下游居民的用水和生产生活。为了解决北方水资源短缺地区供水问题，我国组织实施了大规模的跨流域、跨区域调水工程，虽然有效地缓解了水资源时空分配不均匀的矛盾，但也诱发了多种生态和社会问题。在水资源总量相对丰裕的南方地区，则主要不是消耗性用水不足引发的总量矛盾，更多是由于非消耗性用水带来的区际负效应。以流域水电资源开发为例，新中国成立以来，我国修建了 5 万多座水电站，其中大中型水电站 230 多座，已经建成的百万千瓦以上的电站就有18 座。建立各种拦河坝 8 万多座，成为世界上筑坝最多的国家。到 2008年全国总装机量已经超过美国稳居世界第一位，发电量将近 6000 亿千瓦，占全国发电量的 15% 左右。[①] 在水电资源开发带来廉价清洁能源的同时，大量耕地被淹，影响了当地居民的生产生活，甚至需要进行大规模的移民搬迁工作。流域水电资源开发，还引发了上下游区际生态利益失衡的新问题。首先，影响流域下游水环境。保持稳定的最低流域水生态流量，对于维持河流生态系统的健康发挥着至关重要的作用。通常河流生物会根据特定河流的水文节律变化建立起符合自身能力的独特生活模式，不同的河水流量及其变化规律影响着河流生态系统的演化过程。例如，小流量可以保持鱼卵和两栖动物的卵漂浮在水面上；大洪水可以促使鱼类洄游及产卵，为产区输送营养物质；等等。[②] 人类对流域水资源的高强度开发，常导致河流流量减少或者节律发生变化，进而造成河流断流、水质恶化及生物多样性下降等生态环境问题。鱼类洄游及产卵的路径消失，导致了某些鱼类的灭绝，进而影响了下游渔民的基本生计。其次，水电资源开发中

---

① 马国忠：《水权制度与水电资源开发利益共享机制研究》，成都：西南财经大学出版社，2010，第 176 页。

② 〔美〕波斯戴尔、里特：《河流生命：为人类和自然管理水》，武会先、王万战、宋学东译，郑州：黄河水利出版社，2005，第 60~61 页。

上下游利益共享机制尚未建立。目前我国许多流域都实行了水资源梯度开发，除了对由于项目开发造成的田地淹没、移民搬迁等直接经济损失给予补偿外，对流域水电工程开发建设给下游地区农民带来的生态权益损害并没有建立有效的补偿机制。部分水电站没有建立反调节水电站，常不定期发电和排水，严重危及沿岸居民的生命财产安全。

### （二）流域水污染日趋严重，跨界水污染事件频发

流域水资源是地表水资源的最重要组成部分，也是我国水污染最集中的地方。20 世纪 70 年代我国只有东部沿海地区部分流域出现零星的点源污染，80 年代后期流经大中城市的部分河段受到严重的工业污染，90 年代乡镇企业废水排放量呈现较快增长态势，流域污染范围不断扩大。在部分地区和流域，水污染呈现从支流向干流延伸、从城市向农村蔓延、从地表向地下渗透、从陆地向海洋发展的趋势。现阶段我国进入流域跨界水污染的高发期。自 2004 年以来先后发生了沱江特大水污染事故，松花江重大水污染事件，白洋淀水污染事件，广东北江镉污染事故，湖南岳阳砷污染事件，太湖水污染事件，巢湖、滇池蓝藻暴发事件，汀江紫金矿业污染事件等严重水污染事件。目前我国河流、河段已有近 1/4 因污染而不能满足灌溉用水要求，失去水体功能；湖泊约有 75% 的水域受到显著污染；缺水城市达 300 多座，受影响人口在 1 亿以上；农村有 3 亿多人饮水不安全。国家环保局所列出的重点污染地区包括晋、蒙、陕交界区域，浙、皖交界区域，黔、桂边界红水河，晋、冀、豫、鲁交界漳卫南运河，鲁、苏交界石梁河水库、龙王河及南四湖流域，太湖流域的苏州嘉兴边界地区，冀、津沧粮渠流域等诸多环境敏感地区。日益加剧的环境污染造成的经济损失不断增加，严重威胁着我国经济与社会的可持续发展。正如世界银行在其《2020 年的中国》研究报告中写道："在过去的 20 年中，中国经济的快速增长、城市化和工业化，使中国加入了世界上空气污染和水污染最严重的国家之列，环境污染给社会和经济发展带来巨大代价。从总体上看，中国每年污染的经济损失占国内生产总值的 3%～8%。将来，如果不改善人们生存的物质环境，实现中国雄心勃勃的增长目标也只是空洞的胜利。"当前由于我国流域生态环境产权关系模糊不清，流域水污染损失难以测算等原因，流域水污染超标排放屡有发生，流域水污染赔偿机制尚未建立，上

游地区经济发展过度损害了流域生态环境，下游地区和居民成为水污染的无辜受害者。只有出现重大流域水污染事件，在密集的舆论监督和中央环保部门、下游政府的强力推动下，水污染受害主体才可能得到部分经济补偿。

（三）流域上游提供跨区域生态服务，难以获得相应的生态受益补偿

党的十八大报告把生态文明建设放在了国家现代化建设更加突出的位置，并把"美丽中国"作为未来我国生态文明建设的宏伟目标。生态文明建设，重点工作包括资源节约、环境保护和生态保育等三大领域，目标任务就是要"增强生态产品生产能力"。所谓生态产品，是指维系生态安全、保障生态调节功能、提供良好人居环境的自然要素，包括清新的空气、清洁的水源、宜人的气候以及绿色生态的农产品。大江大河流域的上游地区通常是我国重要的生态保护区、饮水源保护区等，是区域生态产品供给的重要单元。上游地区生态保护的程度直接关系到整个流域的生态安全，关系整个流域的生态产品生产能力。例如，我国长江、黄河和国际河流澜沧江—湄公河的三江发源地，被誉为"中华水塔"，既是我国野牦牛、野驴、藏羚羊、黑颈鹤等大批珍稀野生动物的栖息地，又是我国长江、黄河流域中下游地区和东南亚国家生态环境安全与区域可持续发展的生态屏障，2000 年三江源已被列为我国最大的自然保护区。上游地区为保护流域生态环境，需要合理有序地开发自然资源，保护森林、湿地等生态环境，严格控制生产和生活污染，等等。这些生态建设和环境保护不仅需要直接的资金投入，而且会影响当地经济的发展速度和人民生活水平的提高。流域上游地区生态环境保护和建设所带来的生态产品，包括有形的生态产品和无形的生态服务。有形的生态产品如优质的水资源、绿色健康的农产品、休闲度假的场所，都能够带来直接的经济收益，通过货币收益的形式直接表现出来。无形的生态服务虽然有极大的生态价值，但通常由于外部性的存在，难以获得直接收益。流域上游地区独特的自然地理和生态环境孕育了丰富的气候资源、生物资源、矿产资源和水资源，在气候调节、水源涵养、水土保持、生物多样性保护和生态隔离净化等方面具有重要功能，发

挥着关键作用。流域上游地区生态保护的效益和价值虽然很大，① 却不能完全通过市场来实现，保护成本也就无法通过产品价格等市场机制在受益地区之间进行合理的分配。虽然我国目前正在试点探索生态受益补偿机制，但是存在着补偿主客体不明确、补偿标准偏低、补偿方式不规范等问题。

"我花钱种树，他免费乘凉""上游投资保护，下游免费受益""上游无序污染，下游难免遭殃""上游过度取水，下游无水可喝"，是目前我国流域生态环境治理中体制性矛盾的生动写照，也是流域行政区际生态利益失衡的集中表现。我国流域生态安全危机不仅与工业化中后期的经济发展阶段以及粗放型发展方式密切相连，而且也与科层体制下相关利益主体缺乏有效的利益协调机制密不可分。长期以来，我国实施流域水污染治理和对流域水资源的保护总是求助于工程和技术手段，多停留在流域开发和兴利除害的工程概念上，忽视了对流域水资源管理体制的创新和治理方式的变革。我国现有的流域水资源管理体制已不适应流域水资源统一管理的要求，行政分割以及地方和部门保护主义已成为我国流域水资源开发利用、水环境保护的最大障碍。过去人们所熟悉的传统行政手段有些已失去功效，新的符合市场经济体制要求的环境经济政策工具、手段还需要不断补充和完善，有些基于市场的环境经济政策工具的执行还缺乏相应的制度基础，必要的理论基础研究也还相对薄弱，迫切需要进行积极的理论探索和实践。因此，以科学发展观为指导，积极研究和探索流域生态治理的长效机制，寻找一个适合我国体制转轨时期的流域区际生态利益的协调机制具有重要的意义。

---

① 印度加尔各答农业大学达斯教授曾对一棵树的价值进行测算。一棵树龄为 50 年的大树，通常按照有形产品——木材产出计算货币价值仅为 625 美元，市场售价往往只在 50 美元至 125 美元之间。按照无形的生态服务计算生态价值，包括产生氧气的价值约 3.12 万美元，吸收有毒气体、防止大气污染的价值约 6.25 万美元，增加土壤肥力的价值约 3.12 万美元，涵养水源的价值 3.75 万美元，为鸟类及其他动物提供繁衍场所的价值 3.125 万美元，产生蛋白质的价值 0.25 万美元。除去花、果实和木材价值，总计创值约 19.6 万美元。因此，一棵树作为木材出售的价格只有其生态服务价值的 0.3%。需要指出的是，上述生态服务价值评估是用流量代替存量，用重置成本法进行测算，有夸大生态服务价值之嫌。

# 第二节 研究现状与文献综述

## 一 研究现状

流域区（国）际生态利益协调是历史久远的古典话题，世界史上曾发生多起因水资源纠纷而引发的国际矛盾或冲突；即使在主权国家内部，流域区际生态利益协调也是区域公共治理的难题。当前我国经济增长和社会发展中的水资源安全问题日益突出，跨区水污染、水短缺和水浪费三种现象并存，成为制约区域协调发展的重要瓶颈。流域是特殊的自然地理区域和区域经济发展的重要单元，流域区际在水源、森林等公共池塘资源利用中所产生的利益失衡或纠纷，需要从公共管理视野下探讨如何采取激励性制度安排，构建流域区际利益补偿机制，促进区际协调发展。目前行政管理学界侧重于从一般意义上探讨地方政府间的横向关系和区际政治利益、经济利益协调的问题，对流域区际的生态利益关系尚未作系统、集中的探讨，其他学科领域的学者也只是从科层机制、市场机制和区际自主治理机制框架下开展了零星、分散的研究。

### （一）外部性与中央政府干预机制研究

1920 年，福利经济学家庇古最早阐述了公共物品的外部性问题，认为市场资源配置失效的原因是经济当事人的私人成本与社会成本不相一致，私人的最优导致社会的非最优。因此，纠正外部性的政策思路是政府通过征税来矫正经济当事人的私人成本，使资源配置达到帕累托最优状态。这种纠正外部性的"庇古税"是解决环境问题的古典教科书的方式，它根据污染物的排放量或经济活动的危害程度对排污者征税，使污染环境的外部成本转化为生产污染产品的内在税收成本，属于直接环境税。这种政策思路为中央政府参与流域生态治理和跨区生态公共物品供给提供了依据。在当代西方经济理论中，市场经济体制中的政府调节是作为弥补市场失灵的角色出现的，"广义的公共产品理论给政府的存在以及政府干预提供了一个更详尽的解释"。① 正如奥普尔斯所言："由于存在着公地悲剧，环境问题无法通过合作解决，所以具有强制性权力的政府的合理性，是得到普遍认可的。"② 除此之外，威廉姆·尼斯坎南从政府预算与公共服务供给的经济学供求关系出发对政府行为进行研究，认为政府官僚系统把自己能够多大程度获得利益的理性考虑作为提供公共服务的依据，进而说明了发达国家政府包揽公共服务供给的低效率及其根源。

在科层制框架下探讨流域区际生态利益协调着重基于以下四个视角：（1）从环境管理角度看，唯 GDP 的区域发展思路和政绩考核机制是导致跨区水污染的体制根源，要落实区域总量控制和行政区环境目标考核以维护区际生态利益平衡。③④ （2）从流域管理角度看，以行政区为单元的流域分块管理体制仍发挥主导作用，流域统一管理机制未能发挥应有的功能。要强化流域管理机构的权威，实现流域管理一体化，利用法律约束机制调节地方利益冲突。⑤⑥ （3）从区域协调发展角度看，中央财政横向转移支付给上游地区，实质是对上游地区发展权的补偿。⑦ 许多学者对我国退耕还林、森林生态效益补偿问题进行了研究。（4）从行政区与流域区相衔接的角度看，中央政府通过调整行政区划的方式，实行"一体化流域行政区划"，可以打破分散、割据型的流域行政区划，从根本上解决流域区际生态利益失衡，确保对流域水资源配置使用的负外部性的整体治理。2011 年安徽省政府在行政区划调整中充分考虑巢湖流域治理问题，将巢湖的主要流域集中统一划归为合肥市区范围，并设立了专门的巢湖管理机构，实现了对巢湖流域的统一规划和管理。

---

① 萨缪尔森：《经济学》，北京：中国发展出版社，1992。

② Ophuls, W. Leviathan or Oblivion. In H. E. Daly ed. *Toward a Steady State Economy*, San Francisco: Freeman, 1973.

③ 王金南：《关于地区绿色距离和绿色贡献的变迁分析》，《中国人口·资源与环境》2005年第 6 期。

④ 俞海：《流域生态补偿机制的关键问题分析》，《资源科学》2007 年第 2 期。

⑤ 陈湘满：《我国流域开发管理的目标模式与体制创新》，《湘潭大学社会科学学报》2003年第 1 期。

⑥ 何大伟、陈静生：《一体化与多中心：黄河流域水管理模式初探》，《中国人口·资源与环境》2004 年第 4 期。

⑦ 韩凤芹：《区域经济统筹发展中应采取的财政金融政策》，《宏观经济研究》2005 年第 3期。

### (二) 纯市场理性及区际水权交易机制研究

新制度学派和"自由市场环境主义者"均认为，产权制度缺损是导致公共物品外部性问题的根源，强调政府职能在于明晰产权关系、采取市场方式解决公共产品供给问题。科斯（1960）强调运用市场机制解决公共服务外部性问题，通过自愿协商、排污权交易等"科斯手段"进行产权界定和交易，利用市场经济主体自发的趋利避害性及市场交易工具实现环境成本内部化来进行生态环境保护。阿罗（1969）提出了通过创造附加市场使外部成本内在化的构想，戴尔斯（1968）等提出创设虚拟市场，推进行政区际、企业之间生态产权（如取水权、排污权、碳汇）交易的设想。20 世纪 70 年代以来，如何以较少的财政支出来满足公民对公共服务更高的要求成为西方各国政府改革关注的重点。以欧文·休斯等为代表的新公共管理理论认为，应在政府等公共部门广泛采用私营部门成功的管理方法和竞争机制，重视公共服务产出。美国经济学家斯蒂格列茨提出"政府经济学"理论，认为政府可以作为公共产品或公共服务的购买者来体现其职能，引入市场竞争提高公共财政资金的使用效率和公共服务的供给效果。这些理论为我国政府通过市场化合同外包等形式进行生态服务购买提供了相对成熟的依据。

近年来，朱锡平、刘方笑、吴长勇等国内学者直接提出生态环境市场化经营的观点，并开始研究生态产权的市场化管理模式。[1][2] 其他学者也从不同领域对生态公共服务市场化供给提出了自己的观点。黄寰认为水权转让是以市场调节手段促进水资源优化配置，提高西部生态公共服务供给水平的具体路径，有利于区域生态文明建设的实现。[3] 陈钦等提出政府应在公益林碳汇、水文生态服务、生态旅游服务和生物多样性服务等方面建立市场补偿机制，为公益林经营者和受益者的生态服务市场交易奠定基础，激励人们建设和保护公益林，进而弥补政府生态服务供给的不足。[4] 段会

---

[1] 朱锡平、刘方笑：《我国生态产权市场化管理模式研究》，《中央财经大学学报》2007 年第 8 期。

[2] 吴长勇：《生态环境的市场化经营》，《环境保护与循环经济》2011 年第 2 期。

[3] 黄寰：《论西部水权转让与生态文明建设》，《西南民族大学学报（人文社科版）》2010 年第 4 期。

[4] 陈钦、林雅秋等：《公益林生态服务市场补偿政策研究》，《生态经济》2011 年第 1 期。

兵在我国可持续发展的政策背景下分析城市污水处理的市场化运作,认为水污染治理这一生态公共服务可以通过市场渠道供给。① 徐大伟、郑海霞等学者还运用多种价值评估方法,探讨了森林、流域等生态服务市场交易的定价机制。②③

## (三) 集体行为与区际自主治理机制研究

文森特·奥斯特罗姆在其著作《美国联邦主义》中分析了公共物品的生产和供应尤其是大都会地区的公共治理,认为个人或群体解决公共物品供应问题可以不依靠外部权威,而是更为充分地发挥自主供给的能力。埃莉诺·奥斯特罗姆(1990)提出公共产品供给中存在着政府和市场的"双失灵"区间,对于小规模组织可以由使用者自发制定并实施合约,即采取自治化供给机制。这一创新思想突破了公共服务只能由政府提供的唯一性教条,冲破了政府既是公共服务的安排者又是提供者的传统观念,对解决生态环境污染问题和完善生态公共服务供给机制具有积极意义。

从 20 世纪 90 年代末开始,毛寿龙教授及其研究团队、浙江大学的于逊达和陈旭东教授等我国的一些学者,开始介绍和引进公共事务的自主治理理论和思想,为我国学者开展公共服务自治化供给的相关研究打下基础。社会主义经济政治体制改革以及各种自治团体的涌现则进一步推动了自治化供给理论的发展。闫海提出自治化是公共物品供给的创新方式和重要途径,这一供给模式在和谐社会构建上发挥着积极作用。④ 苏杨珍结合山东省邹平县张高村村民自发合作修路成功的典型案例,对村民自发合作实现小规模公共物品自主供给的行为进行了理论和实证分析。⑤ 随着中国生态保护工作的深入,更多学者对生态公共服务的自治化供给给予了关注。陶传进、陈振明等分析了我国环境服务、灌溉用水社区自治化供给的

---

① 段会兵:《可持续发展观下如何加强城市污水处理市场化运作》,《致富时代》2012 年第 3 期。

② 徐大伟:《基于 WTP 和 WTA 的流域生态补偿标准测算——以辽河为例》,《资源科学》2012 年第 7 期。

③ 郑海霞:《金华江流域生态服务补偿机制及其政策建议》,《资源科学》2006 年第 5 期。

④ 闫海:《自治化:公共物品供给方式的创新》,《江苏行政学院》2006 年第 3 期。

⑤ 苏杨珍:《村民自发合作:农村公共物品提供的第三条途径》,《农村经济》2007 年第 6 期。

制度框架，①② 杨曼利以西部为例阐述了环境治理等生态公共服务自主供给的优势，认为生态公共服务的有效供给应加强民间环保组织和社区内自主治理组织的发展，不断提高公众的环保意识和生态文化观。③ 雷玉琼、李颖明等针对农村污染源小而多、污染面广而散的特点，提出了通过自主治理改善农村生态环境，以弥补政府在农村生态公共服务提供中的低效率的观点。④⑤ 另外，还有学者分析了生态公共服务供给的激励机制问题，如翟军亮等认为，农村社区环境卫生公共服务体系建设应由以外生战略引致的政府行政为主的外推动力机制向建立在基层民主自治基础上的社区内驱动力机制转变。⑥ 胡鞍钢、毛寿龙等探讨了流域生态服务自治化供给中区域契约行政的激励与约束机制等问题。⑦⑧

## 二 文献综述

目前尽管学术界对该论题开展了多视角、多层面的研究，但在此研究领域中仍有许多不足之处，存在诸多可以深入挖掘的理论空间。

（1）上述成果大多侧重于科层制、市场或区际自主治理中单一治理机制的研究，往往存在着"扬此抑彼"的缺憾。"科层制机制有效性论"者强调水权交易机制和区际合作的难度；"区际水权交易论"者过分夸大"政府失灵"的区间；"区际自主治理论"者往往同时强调"政府失灵"和"市场失灵"的并存，因而多数成果侧重于分析各种机制的替代关系，忽视了相互间的并存与互补关系，很少有成果对不同机制的制度技术条

---

① 陶传进：《环境治理：以社区为基础》，北京：社会科学文献出版社，2005。
② 陈振明：《公共服务供给机制专题研究引言》，《东南学术》2008 年第 1 期。
③ 杨曼利：《西北地区生态环境治理政策低效的原因及对策研究》，《特区经济》2006 年第 1 期。
④ 雷玉琼：《中国农村环境的自主治理路径研究——以湖南省浏阳市金塘村为例》，《学术论坛》2010 年第 8 期。
⑤ 李颖明：《农村环境自主治理模式的研究路径分析》，《中国人口、资源与环境》2011 年第 1 期。
⑥ 翟军亮、吴春梅、高轫：《村民参与公共服务供给中的民主激励与效率激励分析——基于对河南省南坪村和陕西省钟家村的调查》，《中国农村经济》2012 年第 1 期。
⑦ 胡鞍钢、王亚华：《新的流域治理观从"控制"到"良治"》，《经济研究参考》2002 年第 10 期。
⑧ 毛寿龙：《水污染治理：以松花江为例》，研究报告，2006。

件、有效性、失灵区间以及相互间关系作深入、细致的研究，更没有对典型流域不同治理机制的绩效进行比较研究。

（2）上述成果大多囿于传统的治理理论框架，着眼于克服外部性，探讨流域区际利益协调机制，相对忽视相关利益主体行为及其相互间关系的研究。虽然有些学者分析了上下游政府的合作博弈行为，但这只是简单的双方博弈分析，缺乏对中央与地方政府、上下游地方政府之间、地方政府与水利环保等垂直部门之间、地方政府与企业（农户）之间等多元主体博弈行为的分析，更没有对不同主体的行为特征、政策工具反应机制以及相互间的冲突解决机制等作细致、具体的研究；很少学者将社会资本理论、组织间网络理论引入该论题的研究，探讨多元主体间的信任与合作等机制，因而流域区际生态利益主体间的关系尚有值得深入研究的空间。

（3）上述成果主要来自法学、经济学、管理学和环境科学等不同学科领域的学者，虽然内容具有明显的专业特色，但存在研究方法单一性趋向：法学专家和政策分析者，侧重于描述、分析和理解问题的性质，并提出解决问题的程序和方法，其结果基本是定性的；而生态、环境等自然科学领域的学者侧重于定量分析、强调技术上的可行性，通常难以兼顾经济上和政治上的可行性。"流域区际生态利益协调"这一跨学科的论题需要将经济学、法学、环境科学等多学科知识整合于公共管理的理论框架之内，运用制度分析和技术分析、规范分析和实证研究相结合的方法，从体制、机制和法律三个维度研究，才能更深入地探讨流域区际生态利益的界定与度量、利益补偿机制以及政策创新等内容。

# 第三节 研究思路、主要内容与研究方法

## 一 研究思路

本书从流域生态系统的自然和经济属性出发，揭示了流域生态系统所蕴含的复杂利益关系，分析了流域区际生态利益结构及其多元主体的行为

特征。基于公共池塘资源特性和公共产权制度残缺所引发的流域区际生态利益失衡，比较分析了科层机制、市场机制、自主治理机制和网络治理机制等四种治理机制的制度、技术条件与运行绩效，基于利己利他的新经济人假设，将组织间网络理论引入流域生态公共治理的分析视野，探索构建了流域区际生态利益网络型协调机制的基本框架，包括：流域多层治理下的中央与地方政府纵向生态利益协调，流域区际伙伴治理下的水资源综合开发、水资源分配、生态受益补偿和跨界水污染赔偿等横向生态利益协调，以及行政区内部政府、企业、第三部门公私伙伴治理下生态利益协调的激励性制度安排与政策工具搭配。在比较分析美、法、澳等国流域区际生态利益机制经验的基础上，立足现实国情，以闽江流域为例，探索了我国流域区际生态利益网络型协调机制的政策思路，以期为深化我国流域管理体制改革和生态文明建设提供决策参考。

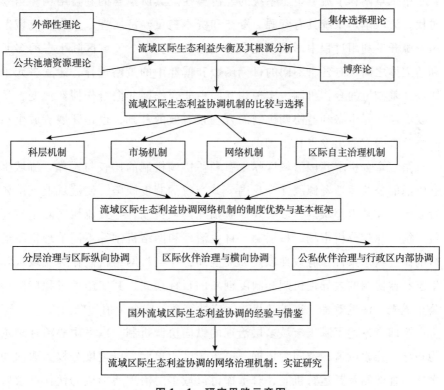

图 1-1 研究思路示意图

## 二 主要内容

本书共有九章，除了导论和结论外，其余七章内容（第二章至第八章）可分为三大部分。第一部分是基础理论探讨，包括第二、三章，重点阐述了流域区际生态利益的内涵、特征以及协调机制的比较与选择。第二部分是理论应用分析，包括第四、五、六章，系统阐述了流域区际生态利益网络型协调机制的主要内容。第三部分是实证分析，包括第七、八章，重点阐述了美国、澳大利亚和法国三国各具特色的流域区际生态利益协调机制，并以我国闽江流域为例，探讨了区际生态利益网络型协调机制构建的思路与对策。

除了第一章导论和第九章结论外，其余七章内容分别如下。

第二章阐释了流域生态系统的经济属性及其所蕴含的利益结构。当今时代，流域生态系统具有资源、资产和资本三重经济属性，人们在流域生态资源开发利用过程中形成了复杂的生态利益关系。流域区际生态的多元利益主体之间具有各自不同的目标函数和博弈中的策略选择，建立多元主体信任基础上的合作机制，实现相互间由非合作博弈向合作博弈演变，是实现流域区际生态利益协调机制的合理且有效的基础，也是开展流域生态网络治理研究的出发点和落脚点。

第三章分析了我国流域区际生态利益协调机制的比较与选择。流域生态资源的公共池塘资源属性和我国公共产权的制度缺陷，使流域上下游各行政区际及其内部难以形成有效的激励和约束机制，导致流域区际生态利益失衡。比较分析市场、科层制、自主治理和网络机制等不同治理机制运行的制度技术条件、有效性以及失灵区间，应当将网络机制作为流域区际生态利益协调的主导性机制和制度创新的目标模式，其实施的过程应坚持公正优先、注重效率、追求效果、适应性管理等四个价值导向。

第四章论述了基于流域多层治理的纵向协调机制。以多中心治理理论为指导，探索以流域空间为依据、以流域区为单元、以适度分权为取向的多层治理体制及其运行机制，着重探讨流域多层治理所形成的伙伴型政府间纵向关系下中央（或省级）政府如何以流域水质作为目标导向，由现行的行政区分包治理为主的区际利益协调方式转变为采取激励约束相容的经济政策工具，摆脱中央与地方"集权—分权—集权—分权"的循环，优化地方政府决策行为，内化流域生态外部性，实现流域区际生态利益协调。

第五章论述了基于流域区际伙伴治理的横向协调机制。在坚持流域统一管理的基础上，上下游地方政府重点围绕流域综合开发、流域区际水资源配置、流域区际生态受益补偿和跨界水污染赔偿等四个维度的生态利益关系，完善区际政府民主协商机制、激励约束机制、利益补偿机制和资金运营机制，实现流域区际利益互惠共赢。

第六章论述了公私伙伴治理的行政区内部协调机制。构建政府主导、纵横结合的区际生态利益协调机制有赖于行政区内部多元主体间利益协调机制的构建；即需将行政区分包治理体制下的政府单边治理机制转变为政府、企业和第三部门的多元主体伙伴治理机制。并着重探讨政府与排污企业在污水处理中的公私伙伴治理以及政府与第三部门之间的伙伴治理的组织形式、运行机制以及激励性政策选择等。

第七章比较分析国外流域区际生态利益协调机制及其基本借鉴。重点考察了美国、澳大利亚和法国等三国各具特色的流域管理体制和区际生态利益协调机制，比较分析了上述三个国家在坚持流域统一管理基础上，围绕流域州际水量分配、州际水权交易和州际水生态补偿等生态利益协调的运行机制、制度绩效以及共同经验，为完善我国流域区际利益协调机制提供可资借鉴的经验。

第八章探讨了闽江流域区际生态利益协调的困境及应对方略。当前我国流域区际水资源分配不均、区际生态补偿机制不完善和跨界水污染赔偿机制缺失等区际生态利益失衡现象日益突出，但是，不同流域区际利益失衡呈现明显的差异化特征。因此，笔者以闽江流域为例，分析了碎片化体制下区际生态利益失衡的表现、近年来区际生态利益协调的探索与实践，以及围绕生态补偿、农业面源污染等构建网络型协调机制的思路与对策。

## 三 研究方法

围绕流域区际生态利益协调这一主题，本书主要采用了以下方法。

## （一）逻辑演绎与归纳总结相结合

美国哈佛大学教授、社会交易理论范式的创立者乔治·荷曼斯（G. C. Homens），将"发现"和"解释"看作社会科学的本质及其两项基本功能。"发现"的主要功用是陈述和测定自然界事物之间的普遍关系；"解释"的功用是对在某种情况之下会出现什么现象做出叙述，但不是那种一般性的或笼统的叙述；在社会科学中，"所谓一个现象的理论，就是一套对此现象的解释。只有解释才配得上用'理论'这名词"。① 要发现和解释流域区际生态利益协调机制的内在规律，就必须采用逻辑演绎与归纳总结相结合的方法，其要义在于既要从事物的内在矛盾运动中揭示事物发展的趋势，又要从纷繁复杂的客观世界中把握事物的普遍性和规律性，将逻辑的推理与实践经验的概括结合起来。本书既从流域生态系统的经济属性出发，阐释了流域生态系统复杂的主体利益结构，从中央与地方政府之间、上下游政府之间、政府与农户之间等多元利益主体的博弈分析中，指出：在科层型协调机制中引入网络型治理机制，是我国流域区际生态利益协调创新的目标模式；又从美国、澳大利亚、法国等发达国家流域区际生态利益协调体制机制的比较借鉴中找出它们的共同规律和可资借鉴的经验，通过对不同国家流域管理体制的比较分析，探索我国流域管理体制改革的方向。单纯的逻辑演绎会使理论研究缺乏现实的说服力，单纯的归纳总结往往会使论述缺乏学术研究应有的深度。因此，本书始终贯穿着逻辑演绎与归纳总结相结合的方法，从而实现两种方法的相互补充、相得益彰。

## （二）规范分析与实证分析相结合

规范分析方法，即理论分析方法，是指根据一定的价值标准、理念和行为规范对"是非"做出判断，它要回答的是"应该是什么"的问题。"应然性"是规范分析的主要方法论特征。实证分析方法，又称事实研究法、行为调查法，主要通过观察、描述事实，进而依据事实得出结论，其特点是以实际、具体的行政事项作为研究对象，主要回答"是什么"的问题。实证分析法是一种对事实进行验证的陈述，往往采取经验数据加证明的形式。本书不

---

① 乔治·荷曼斯：《社会科学的本质》，杨念祖译，台北：桂冠出版社，1987，第18页。

仅以公共治理理论为指导，将兼有利己和利他的新经济人假设引入本课题的研究，系统地阐述了流域区际生态利益网络型协调机制的基本框架、运行特征、制度条件与政策创新等问题；而且以闽江流域作为典型案例，分析了碎片化体制下的流域区际生态利益失衡、网络型利益补偿机制以及相应的制度安排，采取重建成本分摊法和意愿调查法（CVM），测算了闽江流域区际生态补偿标准和计价办法；同时采用问卷调查法，分析个体农户参与面源污染治理的认知水平、参与方式及其影响因素等，从实证分析中论证了个体农民基于内生驱动参与面源污染治理的可行性。

### （三）理论研究与对策探讨相结合

美国教育哲学家杜威曾指出："学问的价值在于对未来事务的预知。"本书以流域生态系统的自然和经济属性作为切入点，系统阐释流域区际生态利益的内涵与特征、区际生态利益协调机制的比较与选择，探索性地构建了流域区际生态利益网络型协调机制的分析框架。在此基础上，笔者还努力立足于地方政府公共管理的角度，紧密结合我国国情和福建的省情实际，围绕流域水资源综合开发、流域区际水资源配置、流域区际生态补偿和跨界水污染等问题，阐释了流域区际合作的模式、机制以及政府应提供的政策框架，积极为政府提供具有决策咨询价值的研究报告，并有多篇为厅级以上单位采纳。理论研究的最终落脚点在于指导社会实践，促进流域自然经济社会的协调发展；理论观点的正确与否也需要在实践中进行检验。对于一些关于流域治理制度矫正的政策思考和建议，笔者尽可能注重其在实践中的可行性和操作性。

该领域诸多学者的相关研究为本书写作提供了许多借鉴和创新启迪。在此，笔者对本书写作过程中所参阅与引用的有关研究的作者表示钦佩和致谢。

## 第四节 理论创新与研究不足

### 一 理论创新

（1）目前行政管理学界侧重从一般意义上探讨地方政府间的横向关系

和区际政治、经济利益协调问题，相对忽视行政区际生态利益协调问题，本书从多维度阐释了生态利益的内涵与特征，对特殊行政区际（流域上中下游）的特殊利益（生态利益）关系进行了集中探讨，并以跨县不跨省的闽江流域为典型案例，将理论研究与实证分析紧密结合，具有研究视角的创新和实践指导意义。

（2）本书扬弃了行政管理界多数学者以传统经济人作为政府、企业等利益主体行为假设的取向，将利己利他的新经济人假设作为社会主义市场经济条件下生态利益主体的行为假设；将网络治理机制引入流域区际生态利益协调的分析视野，并构建了流域区际生态利益协调机制的分析框架，力图克服当前囿于科层制、市场和区际自主治理三种机制的研究倾向。这既拓展了网络治理理论的适用范围，又为流域管理的研究提供了新的理念，具有一定的理论和学术价值。

（3）流域生态产品具有公共物品和私人物品的复合性质，其供给、消费过程包含着具有不同目标导向和行为特征的多元利益主体间的利益冲突。本书基于行为主体兼有利己和利他特征的新经济人假设，构建流域多元利益主体的动态博弈分析模型，揭示了中央与地方政府、企业、居民等多元利益主体在公共池塘资源利用中的行为特征。

（4）围绕流域区际生态利益内涵的界定、利益失衡的度量以及利益补偿机制的构建这一主线，本书以闽江流域区际生态受益补偿为重点，运用数理分析方法，比较"重建成本分摊法"和"支付意愿调查法"两种不同的区际生态补偿计价办法，探索了适应不同类型的流域区际生态补偿模式、标准与机制。

（5）借鉴美国、澳大利亚、法国三个国家的流域管理体制，基于市场的环境政策工具以及州际合作机制等成功经验，探索我国在流域治理中引入网络治理机制的制度技术条件、制度变迁路径选择等，并以闽江流域为典型案例，试图提出适合中国国情的流域区际生态利益协调的整体性政策设计。

## 二　研究不足

流域区际生态利益失衡的度量及其区际补偿标准的确定，是当前困扰国内外学术界的难点问题。目前学术界虽然就流域区际水资源公平分配、区际生态补偿标准等提出了各种指标体系，但鲜有兼具科学性、操作性和普遍接受性的方案。由于流域区际生态利益包括流域水资源分配、流域水质保护补偿和流域水资源综合开发等多种复合要素，因而，更难以用合适的指标度量区际生态利益的失衡，这也是本书研究的缺憾。

## 第五节　重要概念辨析和界定

### 一　利益

利益是一个意义宽泛并被多学科共同使用的专业术语，在社会科学思想史上曾出现"好处论""幸福论"和"需要论"等对利益本质的不同表述。"好处论"最初出现在我国古代的甲骨文中。它是指人们使用农具等生产资料从事农业生产活动，例如，捕捉陆地动物、江河鱼虾，采集自然果实，或者收割成熟的庄稼等，后来在重大节庆占卜祭祀活动中引意为"吉利"，取与"害处"对立之意。"幸福论"主要起源于西方近代资产阶级思想家，他们认为利益就是能给人带来快乐、幸福的东西。[①] "需要论"则是基于马克思主义唯物史观对利益本质的深刻阐释，认为利益是人们通过社会关系所表现出来的不同需要。较之于"好处论"和"幸福论"，"需要论"则在更深的层次指出："幸福"只有通过对社会劳动产品的占有和享用才能实现。上述这些利益观，虽然有着各自不同的分析视角，但都有共同特点，即承认对人们所有的"好处""幸福""需要"满足的前提，都是必须向自然生态获取资源。因此，利益一方面反映了人类与自然生态系统之间关系的自然属性，是人们从自然生态系统中获得资源，进行物质和精神生产，满足自身各种需要的过程；另一方面，利益的生产、交换、分配的过程与社会经济活动密不可分，体现了人与人之间关系的社会属性。正如马克思所指出的："利益不仅仅作为一种个人的东西或众人的普

---

① 王杏玲、温冠男：《论利益的尺度及其生态利益观的确立》，《江南大学学报》2007 年第 6 期。

遍的东西存在于观念之中，而且首先作为彼此分工的个人之间的相互依存关系存在于现实之中。"①

对于利益内涵的把握，笔者更趋向"需要论"，并赞同洪远朋教授的表述："利益是人们能够满足自身需要的物质财富和精神财富之和，以及其他需要的满足。"② 利益具有客体性、主体性、过程性、时间性和空间性等 5 个维度的含义。（1）利益的客体性含义是指需要的满足，即人对物——如物质资料、劳务、闲暇、信息、环境及其价值等——结合的外界对象的依赖关系的实现。利益是人们赖以生存、发展的基础，也是人们从事生活、生产活动的根本动力。人类"为了生活，首先就需要衣、食、住、行以及其他东西"。③ "需要即是他们的本性"。④ 按照需要说的观点，利益是人们的各种需要及其满足。（2）利益的主体性含义，是指只有符合利益主体需要的利益才是利益。（3）利益的过程性含义，是指利益必然是通过经济活动牟取的，在一定的经济过程中实现的。正如马克思指出的："人们奋斗所争取的一切，都同他们的利益有关。"⑤ 利益，就是需要主体以一定的社会关系为中介，以社会实践为手段，使需要主体与需要对象之间的矛盾状态得到克服，即需要得到满足。我国《新华字典》将"利益"解释得十分简明扼要，即为"好处"，利益是需求主体认定的各种客观对象的总和。⑥ 通常"利益"可从多个维度进行类别划分。（4）利益的时间性含义表明，利益总是在一定的时间中实现的。从时间维度看，利益划分为近期利益与长期利益；从经济社会角度，利益划分为个人利益与共同利益；从满足需要的角度，利益又划分为经济利益、生态利益与政治利益等。个人、家庭、国家等在不同时期对利益诉求存在明显的差异。维护人们基本的生态利益、合法的经济利益、正当的政治利益是一个国家文明进步努力的方向。（5）利益的空间性含义是指利益总是在一定的空间中实

① 马克思、恩格斯：《马克思恩格斯全集》，第 19 卷，北京：人民出版社，1963，第 27 页。
② 洪远朋：《经济利益关系通论——社会主义市场经济的利益关系研究》，上海：复旦大学出版社，1999，第 2 页。
③ 马克思、恩格斯：《马克思恩格斯全集》，第 19 卷，北京：人民出版社，1963，第 41 页。
④ 马克思、恩格斯：《马克思恩格斯全集》，第 19 卷，北京：人民出版社，1963，第 168 页。
⑤ 马克思、恩格斯：《马克思恩格斯全集》，第 1 卷，北京：人民出版社，1956，第 82 页。
⑥ 洪兵：《国家利益论》，北京：军事科学出版社，1999，第 65 页。

现的。

根据利益的内涵，笔者将流域生态利益定义为：流域生态系统依靠自身属性直接或间接地给人类带来的好处，以满足人类的各种需要。它包括流域生态系统变化所承载着的人与自然的关系，以及流域生态系统变化所影响的人与人之间的利益关系的总和。需要从主体性、客体性、过程性、时间性和空间性等5个维度进行把握。

## 二 水资源

尽管不同学科领域的学者对"水资源"有着不同的理解和定义，但人们比较认同和接受1977年联合国教科文组织的相关表述——"水资源应该指可利用或有可能被利用的水源。这个水源，应具有足够的数量和可用的质量，并能够在某一地点为满足某种用途而可被利用"。由于人们生产生活主要依赖于陆地水资源，因而通常人们所使用的水资源概念，是指陆地上每年可更新的淡水资源，包括地表水和地下水。2002年我国新修订的《水法》也是如此界定的。

水资源既有土地、矿山等其他自然资源的一般特性，又有自身特殊的自然和经济属性。从自然属性看，（1）水资源是以流域为单元进行空间分布，具有流动性的自然资源，其流向具有单向性和不可逆性。（2）水资源具有多种形态。地表水、地下水、土壤水和大气水等各种水资源可以相互作用，不断运动转化。（3）水资源具有"利害两重性"。水少则为旱，水多则成涝，流域水资源开发利用，既要兴水利，又要防水害。从经济属性看，（1）水资源具有资源、资产和资本三重属性。水资源不仅是基础性的自然资源、经济性的战略资源和生态环境的要素，同时也是可交易的自然资产和可进行市场化运作的资本。（2）水资源利用隐含着流域区际矛盾。一个流域通常跨越多个行政区域，在流域水资源开发和利用中，上下游、左右岸、干支流之间容易引发利益冲突。因此，需要统筹兼顾上下游、左右岸和有关地区之间的利益，协调好流域区际生态利益，既不能以邻为壑，近水楼台先得月，将有限的水资源分光用尽，也不能只注重流域水资源的单一功能效益，忽视综合利用的效益。（3）水资源具有多种经济用途。流域水资源具有供水、灌溉、发电、航运、养殖、旅游等多种功能和用途，其中发电、航运、养殖等属于非消耗性用水，水资源可以循环利用。因此，水资源利用应当以流域为自然单元进行全面规划和综合开发。我国《水法》第14条规定："开发、节约、保护水资源和防治水害，应当按照流域、区域统一制定规划。"（4）水资源的利用过程涉及蓄水、引水、用水、排污等诸多环节，牵涉多个主体的利益，因此，从流域水资源利用的全过程看，既要协调好不同利益主体之间的关系，又要处理好人与自然的关系，才能有效保护和管理流域水资源。

## 三　水污染

流域水资源是水量和水质的有机统一体。水质越好，水资源可开发潜力就越大，带来的经济财富和社会福利就会越多。流域水资源的合理利用又是流域水质保护的前提条件。由于河流自身具有再生能力和自我净化能力，如果排放污水的水量和有害物质都在河水的自净能力范围内，那么这种污水可以消解并转化为无害物质；但是如果人类活动扩大使排放的污水量超过河水自净能力，这种净化功能就会衰退，引起水质污染。所谓"水污染，是指水体因某种物质的介入，而导致其化学、物理、生物或者放射性等方面特性的改变，从而影响水的有效利用，危害人体健康或者破坏生态环境，造成水质恶化的现象"。[①] 因此，流域水污染实质上是人类的生产或生活活动的作用强度超过了流域水资源的环境容量而造成的流域水环境恶化的现象。它包含三层含义：（1）流域水污染主要是由人类不合理的经济活动引起的。人类可以利用流域水资源，寻找生产和生活资料，来满足自身各种需求。除了满足人类生命及工农业生产的基本需求外，流域水资源还是一种容纳和输送导致污染的生活、农业及工业废弃物的介质。当人们过度利用水资源、破坏水环境时，污染会导致水质恶化并影响下游水的可利用性，从而威胁人类的健康及水生生态系统的功能。而可用水量的减少，会进一步增加对达到一定水质标准的水资源的争夺，影响经济发展和社会进步。（2）流域水污染是人类经济活动的排污量超过流域水环境容量而造成的环境破坏。水环境容量又称为"水环境承载能力""水环境（水

---

① 参见《中华人民共和国水污染防治法》。

体）纳污能力"和"水环境容许污染负荷量"等。① 一个特定的环境对污染物的容量是有限的，其容量的大小与环境空间的大小、各环境要素的特性、污染物本身的物理和化学性质有关。环境空间越大，环境对污染物的净化能力就越大，环境容量也就越大。对污染物而言，它的物理和化学性质越不稳定，环境对它的容量也就越大。流域水污染实质上是流域内的污水排放量超过了水资源的环境容量而造成的环境破坏。(3) 流域水污染的超标程度是以流域水功能区划要求作为参照依据的。经济发展水平、水资源丰裕程度以及文化背景不同的国家和地区，对流域水资源合理利用的标准也有明显差异；同样容量、同样成分的污水排放在发展中国家可以是合法的，但在发达国家可能是严重超标的；在一个国家内部由于流域各个河段的经济发展水平、水环境容量等存在差异，环境部门对流域内的不同河段也规定了不同的功能区划。因此流域水污染是否超标、超标程度如何主要以流域水功能区划要求作为参考标准。对于流域水功能区划，我国出台了《地面水环境质量标准》（GB3838—2002），明确规定了流域各河段的水质标准，通常以Ⅲ类水质标准评价地面水环境质量，该标准也是判断各行政区交界断面水质是否超标的主要依据。

流域水污染的特点。(1) 复杂性和不确定性。人类活动与环境之间相互作用的诸多表现，通常是难以完全通晓和预期的。以流域水污染为例，组成水污染系统的各因素在组成结构上都具有模糊性和随机性的特点，并存在着许多复杂的变量及其相互作用的途径，各种因果关系模型也就难以确定。流域水污染系统的复杂性，使水污染的发生时间和空间具有突发性、偶然性等特点，由此造成的经济损失和社会影响也具有很大的不确定性。人们对流域水污染的预防和治理，也往往是在信息不完备或者对决策可能产生的连锁性后果不明了的情况下做出决定的。如果水污染突发事件应急处理机制比较完善，政府与社会能够及时沟通信息，采取有效措施，积极控制污染范围，减少损失，就会消除公众的恐慌活动；反之，如果上

---

① 《中国大百科全书》（环境科学卷）对"环境容量"所下的定义是："在人类生存和自然生态不致受害的前提下，某一环境所能容纳的污染物的最大负荷量。"方子云主编《水资源保护工作手册》对水环境容量作了更具有专业性的定义："水环境容量是满足水环境质量标准要求的最大允许污染负荷量，或纳污能力。它是以环境目标和水体稀释自净规律为依据的。"

下游信息沟通不畅通，则可能造成巨额损失。（2）开放性和动态性。流域水环境是开放的组织系统。根据耗散结构理论，开放系统会不断与外界进行物质、能量与信息交换。流域水污染的开放性，不仅表现为水污染与水灾、干旱等自然因素相互作用，而且表现为水污染与人类的水资源开发利用、水土保护、生态林建设、工农业生产等活动密切相关，协同运动。水污染系统从远离平衡态，通过突变会进入平衡态，从无序结构突变到有序结构。水污染的开放性决定了其外部灾害的输入响应不可能仅是简单的线性叠加，而可能出现分岔、叠加、突变等复杂变化，其层次变化会越来越多。（3）阶段性和波动性。在不同的经济社会发展阶段，人们对流域水资源的利用方式各不相同，对流域水环境的破坏程度也有明显差异，水污染产生的原因、影响程度也呈现出阶段性的变化。美国普林斯顿大学格鲁斯曼和克鲁格 2 位学者在统计分析基础上发现，一个国家的环境污染程度与其人均收入之间呈现倒 U 形关系，1995 年他们进一步提出了环境库兹涅茨曲线（EKC）的假说。该假说认为，一国的环境状况会随着经济发展而恶化，只有当经济发展达到某一水平时，环境质量与经济发展的关系才会进入正相关阶段，即人均收入与环境污染程度之间呈现倒 U 形关系。

# 第二章

# 流域生态系统及其利益结构

人类赖以生存发展的自然生态系统具有资源、资产和资本三重经济属性，人们的自然生态系统开发利用过程不仅包含着人与自然的关系，而且包含着复杂的人与人之间的生态利益关系。利益是人类社会中个人和组织一切活动的根本动因，是社会领域中最普遍、最敏感，同时也是最易引起人们关注的问题。① 利益关系是研究流域生态治理问题极为重要的范畴，它既包含中央和地方政府之间、地方上下级政府之间等纵向的利益结构，又包含上下游政府、政府与企业（农户）、政府与第三部门等多元利益主体的横向利益结构，其中流域区际生态利益关系是最重要、最复杂的利益关系。本章试图从主体性、客体性、过程性、时间性和空间性等 5 个维度来把握流域区际生态利益结构，并对利益相关者行为进行博弈分析，揭示利益主体的理性选择与生态治理政策之间的关系，探索符合我国国情的流域生态环境的治理机制。

## 第一节　流域生态系统的经济属性

流域生态系统通常是指以流域为单元、包括人类在内的生物聚落占主导地位的系统。作为一个开放的功能系统，它总是不断地同外界进行物质

---

① 　石佑启：《论私有财产权公法保护之价值取向》，《法商研究》2006 年第 6 期。

循环、能量转化和信息传递。一方面流域生态系统可以直接或间接地满足人类个体生命支持系统和社会经济系统的发展所需的各种条件；另一方面人类可以通过生产和生活对生态系统服务的消耗、利用和占用，获取其价值，满足自身的福祉需求。流域生态系统不仅具有整体性、群体性、关联性和综合性等自然属性，而且具有资源、资产和资本三重经济属性。

## 一 流域生态系统具有三重经济属性

人类社会的文明发展历史，也就是人们不断地从自然界获取资源、进行物质生产满足自身需要的发展演化过程。尤其是资本主义生产方式产生以来，人类掠夺式地开发利用各种自然资源，造成了全球自然资源的短缺和生态环境的恶化。当今时代良好的流域自然生态环境，不只是稀缺性的资源，而且是可以进行资本化运作的经济资产；流域自然资源保护和生态建设活动，已成为产业资本投资的新兴领域。流域生态资本（自然资本）实质上就是以良好的流域自然生态环境为基础，以提供生态产品和服务为手段，以实现价值增值为目标导向的产业资本形态。

### （一）生态资源具有多功能、复合型的使用价值

马克思在《资本论》中将土地看作一切自然生态资源的代表，他在对资本主义生产方式下土地资本运动、地租等问题的阐释中，已包含着生态资本以及价值运动的基本原理。生态资源是指能为人类提供生态服务或生态承载能力的各类自然资源，包括土地、矿藏、森林、大气、水体等在内的复杂的综合体。威廉·配第的名言"劳动是财富之父，土地是财富之母"，就深刻揭示了土地等自然生态资源在物质生产中的重要性。流域自然生态系统的各个构成要素，均有其不同的使用价值，如矿藏、土地、森林等表现出物质性较强的使用价值；空气、水体等则在环境容量、平衡调节等功能性方面具有较强的使用价值。良好的自然生态环境作为整体，不仅是生态系统的构成要素，也是人类赖以生存的环境条件和社会经济发展的物质基础，除了为人类提供直接的有形产品以外，还具有各种效益功能，包括供给功能、调节功能、文化功能，以及支持功能等。它既可以提供各类生产和生活资料，满足人类的物质性需求；又可以陶冶人们的情

操、减少疾病发生的概率和医疗费用的支出，满足人类的精神性需求。

### （二）生态资源转化为生态资产需要相应的市场和制度条件

生态资源转化为生态资产需要满足三个条件：稀缺性、增值性和产权明晰。稀缺性是生态资源转化为生态资产的前提。一种生态资源即使有多种使用价值，但如果不稀缺，也不会有人产生占用的欲望。只有当某种生态资源既有用，又使人感觉到出现稀缺迹象，生态资源的所有者才会认真加以保护，其他经济主体才会产生将其进行占用的欲望和冲动。例如，生态系统保存完好的风景秀丽的自然景区，具有独特的旅游价值。当休闲旅游成为人们生活的重要内容时，良好的自然生态资源和独特的民俗文化往往具有很好的休闲度假、观光旅游等功能，满足人们回归自然与返璞归真的愿望，于是自然生态资源所有者就可以通过提供必要的硬件和软件设施，把这些生态旅游资源转化为生态资产，牟取经济利益。增值性是生态资产的本质特征，只有在预期生态投资能不断地带来利润回报、实现增值功能的情况下，生态资产的所有者才会不断追加投资，或者将生态资源转让给其他经营者，实现生态资产经营所有权与经营权的分离。生态资源转化为生态资产的另一个重要条件就是界定其所有权。以森林为例，在原始社会，人口稀少，森林资源充裕，人们就不会产生界定森林产权的欲望，或者说界定产权的成本大于实际收益。而随着人口的增多，森林资源相对于人类需求来说日渐稀缺，获得其产权的收益超过了界定产权的成本，人们就会通过各种方式占有森林资源，这时，森林就由公共"资源"变成了私人"资产"。谁拥有森林的完整产权，谁就能够享受森林所带来的收入和财富；自然生态资源的产权之争贯穿着人类的文明发展史。

### （三）开展生态资本经营是贯彻可持续发展战略的现实选择

20世纪70年代以来，资本主义工业化造成了全球性资源短缺、生态恶化和气候变暖，森林、草原、湿地等需要人们投入大量资金进行维护，才能提供有效的生态服务。当以生态建设和管护为主题的产业投资活动勃然兴起，即当生态资产可以作为投资对象时，生态资产就会资本化。生态环境不只是稀缺性的自然资源、有价值的经济资产，而且可以成为人们牟取利益的载体，人们可以投资生态环境建设并通过提供生态产品和服务来满足人们的需要，实现价值增值和利润回报。可见，生态资本化的运动过程，既是生态环境的保护过程，又是生态资产的保值增值过程，它能在未来特定的生态建设活动中给有关经济行为主体带来利润收益。基于生态资本化运作的理念，我国政府一方面投入大量财政资金用于生态环境建设和管护，旨在向社会提供具有公共产品特征的生态服务；另一方面制定和出台各种优惠政策，引导企业和个体农民等投资生态事业，发挥市场机制的作用，引导他们在通过生态产品销售实现利润的同时，保护和改善生态环境。因此，实施生态资本化运作是贯彻可持续发展战略的现实选择，是推进生态文明建设，实现人口、资源与环境协调发展的有效途径。

## 二　流域生态资本经营的循环公式与主要特征

按照马克思的资本循环理论，产业资本循环要经历购买、生产和销售三个阶段，分别采取货币资本、生产资本和商品资本三种形态，执行为剩余价值生产创造条件、生产剩余价值和实现剩余价值三种职能，如此循环反复，实现资本的周转和顺利再生产。生态资本循环运动既有产业资本循环运动的一般、共同特征，又有自身的特殊属性。基于森林是流域自然生态系统的核心和主体，本书以流域上游的林业投资活动为例对生态资本的经营特征加以阐释（如图 2 - 1）。[①]

其中：G——预付货币资本

　　　$Pm_1$——生产资料（包括种苗费、土地费以及必要的生产工具费等）

　　　$A_1$——劳动力（整地费、栽植费、培育费、管护费）

　　　$A_2$——劳动力（发挥生态效益的公益林所需要的管护费）

　　　$A_1{}'$——劳动力（采伐林木费）

　　　$\cdots P_1\cdots$——培育林木环节

　　　$W_1$——培育成的森林资源

　　　$W_1{}'$——准备采伐投放市场的活立木

---

① 钟盛升：《对林业资本循环受阻问题的分析及其对策探讨》，《技术经济与管理研究》2002年第 4 期。

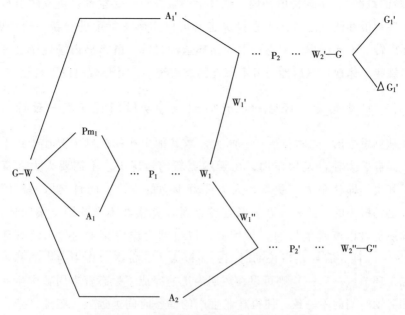

**图 2 - 1 投资林业的生态资本循环公式**

$W_1''$——发挥生态效益的活立木

$\cdots P_2\cdots$——采伐加工环节

$W_2'$——商品林及各种副产品

$W_2''$——发挥生态效益的公益林

$G'$——销售商品林及各种副产品所取得的货币收入

$G''$——发挥生态效益的公益林所应得到的货币补偿

　　生态资本循环运动的第一阶段（购买阶段）是由生态投资者在市场上购买劳动力（$A_1$）和生产资料（$Pm_1$），将货币资本（$G$）转化为生产资本（$W$）；第二阶段（生产阶段）是由生态投资者将生产资本（$W$）转变为商品资本（$W_1$、$W_2'$、$W_2''$），具体包括两个环节：一是林木培育环节（$\cdots P_1\cdots$），即生产资本（$W$）经过自然力的作用变成商品资本（$W_1$）；二是商品林采伐加工（$\cdots P_2\cdots$）或公益林管护环节（$\cdots P_2'\cdots$），生态投资者向社会提供生态产品（$W_2'$）或生态服务（$W_2''$）；第三阶段（销售阶段）是将商品资本（$W_1$、$W_2'$、$W_2''$）转变为货币资本（$G'$、$G''$）。在产权明晰的前提下，生态投资者以追求收益最大化为目标，基于成本与收益的比较分析做出销售商品林或提供森林生态服务的不同选择。商品林通过市场交易完成

"惊险的跳跃"，实现价值补偿；森林生态服务则由受益者付费或政府购买而实现货币补偿。之后，生态投资者又可以用所得货币进行新一轮投资，循环周转，不断积累。生态资本的循环运动过程，既遵循市场规律又遵循自然规律，体现自然属性与资本属性的有机统一，并呈现出以下特征。

## （一）生态资本经营中生产时间与劳动时间存在不一致性

马克思指出："木材生产，同大多数其他生产的区别主要在于：木材生产靠自然力独自发生作用，在天然更新的情况下，不需要人力和资本力。其次，即使是人工更新，人力和资本力的支出，同自然力的作用相比，也是极小的。此外，在不长庄稼或种庄稼实在不合算的土壤和地方，森林还是可以茂盛生长的。"[①] 因此，以自然力作用为主的林木培育环节（…$P_1$…）往往需要相当长的时间，而以人力、资本力作用为主的林木采伐加工环节（…$P_2$…）则可以在短期内迅速完成。生态资本周转中生产时间和劳动时间的不一致，使得林业生产的储备时间远远大于工业产业，持久的木材生产本身要求有一个活树储备，它应是年利用额的 10 倍到 40 倍。对此马克思曾有精辟论述：林业投资"一次周转需要 10 年到 40 年，甚至更长的时间"。"漫长的生产时间（只包括比较短的劳动时间），从而漫长的周转期间，使造林不适合私人经营，因而也不适合资本主义经营。资本主义经营本质上就是私人经营，即使由联合的资本家代替单个资本家，也是如此。文明和产业的整个发展，对森林的破坏从来就起很大的作用，对比之下，它所起的相反的作用，即对森林的护养和生产所起的作用则微乎其微。"[②] 可见，生态资本经营周转时间长、运行风险大等特点，决定了单纯的市场机制难以保证生态产品和服务的有效供给。即使在倡导市场万能的西方发达国家，政府也不惜花费巨大的公共财力、物力开展大规模的生态投资或者生态购买，通过购买私人土地、建立补偿基金、实行税收优惠政策等方式，鼓励私人进行生态投资，改善生态环境。

## （二）生态资本经营中的生态经济资源价值具有两重属性

生态资本具有很强的依附性。生态资本是投入生态资源并固定于生态

---

① 马克思：《资本论》，第 2 卷，北京：人民出版社，2004，第 271 页。
② 马克思：《资本论》，第 2 卷，北京：人民出版社，2004，第 272 页。

资源上的资本，其主体是价值，但它必须以生态资源为物质载体，只有与生态资源的物质相结合，才能发挥生态资本的职能。离开了生态资源这一物质载体，生态资本也就失去了其存在的意义。生态资源可分为未经人类劳动加工开采的原生生态资源（如原始森林）和经过人类劳动加工在原生生态资源基础上形成的生态经济资源（如人工林）。原生的生态资源由于没有凝结人类的劳动，没有价值，但是由于生态所有权的存在和生态资源的稀缺性，人们对生态产品或服务有很大的需求，因而它们有价格，这种价格不是价值的货币表现形式，而是"资本化的地租"。经过生态投资而形成的生态经济资源，实质上是生态资本运动中的商品资本形态，其价值具有两重性，一方面有价格而无价值，另一方面有价值又表现为价格。[①]即包括生态资源的地租和生态资本的折旧和利润。生态资本运动中的价值补偿，就是既要确保生态经济资源的所有者获得地租收入，又要确保生态投资者获得合理的利润回报，目的是确保生态资本的扩大再生产。长期以来我国实行"产品高价、资源低价和环境无价"的价格体系，林木资源等有形生态产品和森林生态系统所提供的无形生态服务均实行较低的市场价格。林木生产成本只计算林木采伐加工费用（$A_1'$），中央和省级政府已实施的森林生态效益补助也只计算森林生态系统的管护成本（$A_2$），而对林木培育阶段（$\cdots P_1 \cdots$）的林木培育费用和林农机会成本的损失，则不在计算之内，实际上培育林木的费用远远大于木材采伐加工需要的费用。因而林木产品所实现的利润$\triangle G'$，是虚假的利润，这部分利润的很大份额只是培育林木的生产成本；按照森林生态系统管护成本（$A_2$）确定的森林生态效益补助仍是不充分的经济补偿。因此，理顺生态环境资源价格体系，以生态资源价值为基础进行林产品交易和生态服务补偿，是实现生态资本周转和扩大再生产的重要条件。

## （三）生态资本经营中的生态商品具有复合性质

生态资本运动既是商品与货币形态转换的过程，同时又是价值增值的循环过程。生态资本运动的第三阶段即商品资本，一方面表现为需要转化为货币的生态商品，一方面表现为即将实现价值增值的资本形态。其中，

---

① 陈征：《自然资源价值论》，《经济评论》2005 年第 1 期。

生态商品包含着两种不同性质：一是具有私人产品特征的有形生态产品及副产品（$W_2'$），如林木、珍贵药材等各种特色种养殖产品；二是具有公共产品特征的无形生态服务（$W_2''$）。生态商品的双重属性，决定了必须建立两种不同的价值实现形式和补偿机制，才能使生态资本运动保持空间上的并存性和时间上的继起性，实现顺利周转和扩大再生产。以向社会提供生态产品及副产品为导向的生态资本经营为例，生态投资者通过林木加工、绿色产品销售以及生态旅游等获得利润回报，当前城乡居民消费结构的升级和绿色产品需求的增长，为生态资本经营创造了良好的经济社会条件。生态资本的运动和扩大再生产面临的难点在于无法完全通过市场解决生态公共服务的价值补偿问题。由于生态公共服务表现为具有很强的空间逃逸性、非排他性、非竞争性和外部性等特征，生态保护效益的价值不能完全通过市场来实现，生态系统的管护成本也就无法通过产品价格等市场机制在受益地区之间进行合理的分配。因此，目前我国政府虽然已在生态保护区域实施生态效益补偿机制，但仍难以弥补当地农民的投入以及发展权受限制的机会损失。许多重要生态功能区，包括水源涵养区、防风固沙区、生物多样性保护区和洪水调蓄区，普遍存在"守着美丽的风景，过着贫困的生活"的现象，生态保护任务繁重，管护经费严重不足，生态资本再生产难以为继。因此，建立生态公共服务的补偿机制，使"自然生态设施"始终处于良性循环状态，生态资本才能够持续地提供生态服务。

## 第二节　流域生态系统所蕴含的利益关系

人类是流域生态系统中最具活力的主体，会以流域生态资源利用为中介形成复杂的生态利益关系，包括流域生态系统变化所承载的人与自然的关系和流域生态系统变化所影响的人与人之间的利益关系的总和。

### 一　流域生态利益关系的主要内容

#### （一）人与自然的生态利益关系

从人与自然的关系看，人类社会发展的历史始终是与自然生态系统的演化密切联系一起的。"历史可以从两个方面来考察，可以把它划分为自然史和人类史。但这两个方面是密切相连的；只要有人存在，自然史和人类史就彼此相互制约。"① 同时，马克思、恩格斯指出，人与自然的关系不是绝对对立起来的关系，而应当是和谐相处、相互包容的关系。"我们每走一步都要记住：我们统治自然界，决不像征服统治异族人那样，决不是像站在自然界之外的人似的——相反地，我们连同我们的肉、血和头脑都是属于自然界和存在于自然之中的；……认识到自身和自然界的一体性。"② 当今时代良好的自然生态环境，不只是一种稀缺性的资源，生态资源具有多功能、复合型的使用价值，生态系统产品（如食物）和生态系统服务（如废弃物同化）通称为生态系统服务。③ 流域生态系统服务功能是指流域自然生态系统及其物种所提供的能够满足和维持人类生活需求的条件和过程。它在为人类提供物质资料的同时，还创造与维持了地球生命支持系统，形成了人类生存所必需的环境条件。流域生态资源不仅具有可被人们利用的物质性产品价值，而且具有可被人们利用的功能性服务价值。流域自然生态系统作为经济社会发展的外部环境，既可以向经济社会系统输入有用物质和能量，而且能够接受和转化来自经济社会系统的废弃物，并直接向人类社会成员提供服务（如人们普遍享用洁净空气、水等舒适性资源）。流域自然生态系统的产品包括有形的生态系统产品和无形的生态系统服务。因此，从人与自然关系的角度看，生态利益主要表现为流域自然生态系统直接或间接给人类带来的好处，包括：（1）人类物质资料的资源库。流域自然生态系统能够为人类的生存和发展提供各种生产和生活资料，包括食品、医用药品、加工原料、动力工具、欣赏景观、娱乐材料等，既可以直接满足人类的衣、食、住、行等基本需要，又可以作为生产要素投入企业生产活动中，为人类带来直接经济利益。（2）人类生命系统支撑的稳定器。流域自然生态系统中清洁的空气、干净的水源、充足的阳光等，是人类生存的前提和基础；流域自然生态系统所具有的固定二氧化

① 马克思、恩格斯：《马克思恩格斯全集》，第 42 卷，北京：人民出版社，1979，第 128 页。

② 马克思、恩格斯：《马克思恩格斯选集》，第 4 卷，北京：人民出版社，1995，第 383 ~ 384 页。

③ Costanza R，d' Arge R，de Groot R，et al. The Value of the World's Ecosystem Services and Natural Capital. *Ecological Economics*，1998，(25)：3 - 15.

碳、稳定大气、调节气候、对干扰的缓冲、水文调节、水资源供应、水土保持、土壤熟化、营养元素循环、废弃物处理、传授花粉、生物控制、提供生境、食物生产、原材料供应、充当遗传资源库、作为休闲娱乐场所，以及科研、教育、美学、艺术等功能，为人类提供无形的生态系统服务，发挥着生命系统支持功能。（3）人类生产生活废弃物的存放地。人类在利用自然资源进行生产生活，满足自身需要的同时也相应产生一定的环境污染和生态破坏；流域自然生态系统的运动如火山爆发、地震、海啸、洪水等自然灾害也会造成人类生存环境的恶化。然而，流域自然生态系统自身所具有的环境自净能力，在一定的环境容量内能够容纳人类所造成的环境污染和生态破坏，并依靠自身的力量不断重新改造自然环境，通过物理、化学和生物等作用过程，消除人类活动带来的生态破坏，把不利于人居的环境转变为对人类无害的环境。

## （二）人与人之间的生态利益关系

从人与人的关系看，任何从流域自然生态系统中获取资源进行物质生产的活动，都是在一定的生产力水平和与之相适应的社会关系中进行的。因此，人与人之间的生态利益关系是人类在对流域自然生态系统的开发利用活动中所形成相互间利益关系，包括生态资源的所有权归谁所有、人们在生态资源使用中的地位和作用如何、生态产品如何分配等一系列问题。生态资源的所有权性质取决于生态资料所有制的性质。在原始社会，人们共同占有自然生态资源，均等享受自然界赋予的各种物质产品；在奴隶社会，奴隶主占有生产资料，奴隶只是会说话的工具，奴隶主占有极大部分的劳动成果，奴隶只能作为活的工具获得维持生存的生活资料；在封建社会，地主占有主要的生产资料和劳动工具，租地农民在交纳地租后获得少量的剩余产品；在资本主义社会，虽然水资源、矿产资源等自然资源可能归国家所有，但是，资本家追求剩余价值最大化的趋利本性，促使资本家"摧毁一切阻碍发展生产力、扩大需要、使生产多样化、利用和交换自然力量和精神力量的限制"。[①] 在封建社会之前的农业文明时期，人类的生产

---

① 马克思、恩格斯：《马克思恩格斯全集》，第 46 卷（上），北京：人民出版社，1979，第 393 页。

活动主要以手工工具为主，对自然生态的破坏相对有限，仍在流域自然生态系统自净能力的承受范围之内。然而，随着近代资本主义生产方式的确立和工业革命的兴起，机械代、自动化等先进生产工具不断涌现，加之剩余价值诱导资本家对物质利益的强烈追求，人类对流域自然生态系统开发利用的广度和深度超过了任何时代，在过去数百年中人类一方面创造了巨大的生产力，另一方面又耗费了大量的自然资源，产生了极其严重的环境污染和生态破坏，经济发展与自然生态保护之间的矛盾日益突出。恩格斯指出，"蒸汽力的资本主义应用就同时破坏了自己的运行条件，蒸汽机的第一需要和大工业中差不多一切生产部门的主要需要，都是比较干净的水。但是工厂城市把一切水都变成臭气熏天的污水"。① 而且，"资本主义大工业不断地从城市迁往农村，因而不断地造成新的大城市"，形成"恶性循环"。而生态环境的破坏具有极强的负外部性，在资本家获得剩余价值的同时，生态环境治理的外部成本却是由社会来共同承担的。随着我国社会主义市场经济体制的建立和完善，生态资本化经营已成为客观的必然趋势。由于生态资源的产权模糊不清，以及生产技术条件有限等原因，由流域水污染、生态环境破坏等引起的人与人之间、区域之间的矛盾和冲突越来越多，并成为影响和谐社会建设的重要制约因素。

## 二　流域生态利益关系的多维度考察

根据导论中对利益内涵的介绍，这里从主体性、客体性、过程性、时间性和空间性等5个维度来把握流域生态利益关系。

### （一）生态利益的主体性

生态利益的主体性是指只有符合利益主体需要的生态利益，才有现实的需求和价格，不同收入水平的群体对生态利益的需求有明显差异。流域生态环境是一种稀缺性的资源，但对流域生态环境价值的支付很大程度上取决于人们的支付意愿和支付能力，处于不同生活水平地区的人们对流域生态环境的关注程度、支付意愿和支付能力是大不相同的。相对落后的上

---

① 马克思、恩格斯：《马克思恩格斯文集》，第9卷，北京：人民出版社，2009，第312页。

游地区人们将发展经济、提高生活水平作为首要目标，高质量的水环境对他们而言是一种奢侈消费品，他们对流域生态环境消费的支付意愿和能力较低；下游经济发达地区的人们对生态环境的关注程度以及支付能力和支付意愿都强于经济相对落后的流域上游地区，西方发达国家对流域生态环境的关注程度、支付意愿及支付能力都强于发展中国家。人们对生态环境价值认识的变化及为之支付的意愿的变化特征可以用直角坐标系中的 S 形生长曲线加以描述。因此，可以借用罗吉斯蒂（Logistic）生长曲线模型来探讨人们对生态价值的支付意愿。

## （二）生态利益的客体性

生态利益的客体性是指人类对流域生态系统所提供有形产品和无形服务的满足，包含着生态利益和经济主体的对立统一关系。人们在流域生态系统获取物质性产品满足自身经济利益的同时，也可能造成自然生态环境的破坏，损害流域生态系统的服务功能，造成人类自身生态利益的损失，因此，妥善处理人类经济利益与生态利益的关系。一方面，无论是生态利益还是经济利益，都是对现实性人类需要的满足，从这个意义上说，两者之间是完全一致的；另一方面，由于获取经济利益和承担生态利益损失在主体之间、时空之间可能存在分离，因此必须建设不同利益主体的生态补偿机制。我国刑法设立环境犯罪的首要目的就是保护生态系统最基本的平衡状态，以免危及人类生存所必需的生命支持系统。

## （三）生态利益的过程性

生态利益的过程性是指生态利益必须通过自然生态资源的开发利用等经济活动，将生态资源转化为生产要素，并通过资源消耗和物质性产品的生产、交换、分配和消费等再生产过程实现。正如马克思所说，社会再生产是经济再生产过程和自然再生产过程的统一，尤其是农业部门，良好的自然条件是农业经济再生产过程中必不可少的要素。

## （四）生态利益的时间性

生态利益的时间性是指生态利益是在一定的时间中实现的，并随着时间的变化而变化。前人栽树，后人乘凉；前人破坏，后人遭殃。当今时代人类为了满足自身的生存和发展需要，在追求经济发展过程中出现了环境污染、全球变暖、土地沙化、水土流失、资源枯竭等生态问题，如果这些问题不能够得到合理有效的解决，我们的子孙后代将面临更加严峻的生存危机。因此，实施可持续发展战略的重要目标在于保护和改善生态环境，实现代际公正，欧美及日本等发达国家尝试将环境要素纳入国民经济核算体系，即推行绿色 GDP 核算体系，用自然资源的损耗价值和生态环境的降级成本以及自然资源、生态环境的恢复费用等调整现有的 GDP 指标，把它们从国内生产总值中扣除，旨在表明经济发展引起的资源损耗和环境损害程度，促使决策者制定相应的政策来避免过度的资源损耗和环境破坏，维护子孙后代的生态利益。

（五）生态利益的空间性

生态利益的空间性是指生态利益总是在一定的流域内实现的。不同流域内自然生态资源的分布具有区域性和不均衡性，有的流域生态资源极为丰富，如巴西的亚马逊河流域拥有丰富的原始森林、美国的田纳西河和我国的长江等上游都拥有丰富的水利资源等，自然资源转化为经济优势，这些国家均拥有巨大的自然生态利益。由于自然资源开发利用具有极强的外部性，跨国投资中污染物的国际转移，水污染、空气污染等的跨区域转移等，都需要我们妥善处理国际、区际生态利益关系。

三 流域区际生态利益关系的特征

流域是由地表水及地下水分水线所包围的集水区的总和。流域区是属于在地域上具有明确边界范围的一种典型的自然区域。① 它具有整体性强、关联度高等特点，上下游、干支流、左右岸等各地区间相互影响，相互制约。流域既是一个特殊的自然地理区域，又是一个复杂的自然生态系统。人类是流域生态系统的消费者，会以流域生态资源利用为中介形成相互间的利益关系。所谓流域生态利益，是指流域生态系统依靠自身属性直接或间接地给人类带来的好处，满足人类的各种需要。一个流域往往包含多个

---

① 张文合：《流域经济区划的理论与方法》，《天府新论》1991 年第 6 期。

不同的行政区域，以流域上下游行政区为单元在流域水量分配、水质保护和水生态维护等领域形成的特殊利益关系，就是流域区际生态利益关系。这里从主体性、客体性、过程性、时间性和空间性等 5 个维度来考察流域区际生态利益结构及特征。

（一）从主体性看，流域区际生态利益协调需要处理多元主体复杂的利益关系

流域生态系统既包含着中央和地方政府之间、地方上下级政府之间等的纵向利益结构，又包含上下游政府、政府与企业（农户）、政府与第三部门等多元利益主体间的横向利益结构。中央政府身兼自然资源所有者、生态公共服务供给者、社会秩序管理者和宏观经济调控者等多个复杂角色，因而对流域资源开发和利用的目标包括政治稳定、经济增长和生态保护等多元化评价。由于信息不对称和能力有限，中央政府只能委托地方政府负责流域生态治理工作。地方政府既是流域生态资源的受托管护者，又是区域经济增长的主导者和区域生态公共服务的供给者。流域上游地区的林农、水源保护区附近的居民和部分工业企业以及下游的居民、自来水公司、存在水质要求的企业等，与流域生态建设的过程及其所产生的影响存在直接的利益关系，它们既可以是流域生态建设的贡献者，也可以是生态破坏的直接参与者，其生产经营行为直接影响流域生态环境的质量。因此，建立有利于流域生态保护的激励约束相容机制，是中央政府和上下游地方政府的重要政策目标。

（二）从客体性看，流域区际生态利益协调是以水量、水质和水生态为中心的

流域作为复杂的自然生态系统，是以流域人、流域社会现实和流域水为核心要素构成的自然经济社会耦合的整体。人是流域生态系统中最具活力的要素。水是流域生态系统的核心要素资源；没有水，就无所谓河，更没有不同水系间的流域区划和流域上下游区际生态利益的矛盾和冲突。一个流域水量的丰沛程度、水质的优良程度和水生态环境的好坏，虽然也受到地理位置、自然环境、气候条件等客观因素的影响，但更重要的是受制于人类的生产和生活方式。粗放型的农业经营方式、森林资

源的过度砍伐、矿产资源的任意开采和企业的无序排污等都会直接影响流域的水量、水质和水环境。世界各国流域上下游之间的矛盾冲突，几乎都是以水为中心展开的。美国的科罗拉多河、我国的黄河等气候干旱地区的流域，区际生态利益冲突主要围绕水量的公平分配而产生；水量充沛但受到污染的河流，区际生态利益冲突主要围绕区际生态受益补偿和跨界水污染赔偿标准而展开。因此，保护流域水环境，始终是维护河流生命健康的首要目标。只有流域区域内自然生态资源的多样性和水生态环境得到持续改善，才能提供高质量的流域生态产品和服务，发挥流域提供清洁水源、开展水土保持、保护生物多样性以及提供休闲娱乐等功能。

（三）从过程性看，流域区际生态利益协调须立足于经济社会和环境的可持续发展

流域上下游的政府、企业和农户都有通过自然资源开发、水资源利用等手段获取生态利益的权利，但是这些权利需要建立在符合流域主体功能定位和流域资源可接续、环境可承载的基础上。从根本上说，当前我国流域区际生态利益失衡问题，是上游地区粗放型经济发展方式造成的结果。自18世纪中期以来，发达国家在工业化进程中都经历了"先污染、后治理"的过程，英国的泰晤士河、欧洲的莱茵河等都经历了上百年的流域治理，才恢复了流域生态环境。改革开放以来，伴随着我国工业化、城镇化和农业现代化的快速发展，流域生态恶化呈现出短时间集中爆发的态势。流域上游山清水秀但贫穷落后不行，流域下游殷实小康但环境退化也不行。因此，流域区际生态利益协调，要以实现全流域经济社会和环境的可持续发展为目标导向：上游地区在获得生态利益的过程中，要大力节约资源、开展环境保护和生态保育，以减少对下流的污染；下游地区在享受流域生态产品和服务的同时，也要尽可能实施上下游生态受益补偿机制。

（四）从时间性看，流域区际生态利益协调须考虑生态受益（损）的滞后性

流域生态系统是经过长时间演化而来的，因而流域生态公共产品和

服务的生产过程具有长期性和持续性的特征，生态产品的生产者往往难以通过市场交易获得超过其生产成本（包含环境资源价值）的价值补偿和实物补偿。因此，政府、企业、居民等社会各生态服务受益者，就应该以流域生态补偿的方式把生态产品的正外部效益和社会效益的一部分转移给生产者，否则面对成本与收益的不对称，谁也不会进行持续性的生态公共产品生产。例如，流域上游的商品林种养，至少要10年以上才能获得收益，同时，又受到商品林砍伐周期和严格的采伐计划指标的限制，林业生产者难以获得相应的、持续的生态补偿机制，他们就也没有动力和能力进行连续性的投资。同样，人类对流域生态破坏所带来的影响也是长期的，以流域农业面源污染为例，不仅会加重流域水体的营养化，加快土壤退化，而且会危及居民健康。由农业面源污染产生的重金属、农药的残留物等有毒、有害物质一旦进入水体，不仅会对水生生物造成直接危害，某些有毒物质还可以通过食物链的富集作用使处于食物链高位的人或畜中毒。这不仅是对环境的污染、对经济发展的阻碍，更是对人类健康的威胁。因此，流域区际生态利益协调必须立足长远，探索流域区际生态补偿机制和跨界水污染赔偿机制，也导致流域区际生态利益协调的长期合作博弈特性。

（五）从空间性看，流域区际生态利益协调以生态受益（损）的单向性和不可逆性为前提的

流域通常是包含广阔空间范围且具有明显地理梯度差距的集水区域，流域水资源往往是由地势高的山地丘陵流向平原地区，由自然资源开发度低的欠发达地区流向经济富裕的发达地区，其流向呈现出单向性和不可逆性特征。由于流域水资源的稀缺性、多功能性以及公共池塘资源属性等特征，上游的经济活动会直接或间接地引起流域水资源水量和水质的变化，并以此为中介，影响下游地区政府、农户和企业的生态利益。流域水资源流向的单向性和不可逆性决定了流域上下游生态受益（损）的单向性和不可逆性。上游地区经济社会活动所产生的正负效应会直接或间接地影响下游，但下游只能被动接受。上游地区实施有效的生态保护，下游地区就可以获得清洁的水源；上游过度取水、过度开发，必然导致流域水污染、水生态破坏，影响下游地区经济社会发展，这种水资源利用的优先次序不同

和地位不对等的区际生态利益矛盾通常需引入共同的上级部门等权威的第三方进行协调。

## 第三节 流域生态系统利益相关者的博弈分析

流域是自然地理和经济发展的复合性区域。首先，流域是以河流为中心，被分水线所包围，具有明确地理范围的自然区域。其次，流域是以水资源系统的开发和综合利用为中心，组织和管理经济发展的重要区域单元。流域区域内各行政区的经济活动因"水"而发生各种不同类型和性质的联系，这些联系使流域形成"自然—经济—社会—文化"的复合系统。因此，流域不仅是单纯的自然生态系统，还体现为多维度的生态经济系统。[①] 人类是流域生态系统中最具活力的要素，水是流域生态系统的核心要素资源；没有水，就无所谓河，更没有不同水系间的流域区划。因此，保护流域水环境，始终是维护河流健康生命的首要目标。本书立足于中国现实国情，以保护流域水量、水质和水生态为中心，分析流域生态系统变化中多元利益主体间的关系。

### 一 流域生态系统利益相关者分析的含义

"利益相关者"一词是由美国斯坦福研究所 1963 年最早提出的，它是指"这样一些团体，没有其支持，组织就不可能生存。"随后，瑞安曼（Eric Rhenman）提出了更明确的表述："利益相关者依靠企业来实现其个人目标，而企业也依靠他们来维持生存"。[②]1984 年弗里曼（Freeman）进一步阐释了为人们广泛接受的观点，即"利益相关者是指那些能影响企业目标的实现或被企业目标的实现所影响的个人或群体"。[③] 瑞安曼和弗里曼两位学者都强调企业与个体或群体间影响的双向性。利益相关者理论作为对传统企业"股东至上主义"的反叛，旨在阐明公司治理应在保护各利益

---

① 张彤：《论流域经济发展》，四川大学博士学位论文，2006。
② 孙晓：《利益相关者理论综述》，《经济研究导刊》2009 年第 2 期。
③ Freeman, R. E. *Strategic Management*: *A Stakeholder Approach*. Boston: Pitman, 1984.

相关者利益的前提下，实现公司价值最大化。美国学者米切尔（Mitchell，1997）从利益相关者的基本属性出发，对利益相关者进行评分和分类，他认为利益相关者应具有合法性、权力性和紧急性三个基本属性，个体或群体至少要符合上述其中一条基本属性，才能成为利益相关者。

利益相关者理论最初主要应用于公司治理的分析，后者扩展到了资源环境管理、旅游管理、社区管理等公共决策过程的各个领域中。利益相关者分析是"通过确定一个系统中的主要角色或相关方，评价他们在该系统中的相应经济利益或兴趣，以获取对系统的了解的一种方法和过程"。① 利益相关者分析的主要目的是找出并确认系统或干预中的"相关方"，并评价其利益；核心内容是明确各利益相关方的利益性质、地位和在发展干预中的作用及其互动方式。利益相关者分析法将分析不同利益相关者对政策的认知程度、他们与该政策有哪些相关利益、他们对政策的态度、他们与其他利益相关者潜在的联合情况以及他们影响政策的能力。公共政策制定者还可以利用该方法辨别公共政策制定过程中的利益相关者，评估他们的知识、利益、态度、联合情况以及他们对政策的重要程度。这使公共政策制定者可以有效地与关键的利益相关者互动，获得他们对政策的支持。② 正如哈佛大学马克·莫尔教授提出的"三圈"理论强调的，政府制定任何公共政策或实施任何战略计划时，必须坚持"价值""能力"与"支持"三个因素相互统一的原则。其中，支持就是指利益相关者对公共政策的态度与意见。在充分考虑相关者利益要求的前提下争取他们的支持，既是公共决策的难点，也是政府开展工作的重点。

流域生态利益相关者，就是指流域生态资源开发、利用过程中的相关利益主体，包括中央与地方政府、企业（农户）和第三部门等三大类。它们分别属于流域生态资源的所有者和管理者、流域生态资源的使用者和流域生态资源保护的监督者。从公共决策的角度看，它们包括与流域治理政策制定或计划实施具有利益关系的群体或个人。流域生态利益相关者分析，是一个系统地收集和分析政府、企业和农民等相关主体信息的过程，旨在决定谁的利益在制定政策时应该予以考虑。流域生态利益相关者构成

---

① 李小云：《参与式发展概论：理论—方法—工具》，北京：中国农业大学出版社，2001，第 135 ~ 139 页。

② 陈宏辉、贾生华：《企业利益相关者三维分类的实证分析》，《经济研究》2004 年第 4 期。

的分析，除了探讨中央政府、地方政府和企业等纵向利益主体外，还要考量上下游政府横向利益结构和行为决策的差异。当前我国流域生态利益失衡，不只表现在中央与地方政府，政府与企业、农户之间在流域资源开发、生态环境保护中的利益分配不均，而且表现为流域上下游行政区际的生态利益失衡。

## 二　流域生态系统利益相关者构成

### （一）中央政府——流域生态资源的终极所有者

中央政府作为最高层次的行政机关，是国家和全体公民利益的终极代表者。中央政府执政目标的多元性，同时也蕴含着多元目标之间的矛盾和冲突。由于信息不对称和能力有限，中央政府只能通过行政委托代理的方式把自然资源的管理权限和生态建设及环境保护责任下放到省级政府手里，省级政府又通过层层委托、分级代理的形式把权限逐渐下放，直至县、乡各层级，从而形成了垂直分包的管理体系。我国《环境保护法》第16条规定，"地方各级人民政府，应当对辖区的环境质量负责，采取措施改善环境质量"。生态环境服务分层级供给的理念也符合现代公共财政理论，通常是根据受益范围的大小来决定由哪一层级的政府来提供生态服务，涉及多个省份的全国性生态服务及其补偿应作为中央政府的事权；省域范围的生态服务及其补偿应当作为地方政府的事权。但是，流域地理位置的不可改变性和生态效益的正负外部性，产生了多个行政区域共同享受流域生态利益而由上游地区单独承担流域治理和环境保护成本的流域区际责权利不对等问题，需要各级政府建立财政转移支付这一协调机制来解决区域性公共服务外部性问题。对于流域生态服务的补偿，通常有两种情况：一是全国性的流域生态服务及补偿作为中央事权，由中央财政直接拨款来解决；二是区域性的流域生态服务及补偿作为地方事权，由地方政府通过转移支付手段来解决。现代西方财政理论关于中央与地方政府财权事权相匹配的思想，成为各国政府加大对生态保护区域财政转移支付的重要理论依据。现代西方政府在职能转变过程中，出现了政府公共服务职能的外包，政府可以通过生态购买的方式，提供生态公共服务。

## （二）地方政府——流域生态资源的受托管护者

生态环境质量的供给属于公共财政资源配置的范畴。不同层级的政府应该进行合理的功能分工，拥有各自的财政和规制责任，包括财政功能和环境责任的分配。[①] 遵照标准模型，如果成本和收益被本地化，局限在某个行政区域的范围内，那么环境政策应该由本级政府制定，形成行政分包治理模式。当前我国环境治理实行行政区分包治理，并通过签订环境保护行政首长责任书来强化落实。在不同的行政区域地方政府根据国家权力机关和中央政府的授权、区域内的行政生态以及主要官员的偏好和选择，承担着对地方经济进行宏观调控、提供地方性公共物品和公共服务以及使区域性经济协调发展等公共职能。多元化因素影响地方政府的公共职能，在流域开发与生态保护上，中央与地方政府的价值目标和决策方式必然存在差异。（1）目标并非总是一致的。中央政府总是围绕总体性目标，立足于全流域和全局利益，从自然经济社会可持续发展的高度，谋划全国流域资源开发和治理的基本方针、政策，建立流域自然资源保护管理体系并对资源开发的参与者进行监督管理，在充分整合社会资源力量的基础上实现社会效益最大化。但是地方政府更加趋向于追求短期经济效应，偏重水、土、矿等各种自然资源的开发，相对忽视环境保护和生态建设。（2）信息不对称性。由于全国自然资源总量大，各地自然资源禀赋和土地利用方式存在较大差异；流域自然资源保护是一项长期、持久的工作任务，投资费用大、周期长、见效慢，环境污染和生态破坏又具有隐蔽性、滞后性、分散性等特征，中央政府全面监管流域的难度大、成本高，无法深入各地区监管流域生态保护情况，只能通过地方提供的各项指标来评估资源情况和衡量地方的执行程度。地方政府掌握着环境保护和生态情况的主要资料，完全占有信息的主动权，可以依据自身情况筛选有利的信息上报中央，中央政府则只能被动接受。一些地方政府有可能利用信息优势做出自利性选择，如隐瞒流域生态保护执行效果的真实情况，对流域水污染等负面消息

---

① Oates, Wallace E. and Portney, Paul R. The Political Economy of Environmental Policy. In K. G. Maler and J. Vencent. （eds）. *Handbook of Environmental Economics.* Amsterdam：North – Holland/Elsevier Science，2001

故意遗漏等。因此，中央政府作为委托人将流域开发与保护的任务委托给代理人——地方政府；但受利益驱动等因素影响，代理人可能违背委托人的意愿追求自身发展、注重流域开发而忽视生态保护，从而导致社会福利下降。

（三）企业（农户）——流域生态资源的利用者、破坏者和保护者

企业是市场经济条件下最主要的微观经营主体，也是流域生态资源的利用主体和污染物排放主体。企业在追求经营利益最大化的过程中，总是最大限度地利用自然界赋予人类的免费资源，生产出人们需要的物质产品，同时不断地向外部环境排放废弃物。因此，各国政府通过制定各种规章制度，要求企业达标排放，并积极引导企业开展清洁生产和循环经济，通过"减量化、资源化和再利用"，努力提高稀缺资源的利用率。企业生态责任就是要求企业在合理利用资源和生态环境的前提下追求经济利润。农户作为由农民家庭构成的农业微观主体，既是物质资料的生产者，又是物质资料的消费者；既可以是流域区域内生态资源的利用者，也可以是流域生态资源的破坏者。根据有关法规，我国农村和城市郊区的国有农场、林场及国家未确定为集体所有的荒山、滩涂、河滩等土地，属于国家所有，除此之外的农村土地，属于农民集体所有。在社会主义市场经济条件下，农户不仅是集体土地、林地所有者的成员，而且是自主经营、自负盈亏、自担风险的经营责任主体。因此，农户经营行为的短期化是导致农业污染的直接根源。流域生态环境实质上是一种具有非排他性、非竞争性且外部性很强的准公共物品，个体农户享有流域生态环境提供的生态服务但又难以全部承担自身行为带来的成本。上游地区的企业和农户等微观经济主体，在政府激励不足和约束软化的条件下，必然会成为流域生态资源的过度利用者和破坏者。个体农民粗放经营、乱砍滥伐、烧山种果、过度施用化肥、破坏耕地和生态环境，企业任意排污等都会造成流域生态的破坏。我国大多数农民由于文化素质和环保意识较低，没有掌握好正确的环境友好型田间管理技术，在缺乏农业技术辅导的情况下，主要根据往年经验过度施放化肥农药，加之目前我国化肥利用率仅有30%～40%，远远低于发达国家60%～80%的

平均水平，因此，农业面源污染已成为当前和今后流域生态治理的重点和难点。

### （四）第三部门——流域生态资源保护的第三方监督者

第三部门，是指"通过志愿提供公益"的 NGO 或 NPO，它的范围包括除第一部门（政府）和第二部门（企业）以外的其他所有组织，如在民政部门注册的环保团体、基金会、民办非企业单位及未注册的草根组织等。第三部门是提升社会公众环保意识的重要载体，是政府加强环境保护工作的重要支持者，也是流域生态资源保护的重要监督力量，它们立足于社会整体利益，努力实现社会公共利益的最大化与自然经济社会的可持续发展，对流域生态资源保护起到间接的影响作用。发达国家的环保 NGO 不仅能监督企业，而且还能直接批评政府行为，要求政府加强环境治理。2012 年美国就有多个环保组织，就政府对密西西比河受化肥及其他污染物影响的不作为向联邦法院提起诉讼，要求法官强制美国国家环保局为每个州的水质标准和废水处理标准设置指导条款，旨在减缓密西西比河盆地的污染程度。

流域生态利益相关者之间存在多元的复杂关系（如图 2-2）。从中央与地方政府的关系看，双方是委托代理关系。作为受托的流域生态资源管理者，上下游地方政府会组成利益联盟，共同向中央政府施压，要求增加地方税收的分成比例，扩大地方自治权等。从流域上下游政府间的关系看，双方围绕区际水量分配、生态补偿和跨界污染赔偿等问题存在复杂的博弈关系。围绕流域上下游生态补偿、跨界水污染赔偿，下游地区的地方政府、企业、居民和第三部门会组成利益相关者联盟，尽量降低生态受益补偿支付标准，而努力要求提高跨界水污染的赔偿标准；相反，上游地区的地方政府与企业、居民等生态建设贡献者也会组成相应的利益相关者联盟，要求提高生态受益补偿标准和减少跨界水污染的赔偿标准。从地方政府与企业（农户）等生态建设者的关系看，存在着利益共享和环境监督的双重关系，地方政府为增加税源，对企业达标排放往往监督不力，造成流域生态环境恶化。

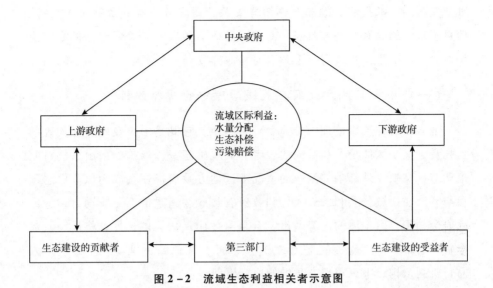

图 2 - 2 流域生态利益相关者示意图

## 三 流域生态系统利益相关者的博弈分析

博弈论是研究决策主体的行为发生直接相互作用时候的决策以及这种决策的均衡问题。一个完整的博弈关系包括参与人、行动、信息、策略、效用、结果和均衡等，其中参与人、策略、效用是必需的三个要素。博弈根据参与者之间是否存在具有约束力的协议或约定，分为合作博弈和非合作博弈，合作博弈就是研究人们达成合作时如何分配合作得到的收益，即收益分配问题，是一种正和博弈。而非合作博弈是研究人们在利益相互影响的局势中如何选择决策使自己的收益最大的问题，即策略选择问题。非合作博弈中最具代表性的就是"囚徒困境"和"智猪博弈"，两者都是因为个体行为缺乏有效的激励和约束机制，导致了分散的参与人缺乏主动合作的意愿，而陷入个体理性引发的集体困境，但后者是在参与者位置关系不对等的情况下进行的。按照参与人行动的先后顺序，博弈可划分为静态博弈和动态博弈。静态博弈是指参与者同时采取行动，或者尽管有先后顺序，但后行动者不知道先行动者的策略。这里着重分析中央与地方政府之间在流域治理中的博弈关系、流域上下游政府之间在区际生态补偿中的博弈关系，以及地方政府与农户在农业面源污染治理中的博弈关系。上述三种博弈关系，都是静态的非合作博弈关系。博弈双方存在着地位不对等、信息不对称的关系，地方政府、流域下游政府和农户三个弱势方的最优决策，分别取决于中央政府、上游政府和地方政府三个强势一方的决策。

## （一）中央与地方政府在流域治理中的博弈分析

地方政府在流域治理中扮演着双重角色，它既是中央政府委托代理的受托者，又是区域公共利益的代表者。流域生态资源保护如果由市场机制来调节，在缺少外部条件制约的情况下，地方政府往往会成为风险厌恶型参与者。在区域公共利益最大化和政府官员政绩追求的双重驱动下，地方政府会利用权力主体的优势做出符合自身效用最大化的选择，将风险、成本转移给中央政府或者企业（农户）。因此，在流域治理博弈中必须引入监督机制，构建中央与地方政府的博弈模型。

1. 博弈模型的构建及分析

参与者：博弈主体为中央政府与地方政府，重点分析在现行流域治理政策下中央政府的监督行为与地方政府的执行行为的博弈决策。

模型假设：①中央政府与地方政府都是理性的、兼有利己和利他倾向的新经济人。②流域生态环境是具有多功能性的稀缺性资源，即存在着相互冲突的需求结构。③双方对流域生态环境资源保护的驱动力取决于成本与利益的差值，目标都是实现自身利益最大化和成本最小化。④中央政府与地方政府之间存在着信息的非对称性，中央政府处于信息劣势，而地方政府能够准确认识中央政府的目标及行为活动。

策略选择：面对日益严峻的流域生态保护问题，中央政府有两种行动策略：①实施流域生态环境保护优先政策，严格监督地方政府的流域生态保护行为；②实施以 GDP 为核心的经济发展优先政策，相对弱化流域生态环境保护政策。因此，中央政府对地方政府的流域治理行为有两种策略，可以表示为 $S_1 = \{$监督，不监督$\}$。地方政府也有两种行动策略：①以区域经济发展为中心，尽可能地利用生态资源，即不执行环境保护政策。②以经济发展与资源环境协调发展为中心，建立生态补偿机制，即努力执行资源开发中的生态恢复补偿制度。因此，地方政府的战略空间 $S_2 = \{$监督，执行$\}$、$\{$监督，不执行$\}$、$\{$不监督，执行$\}$、$\{$不监督，不执行$\}$。

效用函数：C 为中央政府实施流域生态保护的监督成本；L 为地方政

府资源开发利用所造成的生态价值损失；A 为地方政府由于环保工作不力而受到的中央政府的处罚，包括行政性惩罚如停职检查、免职等，经济性处罚如上交排污权等，法律性处罚如追究领导干部责任等；R 为地方政府以资源开发利用为主获得的经济收益、社会福利的改善和政府官员的个人政绩。构建中央政府监督行为与地方政府执行战略的博弈矩阵（如表 2 - 1 所示）。两者之间的博弈为不完全信息动态博弈，应该达到的是精炼贝叶斯纳什均衡。

表 2 - 1　中央政府与地方政府的支付矩阵

| | | 地方政府 | |
|---|---|---|---|
| | | 执行（1 - q） | 不执行（q） |
| 中央政府 | 监督（p） | （- C，0） | （A - C - L，- A） |
| | 不监督（1 - p） | （0，0） | （- L，R） |

博弈模型分为两个阶段：首先，中央政府从整个社会福利角度，做出流域可持续发展的策略选择。其次，地方政府根据中央政府的政策安排，在衡量经济发展与环境保护成本收益后选择符合自身利益最大化的策略选择。当然，中央与地方政府在流域环境保护领域的博弈，不是简单的静态竞争与合作关系，环保工作的长期性、政策调整的不确定性等因素，决定了两者为追求公平与效率会进行反复博弈。从该模型可知，中央政府与地方政府的博弈显然没有达到精炼贝叶斯纳什均衡。

假设中央政府实施流域生态保护优先策略，强化监督的概率为 p，则中央政府弱化监督策略的概率为 1 - p；地方政府优先发展经济，采取不作为环保策略的概率为 q，则积极执行中央政策的策略概率为 1 - q，求解混合纳什均衡。

①当地方政府以概率 q 不执行中央政府流域生态保护政策时，混合条件概率下地方政府的预期收益为：

$$[-A \times p + R \times (1 - p)] \times q = [0 \times p + 0 \times (1 - p)](1 - q)$$

求得 $p^* = R/(A + R)$

②当中央政府以概率 p 强化流域生态环保监督时，混合条件概率下中央政府的预期收益为：

$$[(A - C - L) \times p + (-L) \times (1 - p)] \times q + (-C) \times p \times (1 - q) = 0$$

求得 $q^* = C/(A - L/p)$

因此，混合战略下精炼贝叶斯纳什均衡为：$p^* = R/(A + R)$，$q^* = C/(A - L/p)$，即 p、q 成反比，当中央政府的监督力度越大时，地方政府严格执行中央政府流域治理政策的可能性越高。

当中央政府对地方政府环保工作不作为的处罚 A 趋于上升时，地方政府会不断权衡策略选择所带来的收益与处罚。若 A 越大，对地方政府的约束力度就越强，则地方政府执行中央政府流域治理政策的积极性就越高。当中央政府由于信息不对称所导致的监督成本 C 越高时，地方政府弱化生态保护、偏重经济发展的概率就越大。我国流域面积大小不一，各地区经济发展不均衡，各级地方政府对经济发展与流域环境保护的认知也存在差异，加之中央与地方政府之间的信息不对称，弱化了中央政府的监督力度。地方政府基于经济发展优先的政绩考核目标，会利用信息优势做出逆向选择，以牺牲生态环境来换取区域经济的较快发展。

2. 博弈分析的结论

中央与地方政府之间的博弈是动态重复博弈，两者之间的关系是委托代理关系。若地方政府过度偏重经济发展、忽视流域生态保护所引发的生态环境价值损失 K 和中央政府的各种处罚力度 A 越大，地方政府注重经济与资源保护协调发展的努力程度就越高；若中央政府监督成本 C 较高，地方政府偏重经济发展、弱化生态环境保护所带来的整体性收益 R 越大，则地方政府保护流域生态资源的积极性就越弱。在现实经济活动中，由于中央政府自身能力有限，难以及时、直接地掌握全国流域生态资源开发利用的动态信息，尽管我国实施了较严格的土地和水资源利用政策，但是由于区域社会事业和官员政绩考核都难以摆脱以 GDP 为核心的评价机制，经济发展和税收增长仍然是各级地方政府追求的最重要目标任务，中央政府的监督管理虽然在一定程度上会降低地方政府不执行资源保护的可能性，但是显然无法达到有效激发地方政府保护生态环境积极性的目的。因此，中央政府应该采取激励、惩罚并行的方式，在采取严格的监督和检查措施的同时增加激励制度，激发地方政府保护资源的积极性和主动性。

### （二）上下游政府在区际生态补偿中的博弈分析

流域水资源开发中，不仅存在中央与地方政府的非合作博弈，而且也存在着上下游政府间的竞争与合作。由于流域水资源流动的单向性和不可逆性，流域上下游通常会分布在不同的行政区域，形成以水资源为纽带、地位不对等的上下游区际政府间关系。由于流域上下游各行政区内生态利益主体的多元化和利益关系的复杂性，流域区际生态利益的矛盾协调通常是由作为区域公共利益代表的地方政府来进行的；上下游地区政府通常会立足于本位主义，不愿意主动单独承担具有外部性的生态建设任务，在面对跨行政区的生态补偿和水污染赔偿问题时，主要通过权衡利弊和成本收益，决定是否支持跨区生态补偿。这里假设流域上下级地方政府在进行策略选择时，并不知道对方的选择情况，也即从静态角度出发进行分析；而在上级政府与下级地方政府的博弈中，上级政府要依靠下级地方政府的策略做出选择。

由于上级政府与下级地方政府之间是一种不对等的关系，上级政府投入一定的生态建设成本，得到的生态收益是全区域的，而下级地方政府如果投入一定的成本，其得到的收益仅是本区域内的部分生态收益，所以他们之间的博弈属于"智猪博弈"；① 而上下游地方政府之间的关系可以运用"囚徒博弈"来解释。上下游地方政府在选择策略时，并不知道对方的策略选择，同时，流域生态建设在短期内效果并不明显，居民的生态受益补偿意愿不会明显提高，因此，这里以短期静态分析为主。

1. 上下游地方政府之间的"囚徒困境"

上游生态保护区的地方政府面对经济发展与环境保护的矛盾，具有保护和不保护两种策略选择，而下游生态受益区的地方政府对上游生态建设成本分担与否也只有补偿和不补偿两种应对策略。

当上游政府选择环境保护策略时，它的收益是保护环境而获得的生态效益，减去生态投入的成本，还要加上下游政府的选择策略对其收益的影响；当上游政府选择不保护策略时，它的收益来自以牺牲环境为代价而获得的经济发展收益，减去生态破坏的损失，加上下游政府的选择策略对其

---

① 张维迎：《博弈论和信息经济学》，上海：上海人民出版社，1996。

产生的影响。当下游政府选择补偿上游的策略时，下游的收益主要依赖于上游是否进行生态保护所产生的生态效益或生态损害，减去其补偿的成本；当下游政府选择不补偿的策略时，它的收益仅有上游是否进行生态保护所产生的生态效益或生态损害。

令 L 为上游政府选择生态保护策略下获得的长期利益；$C_1$ 为上游政府的保护成本和经济损失；$C_2$ 为下游政府对上游政府的受益补偿；S 为上游政府选择不保护生态策略时获得的短期收益；$U_1$ 为下游政府在上游政府选择生态保护时享受到的外部效益；$U_2$ 为下游政府在上游政府选择不保护生态策略下享受到的外部生态效益。如表 2 - 2 所示。

表 2 - 2　上下游地方政府之间的博弈

| | | 下游政府 | |
| --- | --- | --- | --- |
| | | 不补偿 | 补偿 |
| 上游政府 | 保护 | $(L - C_1 + C_2, U_1 - C_2)$ | $(L - C_1, U_1)$ |
| | 不保护 | $(S + C_2, U_2 - C_2)$ | $(S, U_2)$ |

短期看，$L - C_1 < S$，[①] 不论下游是否选择补偿，对上游而言，选择不保护的短期利益大于选择保护的长期利益，那么，上游就缺乏主动进行生态保护的动力；而对下游而言，不论上游是否选择保护，都将选择不补偿，而使其获得的外部效用最大，[②] 因此，在这种情况下的博弈结果是：上游不保护，下游不补偿，陷入"囚徒困境"。

2. 上级政府和下游政府之间的博弈

由于上级政府与下游政府之间是不对等的行政关系，上级政府对上游投入生态建设成本，得到的生态收益是全流域的；而下游政府如果对上游支付生态补偿，得到的仅仅是部分生态外部效益，因此，上级政府和下游政府对上游生态投入都有两种选择策略：补偿和不补偿。

当上级政府选择补偿上游的策略时，上级政府获得的收益是全流域

---

① 假设以环境为代价的经济发展收益，就短期看大于进行生态保护所获得的收益，而长期则不然。

② 上游进行生态保护，使下游获得的生态外部效用 $U_1$ 大于上游选择不保护时，下游获得的外部效用，同时假定 $U_1 - C_2 > U_2$。

的生态环境效益，减去其补偿的成本；当上级政府选择不补偿上游的策略时，上级政府的收益就依赖于下游政府策略选择产生的影响；当下游政府选择补偿上游的策略时，下游政府的收益是获得的生态收益减去其补偿的成本；当下游政府选择不补偿上游的策略时，下游政府的收益依赖于上级政府的策略选择产生的影响。如果两者都选择不补偿，那么上游进行生态保护的意愿将降低，使上级政府和下游政府获得的生态效益减少。

令 L 为上游进行生态保护，上级政府或下游地方政府支付生态建设成本后全流域获得的收益；C 为上级政府承担的生态建设成本；L′为上级政府和下游地方政府不承担生态建设时全流域获得的生态收益，如表 2 - 3 所示。

表 2 - 3　上级政府和下游政府之间的博弈

| | | 下游政府 | |
| --- | --- | --- | --- |
| | | 不补偿 | 补偿 |
| 上级政府 | 补偿 | $(L - C, U_1 - C_2)$ | $(L - C, U_1)$ |
| | 不补偿 | $(L, U_1 - C_2)$ | $(L', U_2)$ |

如果上级政府选择补偿，那么下游政府选择不补偿的收益为 $U_1$，选择补偿的收益为 $U_1 - C_2$，下游政府自然会选择不补偿；如果上级政府选择不补偿，下游政府选择补偿的收益 $U_1 - C_2$，大于选择不补偿的状况，这时下游政府会考虑，若补偿，上级政府获得的收益为 L，远大于 $U_1 - C_2$，而不补偿时，自己的损失 $U_1 - C_2 - U_2$ 远小于上级政府的损失 $L - C - L'$，因此，下游政府将选择不补偿。

从上级政府看，它的策略取决于下游政府的选择，若下游政府选择补偿，那么上级政府在补偿时的收益为 $L - C$，小于不补偿时的收益 L，那么上级政府会选择不补偿；当下游政府选择不补偿时，上级政府进行补偿获得的收益 $L - C$ 大于不补偿时的收益，从大局的角度出发，上级政府会选择补偿。

所以这场博弈的结果就是下游政府不补偿，而上级政府选择补偿，从而造成了下游政府的角色缺位。

上述分析表明：如果缺乏有效的约束机制，双方就会陷入非合作博弈，最终导致帕累托最优无效，因而需要建立激励约束相容的制度，促使双方形成合作博弈，从而使上游坚持生态保护，下游持续进行生态补偿。

我们假定，上下游政府经过协商，决定引入激励和约束机制，令 $Q_1$ 为上游未有效保护环境产生跨界水污染时对下游进行的赔偿；$Q_2$ 为下游不承担生态建设或产生环境污染时受到的惩罚。如表 2-4 所示。

表 2-4　激励和约束机制下上游政府和下游政府之间的博弈

| | | 下游政府 | |
|---|---|---|---|
| | | 不补偿 | 补偿 |
| 上游政府 | 保护 | $(L - C_1 + C_2,\ U_1 - C_2)$ | $(L - C_1,\ U_1 - Q_2)$ |
| | 不保护 | $(S + C_2 - Q_1,\ U_2 - C_2)$ | $(S - Q_1,\ U_2 - Q_2)$ |

对上游来说，$L - C_1 < S$，上游有选择不保护的动机，但当引入了激励和约束机制，而且 $Q_1 > S + C_1 - L$ 时，也就是上游选择不保护，就要承担更多的损失，那么这种情况下，上游就会从自身利益出发，选择保护策略；而对下游而言，当 $Q_2 > C_2$ 时，选择不补偿，所获得的正的外部效用将降低，同样是出于自身利益考虑，将选择补偿策略，此时的博弈结果将是上游保护，下游补偿。

同理，在上级政府和下游政府之间，我们也引入激励和约束机制，令 $Q_3$ 为上级政府在一定条件下没有承担生态建设时受到的惩罚，如表 2-5 所示。

表 2-5　激励和约束机制下上级政府和下游政府之间的博弈

| | | 下游政府 | |
|---|---|---|---|
| | | 不补偿 | 补偿 |
| 上级政府 | 补偿 | $(L - C,\ U_1 - C_2)$ | $(L - C,\ U_1 - Q_2)$ |
| | 不补偿 | $(L - Q_3,\ U_1 - C_2)$ | $(L' - Q_3,\ U_2 - Q_2)$ |

若 $Q_2 > C_2$，对于下游政府来说，如果选择不补偿，那么它所获得的收益将小于选择补偿策略时获得的收益，这种情况下，它会选择补偿策略；对于上级政府而言，当 $Q_3 > C$ 时，选择补偿策略获得的收益将增大，

因此博弈的结果将是：上级政府补偿，下游政府补偿。

3. 博弈分析的结论

从短期来看，如果缺乏有效的约束机制，上下游政府就会陷入非合作博弈，最终难以达到帕累托改进，所以完善流域区际生态补偿机制的核心就是要通过建立激励与约束并存的机制，使上下游政府之间的博弈由非合作转向合作。从博弈结果来看，有效的激励和约束机制的建立，关键在于 $Q_1$、$Q_2$、$Q_3$ 的界定。上游地区拥有发展经济的权利，但如果粗放型经济造成水质超标或者水污染事件，损害了下游的利益，上级政府就应当要求上游对下游进行生态受害赔偿，满足 $Q_1 > S + C_1 - L$。流域是上下游地区共建共享的生态系统，如果上游单独进行生态保护，当地的企业和居民是优先的生态利益享受者，下游地区的企业和居民享受到生态的正外部效益，从公平的角度来说，就需要适当承担上游的生态建设成本，同时保护下游生态环境，否则，就要受到上级政府的处罚，满足 $Q_2 > C_2$。而上级政府作为全流域的代表，要推动流域自然经济社会协调发展，也需要承担生态建设成本，否则受到的惩罚将满足 $Q_3 > C$。

从长期来看，$Q_1$、$Q_2$、$Q_3$ 的界定取决于 L、$C_1$、$C_2$ 和 C，其中，L 是生态投入的产出函数，它取决于当地的经济发展水平和自我发展能力，而上游生态保护成本 $C_1$ 的减少，主要依赖于生态投入向产出的转化，生态补偿额度 $C_2$ 和 C 是在权责利界定的情况下，对生态环境价值的评估。[1] 依照以上几个参数，完善上下游流域生态利益协调机制的长远目标是要在提升上游经济发展质量的同时，依靠科技进步加快生态投入向产出的转化；同时明确上下级、上下游政府等主体的权责利，合理评估生态环境价值，提升 L 和降低 $C_1$、$C_2$ 和 C，实现流域生态补偿从激励和约束机制下的均衡，向基于自觉理性行为之上的均衡转变。[2]

## （三）地方政府与农户在农业面源污染治理中的博弈分析

企业生产经营地点是相对固定的，因而政府对企业点源污染比较

[1]　梁丽娟、葛颜祥、傅奇蕾：《流域生态补偿选择性激励机制——从博弈论视角的分析》，《农业科技管理》2006 年第 8 期。

[2]　韩凌芬、胡熠、黎元生：《基于博弈论视角的闽江流域生态补偿机制分析》，《发展研究》2009 年第 7 期。

容易监督和控制，学术界对地方政府与排污企业的博弈也作了较多的研究。农户是以家庭为单元形成的农业微观经济组织，既是追求收益最大化的经济组织，又是承担人口繁衍、代际传承的社会组织。当前我国流域农业面源污染日趋加剧，并成为流域生态环境治理的重点和难点。基于此，这里着重分析地方政府与农户在农业面源污染治理中的博弈行为。

1. 博弈模型的构建及分析

博弈主体为地方政府和大量个体分散农户，重点分析由于地方政府生态保护政策变化所引起的个体农户行为的策略选择。

模型假设：①博弈主体都是兼有利己和利他性质的新经济人。地方政府以追求流域自然经济社会协调发展为目标导向，既要兼顾区域公共利益，又要服从全国总体经济功能布局；农户既有追求个体收益最大化的导向，又有在适当激励约束条件下参与流域生态环境保护的意愿。②博弈主体双方都具有有限理性。地方政府面对经济发展与环境保护两大矛盾性目标，在不同时期会表现出不同的政策偏好。政府官员为追求短期政绩，会采取不符合区域公共利益的决策。农户基于个体理性，为提高农业产出量和经济收入，会大量甚至过量使用农资，难免造成生态环境的破坏和农产品的污染。因此，农户个体的理性行为，难以自动实现集体理性。③参与人信息不对称且双方地位不平等。地方政府是流域农业面源污染治理政策的制定者和实施者，个体农户只能被动地接受和服从。④地方政府的信息公开、透明、完全，即农户可以知道政府的所有信息，包括行动、战略组合、收益；而农户信息是私人信息，不是完全公开的，地方政府难以获得农户的全部信息。

策略选择：地方政府治理流域生态环境包含保护或不保护两种政策倾向，相应的策略选择为 $S_1 = \{监督，不监督\}$：当地方政府注重以 GDP 为核心的经济增长目标时，通常会采取弱化监督的不保护策略；当地方政府有能力且注重生态环境保护时，通常会采取激励约束相容、强化监督的保护性策略。个体农户根据地方政府的环境政策安排，可能做出四种不同的策略选择，即 $S_2 = \{监督，保护\}$、$\{不监督，保护\}$、$\{监督，不保护\}$、$\{不监督，不保护\}$。

效用函数：①当地方政府强化监督时，个体农户相应地保护流域生态环境。地方政府保护流域生态环境的成本 C，包括地方政府环境监督的行政性成本 $C_1$ 和保护生态资源的经济激励性支出 $C_2$；地方政府获得的收益 R，包括有效保护生态资源而得到的政绩肯定 $R_1$ 和中央政府转移的财政性奖励（补贴）$R_2$。农户保护流域生态环境的投入为 I，包括有机化肥等生物农资购置费用 $I_1$ 和额外的劳动投入 $I_2$，得到的收益 K，包括因生态环境质量改善获得长期收益 $K_1$ 和政府激励性补贴 H。此时，双方的效用组合为 $(R-C，K-I)$。

②当地方政府强化监督时，个体农户采取不作为的行为选择。地方政府强化监督，需加大环境监督的行政性成本支出 $C_1$ 和保护生态资源的经济激励性支出 $C_2$，其收益为中央政府的财政补贴 $R_3$ 以及由于政策效果不佳引起的罚金 A。由于农业生产的分散经营特性，政府难以实施环境监督，激励性政策的力度往往不够大，个体农户仍然会通过超量使用化学投入品、过度砍伐集体林木和对资源进行开发利用等获得大量短期收益 M。这时双方的效用组合为 $(R_3-A-C，M-A)$，表明地方政府政策失效，难以保护生态环境，个体农户将农业生产的环境成本外在化了。

③当地方政府弱化监督时，农民自主保护生态环境。由于弱化环境监督和生态保护，地方政府保护流域生态环境的成本 C 较低，并获得较高的短期经济收益 $R_3$，向中央政府缴纳少量罚金 A。局部地区农民由于具有较强的环境保护意识和较高的经济能力，有可能自主开展生态环境保护活动。农民保护流域生态资源的成本为 I，得到的收益为 $K_1$。此时地方政府和农户的效用组合为 $(R，K_1-I)$。

④当地方政府弱化监督时，个体农户相应采取不作为的行为选择。地方政府和农户都是以经济收益为目标导向的，这时地方政府保护流域生态环境的成本 C 较低，并获得较高的短期经济收益 $R_3$，向中央政府缴纳少量罚金 A。个体农民获取较高的经济收益，却未承担生态环境保护成本。则此时双方的行为将造成社会福利损失 S，地方政府和农户的收益均为 $(-S，M)$。当前我国流域化肥、农药、重金属等污染日益加剧，就是多年来地方政府和个体农户两大生态利益主体对生态环境保护不作为引发的恶果。如表 2-6 所示。

表2-6　地方政府与农户的博弈模型

| | | 个体农户 | |
|---|---|---|---|
| | | 保护 | 不保护 |
| 地方政府 | 监　督 | (R－C, K－I) | (R₃－A－C, M－A) |
| | 不监督 | (R, K₁－I) | (－S, M) |

2. 博弈分析的结论

上述博弈模型分析表明，地方政府加强流域生态保护的激励动力主要来自中央政府的政绩肯定，生态改善所带来的民生福利的提高，以及治理成本与收益的权衡，其公共决策过程将面临着资金投入大、生态建设效应慢以及受经济效应短期影响等问题。个体农户保护流域生态环境的主要动力源于在不减少收入的前提下保持连续性的经济激励措施，而政府的单纯环境监督往往难以奏效。因此，最理想的博弈结果是地方政府采取激励约束相容的政策措施，引导个体农户进行生态建设，双方效用组合为（R－C, K－I）。最坏的博弈结果是地方政府加强环境监督，个体农户却不作为，双方的效用组合为（R₃－A－C, M－A）。当前我国正处于传统农业向现代农业过渡的时期，由于粮食安全的压力和农业技术的制约，农业产量的增长很大程度上依赖于化学品的投入。如果政府采取过度严格的环境政策，将会挫伤农民生产的积极性，导致农户收益和产出水平的减少。最终双方的策略选择将是（不监督，不保护），地方政府采取不改变现状、默认允许的保守策略，支持农户使用化学品增加短期农业收入。随着我国流域生态环境的日趋恶化，治理农业面源污染势在必行，构建政府主导、农户参与的农业面源污染治理机制是当前我国环境政策演进的现实选择。

以上分析表明：如果各个利益相关者之间缺乏有效的沟通、协调与合作，那么单个利益主体看似理性的决定往往最终会导致非理性的集体决定。上述多元利益主体的博弈分析表明，流域生态资源利用与环境保护无非是中央政府、地方政府、企业与农户之间生态利益的分配与调整过程，任何一方的道德风险和逆向选择，都会引起双方的非合作博弈行为，都会造成生态资源的过度利用和环境的破坏。因此，剖析流域生态利益相关者的需求差异，寻求解决相互间利益矛盾的政策思路，建立多元主体信任基础上的合作机制，是实现流域生态合理且有效保护的基础，也是开展流域生态网络治理研究的出发点和落脚点。

# 第三章

# 流域区际生态利益协调机制的
# 比较与选择

一个流域往往跨越多个同级或不同级的行政区域，而上下游行政区是一种相对封闭、独立的区域单元，流域上下游的企业、农户、家庭等生态利益主体分属不同的行政区管辖。流域上游企业等生态利益主体的水资源利用、污染物排放行为，不仅会影响同一行政区范围内的其他利益主体，而且还会波及下游行政区域的公共利益。改革开放以来，随着我国行政性经济分权政策的实施和地方政府主导区域经济发展格局的形成，各行政区地方政府总是以追求 GDP 为核心的区域公共利益最大化为目标导向，往往忽视其行为对其他区域的影响，造成资源和经济要素利用方面的竞争和冲突，导致流域经济中各层次利益的不协调。[①] 由于流域生态资源的公共池塘资源特性和公共产权制度残缺所造成的流域上下游行政区际生态利益矛盾与冲突日益突出，并且成为多元利益主体间矛盾与冲突的集中体现。因此，探索建立流域区际生态利益协调机制，是协调流域生态系统复杂利益矛盾的重要突破口和政策着力点。

## 第一节　流域区际生态利益协调的现实依据

公共池塘资源，是指那些难以排他、但可为个人分别享用的资源，例

---

① 陈湘满：《论流域开发管理中的区域利益协调》，《经济地理》2002 年第 9 页。

如水资源、渔业资源、森林资源等。作为一种公共物品,它具有明显的消费上的非排他性、非竞争性和不可分割性等共有资源的属性。为排除他人对资源的使用和占用,需要建立有效的管理规则、实施严格的监督,制度运行的成本非常高。现阶段我国流域水资源分配的行政区际矛盾和跨行政区界水污染事件的形成,除了与气候、地质条件等不利的自然因素以及人类的不当开发有关外,还有深层次的制度原因:流域生态资源的公共池塘资源属性和公共产权制度残缺,使流域上下游行政区之间及其内部难以形成有效的激励和约束机制。

## 一 流域生态资源的公共池塘资源属性

### (一) 流域生态资源消费的非排他性,容易诱发"公共地悲剧"

在一个运行良好的竞争性市场中,那些可分割的自然生态资源,如森林、土地、矿产资源等将被有效地进行市场定价以及分配和交换,实现资源的优化配置;而那些为人类生产和生活所必需的水、空气、阳光等生态环境资源,却是不可分割的。这些不可分割的生态环境资源是一种对个人免费而具有社会成本的资源,由于存在这种负的外部性,市场配置资源的方式容易失效,即存在市场失灵。在这种情况下,自私的个体为了追求自身利益的最大化,往往倾向于过度使用公有资源,在大多数个体都采取同样策略的情况下,结果会形成一个次优均衡(纳什均衡),导致集体利益水平的降低。流域水资源在一定的功能区划内,环境容量是相对固定的,流域水资源的消费和排污达到一定限度,就会引起水污染和水环境的破坏,即引发"公共地悲剧"。"公共地悲剧"是公共资源消费的非排他性和消耗性所引发的必然的悲剧性结果。正如亚里士多德所说的:"凡是属于最多数人的公共事物常常是最少受人照顾的事物,人们关怀着自己的所有,而忽视公共的事物;对于公共的一切,他至多只留心到其中对他个人多少有些相关的事物。"[①]

---

① 亚里士多德:《政治学》,吴寿彭译,北京:商务印书馆,1983,第48页。

（二）流域生态资源消费的非竞争性，容易造成自身有效供给不足

非竞争性是指公共物品在消费上不具有竞争的特性，对于任何既定的公共物品的产出水平，增加一个消费者的消费不减少或者不影响其他人对该物品的消费，即增加一个消费公共物品的使用者的边际成本等于零。同一单位的公共物品可供许多人消费，它对某一人的供给并不减少对其他人的供给，因此，边际成本为零。然而，任何公共物品所具有的非竞争性都是有一定限度的，流域生态资源也是一样，在流域水环境的容量范围（水自净能力）之内，对流域水资源每增加一个单位的排放量，其边际成本为零。也就是说，每增加一个单位的环境资源的供给，并不需要相应增加成本，但如果缺乏社会控制，每个污染物排放者都将其视为可自由使用的资源，当流域水环境的排污量超过水环境的自净能力即拥挤点时，边际拥挤成本就会大于零，并随着排污主体的增加而增加，如果排污者的人数或排污频率超出了流域水环境的自净能力，容纳或追加一个消费者的边际拥挤成本和边际使用成本将增至无穷大，这时流域水环境的排污就不再具有非竞争性了。因此，在政府干预和环境管理中，建立防止公共资源过度利用的激励和约束机制已十分必要而且迫切。

（三）流域生态资源保护的外部效应明显，造成生态环境保护的动力不足和约束软化

所谓外部性是指个人或者企业在其经济活动中给其他人带来意外的收获，或造成不良的影响，而当事人并不能由此获益或承担责任。正如庇古在其福利经济学著作中所说："经济外部性的存在，是因为当 A 对 B 提供劳务时，往往使其他人获得利益或受到损害，可是 A 并未从受益者那里取得报酬，也不必向受损者支付任何补偿。"外部性包括正外部性和负外部性。流域生态环境保护具有明显的外部效应，如上游地区植树造林、保持水土，下游地区会不付代价地得到质量和数量有保障的生产和生活用水，如果下游地区不对上游带来的额外收益进行补偿，上游地区就缺乏进行流域生态治理的持续动力。相反地，如果上游地区企业在生产中排放大量废水和有害物质，使河流的水质受到严重污染，就会给下游的人们带来种种损害，如下游居民因水污染而患上各种疾病，周围农民因灌溉污染的水

而不能获得正常的产量等。如果造成这种损害的上游企业不承担任何责任，就会在客观上鼓励上游企业多排污。因此，流域生态保护的基本思路，就是要按照"污染者付费、受益者补偿"的原则，建立流域生态补偿机制。

## 二 流域生态资源公共产权制度残缺

在经济学中，产权一般被理解为人们对社会财产享有的各种权利，包括所有权、占有权、使用权、收益权、处分权等多项权能，它是人们围绕或通过财产而形成的经济权利关系。自然生态资源产权是指行为主体对某一自然生态资源所拥有的所有、使用、占有、处分及收益等各种权利的集合。流域生态资源具有整体性、公共性和广泛性等特征。从表面上看，流域生态资源产权是人对物的权利，体现人对物的关系，实质上它是由于物的存在和使用而引起的产权主体之间的关系。在市场经济条件下，产权内在地具有排他性，即对特定财产权利只能有一个主体，且他总要阻止别的主体进入属于他的特定财产权利的领域，保持对特定财产的权利。其他主体要获得对这种财产的特定权利，必须给予一定的价值补偿。特定财产的各项权利在法律上具有平等地位的不同经济主体之间的流动和转让，就形成了产权的市场化配置。

虽然许多国家的流域自然生态资源都采取复合产权结构，但是在所有权主体和产权权能划分上存在明显差异。例如，欧美国家实行个人私有和国家所有并存的产权结构，通过合法手段取得的土地资源可以归私人或国家所有等；我国的土地则实行农民集体所有和国家所有两种所有制形式，农村土地、林地归农民集体所有，水资源、矿产资源和城市土地资源归国家所有。在国家所有的产权结构中，政府作为社会公众利益的代理人，履行管理、利用和分配流域自然生态资源的权力，以最大限度地保证自然生态环境的良性循环和公平分配，加快建立公共资源出让收益合理共享的机制。由于历史原因，我国在计划体制下建立的流域自然生态资源产权制度，存在着国有产权代表不明确、资源管理部门职责不清、资源开发中的生态补偿机制不健全等缺陷，造成"注重开发、忽视保护""注重经济效益、忽视环境效益""注重短期利益，忽视长期利益"等后果。

（一）流域生态资源的公有产权性质，使所有权主体代表模糊不清，缺乏明确的责任主体和利益主体

产权明确，并得到有效保护是市场交易的前提和基础。然而，鉴于水资源具有基础性自然资源、战略性经济资源和生态环境的控制性要素的性质，世界上许多国家都禁止私人拥有对水资源的所有权，将水资源看作一种公共资源，认为水资源不能成为私权的客体，每个人都享有公平利用水资源的权利。除美国水资源属各州所有外，法国、以色列、日本、西班牙、俄罗斯、南非、澳大利亚、菲律宾等国和我国的台湾地区都规定了水资源的国有制。[①]当然，上述国家法律规定：水资源国有"最终只不过是一国执行的用以促进水资源的更有效率和更公平的使用来满足新需求的所有现行策略的一种。它们本身不是结果和目标，而是实现一个目标（稀缺水资源的可持续利用）的途径"。[②]正因为如此，在发达资本主义国家，不是所有自然资源都实行公共产权制度，政府会根据资源环境的不同特征、不同地位，安排与之相适应的资源环境所有权制度，过分单一的所有权形式会降低资源环境产权的配置效率。例如，美国实行公私兼有的多元化所有制。在全国936.48万平方公里国土中，私有土地占47%，联邦政府土地占51%，印第安人保留地占2%；英国是典型的土地私有制国家，私人拥有的土地占90%，土地所有者对土地拥有永久业权。

我国是社会主义国家，生产资料公有制是我国的基本经济制度。《宪法》第9条明确规定："矿藏、水流、森林、山岭、草原、荒地、滩涂等自然资源，都属于国家所有，即全民所有；由法律规定属于集体所有的森林和山岭、草原、荒地、滩涂除外。"即我国的自然资源在原则上属于国家所有。对于水资源的所有权，1988年《水法》规定："水资源属于国家所有，即全民所有。""农业集体经济组织所有的水塘、水库中的水，属于集体所有。"2002修订的现行《水法》第3条将其修改为："水资源属于国家所有。水资源的所有权由国务院代表国家行使。"但由于流域面积广阔，流域水资源的利用和水污染行为在时空上具有很大的不确定性，国务

---

① 曹康泰：《中华人民共和国水法导读》，北京：中国法制出版社，2003，第13页。
② 〔美〕丹·塔洛克：《水（权）转让或转移：实现水资源可持续利用之路——美国视角》，胡德胜译，《环球法律评论》2006年第6期。

院作为所有权主体往往无法进行有效的监督和管理，这是因为江河流域因其自然形成，每一江河所流经的地域通常都包括多个不同层级的行政区，越过多个省界、市界或县界。水资源属国家所有，实质上演化为属流经地的各级政府所有；地方各级政府以及各个部门作为中央政府的代理方负有流域生态保护和发展地方经济的双重责任，实行多头管理，缺乏统一调配，体制不完善。涉及流域生态资源管理和开发的部门包括水利、国土资源、农业、旅游、林业、环保等多个部门，缺乏统一规划和协调，更少从总体上对流域生态资源进行经济核算，各部门仅仅从业务分工角度对流域生态资源进行实物管理，缺乏对森林资源、矿产资源、海洋（海岸带）资源、土地资源等自然生态资源的价值管理；注重资源的开发与利用，相对忽视保护和再生；偏重眼前和部门利益，忽视长远和整体利益。由于资源性资产的所有权和收益权在不同程度上是分割的，国家所有权往往被虚置或弱化，国家作为流域生态资源的所有者在经济上并未完全实现。以流域水电资源开发为例，通常的结果是水电开发企业获暴利，移民安置政府买单，群众生活贫困，流域生态环境恶化。从资源的开发和利用中国家得到的收益微乎其微，国家的公共利益被部门利益、企业利益和个体利益所取代，资源富裕地区也没有从其拥有的资源中得到应有的利益。

（二）流域生态资源的公有产权性质，使流域区际政府的责权利模糊不清

随着工业化和城镇化进程的演进，现代经济和社会发展对流域水资源的需求量日益增多，水资源污染日趋严重，流域上下游政府的责权利模糊不清，导致区际涉水问题与矛盾越来越突出。主要表现为：第一，上下游行政区之间取水权划分模糊不清。南方地区流域水资源相对丰沛，上下游行政区取水权的划分尚未提到议事日程。北方地区流域水资源相对短缺，黄河等流域供水量与需求量之间存在较大差距，尤其在枯水年份表现更加突出。各个行政区从自身生存与社会经济发展的需要出发，常常争夺水资源。第二，上下游行政区际水污染责任模糊不清。目前我国主要以流域行政区交界断面水质达标率监测为依据，明确各行政区的水资源保护责任，但是，通常上游地区经济比较落后，加之流域水资源流动性等自然规律，上游用户往往不愿意花更多投入治理污染，甚至常常不经任何处理而向江

河任意排污，因为饱受其害的并非自身而是其下游用户。更何况环境问题常常在伤害发生之前包含一条相当长的因果链。第三，上下游政府对生态建设和环境保护的责任模糊不清。通常流域上游地区经济相对落后，而生态环境比较好，地方政府对加强植树造林、防治水土流失等活动的积极性不高，这是因为加强水土保持（环保）、减少农牧业经济活动等要花费大量投入，减少经济收益，而直接受益者并非自身而是下游用户。

### （三）流域生态资源的公共产权结构残缺不全，使用权所属的各种权能、权责、权益模糊不清

我国流域生态资源，除了明确规定属于集体所有的耕地和林地外，其他自然生态资源所有权均属于国家所有或全体人民所有。在公共产权框架下，人们通常会得出"公有公用"的概念和逻辑，在实践中演化为对流域生态资源的过度开发和浪费。表现为：（1）作为所有权代表的政府，对自然资源开发利用中的经营权、使用权的监管不到位。例如，在流域水利资源开发中出现大量未批先建的水电站，大量的小矿窑无视国家法律过度开发矿产资源，污染问题日益突出等。（2）自然生态资源的开发权、经营权的约束弱化。虽然我国相关法规对企业从事自然生态资源开发、经营都有明确的规定，但是其权利的约束弱化问题十分突出。自然资源的占用、使用权利规定不明确，企业排污权、取水权等未明确规定，企业超标排污的违约成本较低，它们宁肯被罚款也不愿意开展污染治理。

## 第二节　流域区际生态利益协调机制的类型与比较

流域区际生态利益协调机制是指流域生态利益相关者围绕区际水量分配、水质保护、水资源开发和水生态维护等预期目标而展开的相互协同和制约关系。它包括"由谁来协调、协调什么、怎么协调"等一系列基本内容。一是协调主体及其相互关系，包括流域上下游不同层级的政府、企业和第三部门以及各自在利益协调中的地位和作用。二是协调手段。主要指在不同的治理体制下，以各个层级政府为中心的协调主体所采取的各种政策工具的组合。三是协调制度。包括正式和非正式的制度安排，是协调主

体之间关系以及协调方式差异的制度基础。

治理是指制度的设计，管理则是既定制度下的行为。治理是管理的前提，管理是治理机制的具体表现。流域区际生态利益协调机制，属于流域管理体制机制的重要内容，不同的流域治理机制蕴含不同的管理方式和利益协调机制。自 20 世纪 30 年代以来，经济学、管理学等学科领域的学者为解决环境经济中的外部性问题，基于不同的理论基础，提出了四种类型的流域生态环境治理机制：市场失灵与政府科层治理机制、纯市场理性与区际水权交易机制、集体理性与自主治理机制、信任合作与网络治理机制。按照流域治理机制的类型，流域区际生态利益协调机制可以相应划分为科层型、市场型、自治型和网络型等四种协调机制。

## 一　流域区际生态利益协调机制的类型与特征

### （一）科层型协调机制

科层型协调机制是以市场失灵理论为基础的。作为一种管理制度，它是指依托组织内部的等级制权威，通过正确的奖惩制度对下属的行为进行规制的制度，"是一个自成方圆的独立体系——一种社会组织的特殊形式"。[①] 在世界各国流域区际生态利益协调的实践中，科层型协调机制始终发挥着主导作用，它依靠中央政府的权威，通过法律制度、行政命令、经济手段等多种方式解决流域区际生态利益关系；同时以行政等级为基础，分层级确定环保目标责任制，采用"命令—控制"性的行政手段、排污收费等约束性的经济手段和强制性的法律手段，向污染企业提出具体的污染物排放控制标准，或令其采用以减少污染物排放量为目的的生产技术标准，从而达到直接或间接限制污染物排放、改善环境的目的。科层型协调机制的优势在于：（1）加强流域的统一管理。例如，依靠中央政府的权威，建立强有力的流域管理机构，有利于打破行政壁垒，统一规划流域水环境功能区划和区域主体功能定位；规范地方政府权力边界，降低上下游生态利益冲突的协调成本等。（2）短期治理效果明显。中央政府可通过环

---

① 戴维·奥斯本等：《改革政府：企业精神如何改革着公营部门》，上海：上海译文出版社，1996，第 16 页。

保责任考核等手段，强化地方政府官员的责任，促使地方政府加强辖区内的环境治理。地方政府以自身权威和暴力机关为后盾，采取行政命令和政策法规，对超标排污企业采取关停并转等措施，可以在短期内有效遏制流域点源污染。（3）普遍适用性。无论是市场经济国家，还是计划经济体制国家；无论是发达国家，还是发展中国家，行政化协调机制仍然是最主要的协调机制。尤其是正处于体制转轨时期的中国，自由竞争的市场环境尚未建立，企业和个人行为缺乏规范性和自律性，科层制下的命令—控制型的治理手段，可以凭借其惩罚的威慑力量，强制性地约束经济主体的行为。

科层型机制也有明显的缺陷，如我国政府利用行政手段短期强制关停企业、拆迁厂房和农户猪圈等，经济补偿标准很低，往往难以弥补企业和农户损失，造成生态治理成本转嫁给社会弱势群体来承担的事实。科层型协调机制还可能出现失灵的现象，这是由于科层治理协调机制缺乏一种像市场组织那样来自消费者行为的市场份额和盈亏底线的直接的运行指示器，给公共活动中的政府官员留下了可达成自己私人目标的可能性；并且由于政府获取信息的不充分、社会科学知识的不足、公共决策的局限性、政策实施的时滞以及权力资本化和寻租活动等现象的存在，可能会出现政府失灵现象。主要表现在：（1）容易引发排污企业的不合作行为。传统的"命令—控制"模式缺乏足够的灵活性和激励性，已经越来越不能适应社会可持续发展的要求。它不仅对企业的环境行为在时间和指标上做出具体的规定，而且对企业所采用的技术或手段进行干预，甚至往往不加选择地要求企业采用最先进的技术。这种模式常导致企业与政府在环境问题上的非合作性，使企业缺乏改进自身环境行为的主动性。（2）面临着巨大的政策执行成本。由于政府很少将进行流域生态环境治理活动的经济社会成本与维持它的收入联系在一起，因而低效率往往与之相伴随，这就是成本和收入之间的分离导致的成本提高。世界各国的实践也表明，通过命令和控制式的直接管理手段虽然极大地改善了生态环境质量，但是实施成本常远远高于人们的预期水平。（3）难以解决点多面广的农村面源污染问题。"命令—强制"性的环境治理范式，往往针对的是那些具体的、可以用指标量化的环境问题以及点源污染，对农村面源污染治理的效果并不明显。正因为如此，美国联邦政府对流域水质保护的强制性措施侧重于对点源污染物的处理，与之相反，对面源污染进行控制的责任交给各州，更多通过自愿性的激励措施来解决，即依靠美国环保局和美国农业部及州所提供的教育、技术帮助、资金和研究的各种项目来支持最佳管理习惯做法和土地用途的某些变化。①

## （二） 市场型协商机制

它以科斯定理为依据，认为流域生态治理中的外部性问题实质是流域生态资源产权界定不清所致的，要解决外部性问题，应当在明晰资源环境产权的基础上进行市场自主交易。它将市场的供求、竞争和价格等机制引入流域区际生态利益的协调过程，使其发挥对流域水资源配置的基础性作用，以实现区际生态外部效应的内在化。流域上下游政府或企业之间的水权（排污权、取水权）交易都是典型的市场型协商机制。取水权交易是在科学合理确定各行政区水权初次分配的基础上，由地方政府或水务公司作为区际用水户利益的代表和水权的代表者，有偿转让水权，使上下游地区的水资源开发和利用通过市场机制得到强有力的约束，进而使流域内各行政区之间、部门之间的用水得到优化：上游地区多用水或者破坏流域生态环境就意味着损失水权转让带来的潜在收益，用水将付出机会成本；下游地区要想得到水质较好的水源就必须付出购买水权的直接成本，于是就有了节水的激励机制，使水资源得到可持续利用。按照市场治理结构的差异，市场型协调机制可以细分为私人间双边市场（一对一）、第三方规制市场和政府间市场（准市场交易）。（1）私人间双边市场是指流域生态服务的受益方与提供方之间开展的直接交易，包括诸如自发认证和生态标签体系、直接购买土地及其开发权、服务的异地受益者与提供生态服务的土地所有者之间的直接偿付体系等。哥斯达黎加水电公司、筏运公司和法国瓶装水公司等均通过该种方式与上游的生态服务供给者进行利益协商。（2）第三方规制市场是以政府设立的市场中介组织为平台、由企业间自主开展水权交易的开放式市场体系。市场中介组织承担着水权交易的服务、沟通、公证、监督等职能，其地理区位、人力资源、物理资产及经营过程中可能形成的良好信誉等都具有很强的资产专用性，其收益也依赖它支持

---

① ［泰］范丽琦：《可持续的水质管理政策》，姜双林译，北京：中国政法大学出版社，2010，第14页。

的专门交易。市场中介组织的专用性资产投资是否能够得到补偿甚至增值，取决于交易发生的频率，而要增加交易的频率，降低内部不确定性所引起的交易费用就成为问题的关键。例如澳大利亚新南威尔士州政府正在试验的控制盆地盐度的盐分信贷交易机制，美国流域的水质交易项目、城市地区开发权交易、恢复湿地信贷交易以及养分信贷交易体系等，都属于第三方规制的市场体系。（3）政府间市场是指由地方政府围绕区际水资源分配和排污权削减开展的交易行为。通常，水资源相对丰裕的地区也是经济相对落后的地区；水资源短缺的区域往往气候干旱水资源供给不足或者经济发达水资源消耗过大。地方政府作为区域公共利益的代表，经过相互间的长期动态博弈，最终会愿意采取民主协商的方式进行谈判，实施横向财政转移支付，实现对流域生态环境的共同治理。"准市场"的流域区际生态补偿、水权交易在国内外屡见不鲜。例如，我国浙江省义乌与东阳两市政府之间的跨区域供水协议就是典型的准市场（准政府）交易模式。

作为一种以市场为基础的经济政策，较之于科层型协调机制，市场型协商机制的优势主要在于兼顾公平与效率。市场机制体现了水权交易双方的自主性、平等性和公正性，具有更可持续性等特点。市场型协调机制的交易规则明确、可操作性强、交易成本更低，具有更高的治理绩效。但是，由于市场型协调机制是以生态资源产权的清晰和水权易量化为技术前提的，这种机制受到多种因素的制约。尤其是由第三方规制的排污权市场结构，无论是在市场经济高度发达的美国，还是在我国，尝试性的排污权交易探索并未达到预期效果，这是因为排污权交易机制的运行需要一系列限制性条件。排污权交易在流域水污染治理中也存在失灵现象，如非点源负荷具有分散性和随机性，难以进行排污权交易；排污权交易所带来的经济效益需要管理部门进行监督和追踪监测，这一附加费用可能会大于排污权交易所带来的经济效益。排污权市场交易可能存在信息不对称问题，难以知道哪个企业是潜在的卖方和买方；排污权的初次分配方式难以选择，企业有可能存储多余的排污权用于将来扩大生产，也有可能存储排污权用以打击竞争对手；等等。

（三）自治型协调机制

该模式的理论基础源于集体行动和自主治理理论。奥斯特罗姆认为，流域、草原、牧场等自然资源具有公共池塘资源特性，它们具有高度的竞争性和低度的排他性，容易诱发"市场失灵"和"政府失灵"，产生"公地悲剧"，公共牧场容易荒漠化，公共森林容易被乱砍滥伐，公共渔场容易被过度捕捞。为此，有可能在小规模组织中建立一种既非纯粹的市场机制又非政府强制性制度安排而由使用者自发制定并实施的合约，通过一定的制度安排来合理界定参与各方的责权利，以期实现资源的最优配置。阿尔卑斯山的草地、日本的公用山地、西班牙韦尔塔和菲律宾桑赫拉的灌溉系统都是长期存在的自主治理公共池塘资源的成功案例。我国福建省泰宁县的农民集体自觉保护珍稀植物红豆杉；周宁县城西五公里处的浦源村村民为饮用水安全，在村中流过的溪中养殖鲤鱼，世代相传保护水资源，形成著名的鲤鱼溪景区；西部有的少数民族视森林为神灵，禁止砍伐树木，有效地保护了当地的生态环境，这些都是成功的自主治理。奥斯特罗姆在大量实证分析的基础上阐释了公共池塘资源自主组织和自主治理制度得以长期持续的八大"设计原则"或制度条件，[①] 不符合原则就可能引发公共池塘资源的退化。土耳其近海渔场、加利福尼亚的部分地下水流域、斯里兰卡渔场、斯里兰卡水利开发工程和新斯科舍近海渔场制度的失败，都在于不完全符合自主治理的设计原则。任何自治组织的运行都需要解决制度供给、可信承诺和相互监督三个问题。自治组织的治理绩效受到团体规模、团体异质性、同质性等诸多因素的制约。团体规模的变动会带来自治组织交易成本和执行能力此消彼长的变化；团体异质性并不必然阻碍团体的集体行动，它与集体行动的关系是复杂的 U 形模式；团体同质性越高，可信承诺越易执行，监督成本就越低。因此，自治绩效是在社群规模、经

---

① （1）清晰界定边界。公共池塘资源本身的边界必须予以明确规定，有权从公共池塘资源中提取一定资源的个人或家庭也必须予以明确规定。（2）占用和供应规则与当地条件保持一致。规定占用的时间、地点、技术或数量的占用规则，要与当地的条件及所需的劳动、物资或资金的供应规则相一致。（3）集体选择的安排。绝大多数受操作规则影响的个人应该能够参与对操作规则的修改。（4）监督。积极检查公共池塘资源状况和占用者行为的监督者，应是对占用者负有责任的人，或是占用者本人。（5）分级制裁。违反操作规则的占用者很可能要受到其他占用者、有关官员或他们两者的分级的制裁（制裁的程度取决于违规的内容和严重性）。（6）冲突解决机制。占用者和他们的官员能够迅速通过低成本的地方公共论坛来解决占用者之间或占用者和官员之间的冲突。（7）对组织权的最低限度的认可。占用者设计自己制度的权利不受外部政府威权的挑战。（8）分权制企业。一个多层次的分权制企业，对占用、供应、监督、强制执行、冲突解决和治理活动加以组织。

济异质性、文化异质性的综合影响下表现出的治理结果。

受不同的政治体制、经济发展水平和文化差异等因素的制约，自主治理可以区分为自发性自主治理和引导性自主治理。我国农村灌溉自治组织除了有不受基层治理机构影响的自发性自治，还存在大量受自上而下的行政力量干预的引导性自治。灌溉协会虽是在民政部登记的农民自治组织，但是灌溉协会多以行政村为单位成立，并由村委会领导任协会领导人，受到县、乡水行政管理部门的业务指导。①

流域区际生态利益的自治型协调，不仅仅局限于区域性小流域内部小规模灌溉社群成员之间，而且可以扩展到流域上下游若干个政府之间。我国相关省份在中央政府引导下签订并实施的《泛珠三角环境保护合作协议》，就具有行政性引导的自主治理的性质。流域上下游政府作为区域公共利益的代表，作为平等的用水主体以"俱乐部"互惠协商的方式解决流域区际生态利益纠纷，可推进跨界环境污染治理，妥善处理处置跨界环境污染纠纷和环境突发事件，形成一种有别于科层型和市场型的自治型协调机制。流域区际政府在长期动态博弈基础上更倾向于为实现相互间长期合作而采取一致行动，如此也就易于明晰各自权利以降低上下游生态利益的协调成本。

## （四）网络型协调机制

相对于自治型机制，网络机制对流域区际协调主体、协调手段、协调方法等各个领域进行了拓展和深化，因此，网络型协调机制是从多维度延伸拓展的自治型协调机制。流域区际生态利益协调的网络治理机制具有协调主体多元化、协调方式多样化和协调目标一致性等三大特点。从协调主体看，从以政府为唯一协调主体的治理模式转向以政府、企业、社会组织、公民为多元主体的共同参与协调模式，协调主体结构也实现了从科层制的垂直治理结构向扁平化的网络治理结构的转变。从协调方式看，既包括科层机制，也包含非正式、非政府的机制；既实行正式的强制管理，又有行为主体之间的民主协商谈判妥协；既采取正统的法规制度，有时所有行为主体都自愿接受并享有共同利益的非正式的约束措施也同样发挥作

---

① 王惠娜：《灌溉自组织治理的研究述评》，《农村经济》2012 年第 9 期。

用。此外，还引入私营部门管理的模式以改善公共部门的组织管理绩效，积极推进民营企业更多地参与公共事务和公共服务管理。从协调目标看，各个行为主体在互信、互利、相互依存的基础上进行持续不断的协调谈判，参与合作，求同存异，化解冲突和矛盾，维持社会秩序，在满足各个行为主体利益的同时，最终实现社会发展和公共利益的最大化。

社会资本是流域区际生态利益网络型协调机制的重要基础。网络治理机制是多元主体基于信任的合作，信任又是社会资本的最关键因素，可见，社会资本与网络治理是一种辩证关系。所谓"社会资本指的是社会组织的特征，例如信任、规范和关系网络，它们能够通过推动协调和行动提高社会效率"。[1] 信任是多元主体合作的基础，没有信任就不可能实行网络治理，"如果说群体的成员开始期望其他成员的举止行为将是正当可靠的，那么他们就会互相信任。信任恰如润滑剂，它能使任何一个群体或组织的运转变得更有效率"。[2] 可见，信任可以降低多元主体合作的交易成本，提升合作的效率。规范是社会资本存续和发展的条件，既是实现治理方式多元化的保障，又是政府实施流域生态服务的制度基础；网络关系是社会资本的基础；群体和组织是社会资本的载体，是实现多元协调主体目标一致性的前提。社会互惠、规范和公民参与网络能促进社会信任，它们都是具有高度生产性的社会资本，能通过合作网络，提高治理效率。因此，大力培育社会资本，是实现流域治理机制从科层型向网络型转变的重要基础。

## 二 流域区际生态利益协调机制的比较分析

### (一) 各种协调机制具有不同的运行特征

科层型、市场型、自治型和网络型等四种不同的协调机制，在协调主体、协调方式和制度基础等方面存在明显差异，其运行过程具有自身的特征。(1) 从协调主体的结构看，存在着不同协调主体间地位和作用的差异。

① 罗伯特·D. 普特南：《使民主运转起来》，王列、赖海榕译，南昌：江西人民出版社，2001，第195页。

② 弗朗西斯·福山：《大分裂：人类本性与社会秩序的重建》，刘榜离等译，北京：社会科学文献出版社，2002，第18页。

科层型协调主体是上下等级不同的多层政府，上级政府是决策主体，下级政府只是被动地执行。市场型协调主体包括流域上下游政府和涉水组织等，它们遵循公平交易的原则，进行互利共赢的利益协调。自治型协调机制是流域上下游政府或涉水组织在解决制度供给、可信承诺和相互监督三个问题基础上的自主治理。网络型协调机制实质上是扩大化的自治型协调机制，它是包括中央政府、地方政府、企业和第三部门等纵向、横向多元利益主体基于信任的合作。（2）从协调方式看，科层型主要采用层次控制和强制性的政治经济手段解决区际生态利益的分配；市场型协调机制主要依赖于产权自由化和市场竞争的手段实现生态资源的优化配置；自治型和网络型协调机制通常是由利益相关者经过多次动态博弈而做出的理性决策和制度设计，通过自主治理实现区际生态利益协调。（3）从制度技术条件看，科层型协调机制主要依赖于中央集权的政治体制；市场型协调机制有赖于成熟的市场经济体制和完善的自然资源产权制度；自治型和网络型协调机制则需要民主化的政治体制和公众民主意识的觉醒。现代信息技术的快速发展和计算机互联网的普及，也是网络型协调机制必不可少的技术条件。具体情况见表3－1。

表3－1　四种流域区际生态利益协调机制

| 协商机制的类型 | 科层型 | 市场型 | 自治型 | 网络型 |
| --- | --- | --- | --- | --- |
| 协调主体 | 各级政府 | 地方政府<br>涉水企业 | 地方政府<br>涉水组织 | 中央政府<br>地方政府<br>企业（农户）<br>第三部门 |
| 协调方式 | 行政手段<br>命令控制 | 市场交易 | 民主协调 | 政府主导<br>企业和公众参与 |
| 决策机制 | 黑箱作业<br>中央拍板<br>高度集中 | 平等谈判<br>自主决策<br>分散经营 | 代表投票<br>民主决策 | 多中心治理<br>多层治理<br>伙伴治理 |
| 组织机构 | 流域管理机构 | 市场中介组织 | 管理委员会 | 各种形式的委员会、民主协商会 |
| 信息结构 | 信息封闭 | 信息透明 | 信息相对透明 | 信息相对透明 |
| 约束机制 | 环境质量指标<br>政绩考核 | 自主决策 | 民主监督 | 公众监督、舆论监督、法制监督 |
| 激励机制 | 职务升迁 | 互利共赢 | 集体利益最大化 | 经济激励、互利共赢 |

## （二）不同类型的协调机制各有其相应的适用空间

"我们断言，对所有的绩效标准来说，没有任何制度安排能表现得比其他制度安排都出色，所以，对问题的权衡永远是必要的，没有十全十美的制度存在。"①四种不同的协调机制中也没有哪一种是放之四海而皆准的"灵丹妙药"，不同的协调机制各有其适用的空间。在市场体系不完善、民主化程度较低的发展中国家，科层机制在流域区际生态利益协调领域具有更大的适用空间。在现代市场体系相对完善、民主政治比较发达和公众参与意识强的国家，科层和市场是两种基础性的资源配置方式。在流域生态资源配置中，由于流域的公共池塘资源特性，科层机制和市场机制都能发挥作用的空间相对有限，大多数情况下面临着市场失灵或者政府失灵，自治型协调机制也可以发挥重要的辅助作用，弥补科层和市场的"双失灵"。可见，科层、市场和自治型协调机制均有其发挥作用的空间，它们也往往被看作可以相互替代、相互补充的三种治理机制，从而出现三种不同的组合。当今时代科学技术飞速发展，社会结构发生了深刻变化，人们的价值观趋于多元化，传统的科层制模式根本不能满足这一复杂和快速变革的时代需求，政府、企业和第三部门等多元主体基于信任形成的网络型协调机制更能在公共服务运行方案中给公民更多的选择权。"在许多情况下，政府通过网络模式创造出的公共价值会比通过层级模式创造的公共价值还要多。"② 当然，组织间网络机制的有效空间也不是无限的。正如存在市场失灵和政府失灵一样，组织间网络机制同样存在失效的空间，它并不能解决公共事务管理的所有问题，"无论是网络还是社会的协调机制，都不是调节经济的万能药方，如果不把其他的协调机制考虑在内，只靠其中一种，都不能解决问题"。③

---

① 〔美〕埃莉诺·奥斯特罗姆等：《制度激励与可持续发展》，陈幽泓等译，上海：上海三联书店，2000，第26页。

② 斯蒂芬·戈德史密斯、威廉·D. 埃格斯：《网络化治理：公共部门的新形态》，北京：北京大学出版社，2008，第56页。

③ J. 罗杰斯·霍林斯沃斯、罗伯特·博耶：《经济协调与社会生产体制》，载其主编《当代资本主义——制度的移植》，许耀桐等译，重庆：重庆出版社，2001，第154页。

## （三）协调机制的选择主要取决于交易费用的高低

在现代市场经济和民主政治比较发达的国家，科层型、市场型和自治型三种协调机制所需要的制度技术均相对完善。无论是市场机制、政府干预，还是自主治理都能有效实现资源配置的优化，三种机制可以相互替代或形成不同组合，当多种协调机制均有效时，政府选择哪一种协调机制主要取决于交易费用的高低。科层型协调机制需要克服官僚体系内部的交易费用，包括搜寻流域生态环境相关信息的费用，政策执行、实施和监督的费用以及必要的行政管理费用；市场型协调机制需要克服交易双方的信息搜寻、谈判、履约和执行等一系列交易成本；自治型协调机制需要克服相互间的博弈、谈判以及减少机会主义等所需要的监督成本；网络型协调机制需要解决网络化管理的各种挑战：调整目标，提供监督，转移沟通瘫痪，协调多级伙伴，管理竞争与合作之间的关系，克服数据不足和能力缺陷等。当不确定性、交易频率和资产专用性等变量均处于较高水平时，科层型协调机制更能有效地降低交易费用；当不确定性、交易频率和资产专用性等变量均处于较低水平时，市场型协调机制具有更低的交易费用优势；当流域区际相关利益主体合作意识强，社会资本积累较多时，自治型和网络型机制更具有优势。在交易费用理论框架下，组织间网络在激励、适应性以及官僚成本方面介于市场机制和科层制机制之间：与市场机制相比，组织间网络牺牲了激励而有利于各部门之间更高级的协作；与科层制相比，组织间网络牺牲了权威性而有利于更大的激励强度。所以布达拉奇等主张，将价格、权威与信任机制混合在组织内部或组织之间的互动是常态。即要将市场机制与科层机制的核心内容融合在组织间网络之中，建立有效的网络稳定机制。具体情况见表3-2。

表 3 - 2　市场、科层制和组织间网络的比较

| 比较项目 | 市场 | 组织间网络 | 科层制 |
|---|---|---|---|
| 资源配置方式 | 通过价格机制自动调节 | 通过信任和承诺协调 | 通过行政协调 |
| 市场交易成本 | 高 | 中 | 低 |
| 科层制管理成本 | 低 | 中 | 高 |
| 合作稳定性 | 弱 | 较强 | 强 |
| 交易频率 | 一次性交易 | 重复性交易 | 重复性交易 |

| 比较项目 | 市场 | 组织间网络 | 科层制 |
|---|---|---|---|
| 市场形态 | 外部市场<br>产品市场 | 有组织结构的市场<br>中间产品市场 | 内部市场<br>要素市场 |
| 资源配置效率 | 低 | 高 | 较高 |

资料来源：Alstyne, M. v, The State of network Organization：A survey in Three Frameworks, *Journal of Organizational Computing*, 1997.7 (3)。

## （四）网络型（自主性）协调机制可以弥补科层型机制和市场型机制的"双失灵"

流域的公共池塘资源特性、外部性以及市场体系不完善等原因，造成流域资源开发利用过程中的"搭便车"行为、"拥挤效应"以及"过度使用"等现象，容易诱发市场失灵现象，使市场机制有效发挥作用的空间极为有限，因此，这一领域主要依靠政府的权威和强制手段实施治理。然而，政府科层机制面临着中央与地方政府及其内部的多元动态博弈，不仅使流域生态环境面临高额的组织成本，而且由于政府获取信息的不对称、社会科学知识的不足、公共决策的局限性、政策实施的时滞以及权力寻租活动等现象的存在，还会产生政府失灵现象。长期以来，在以往的相关研究中，多数学者只在市场和政府（科层）两种治理制度之间寻求生态环境治理的答案。实际上，从交易费用理论的角度来看，科层机制和市场机制是可以相互替代的治理机制，科层制内部过高的交易费用可以通过市场来"外化"，市场交易费用过高时也可以通过科层制来"内化"。但是，当市场和科层制组织机制都无法有效地降低交易费用时，即"政府失灵"和"市场失灵"同时存在时，该如何寻求有效的治理机制呢？正如美国学者盖瑞·J. 米勒在《管理困境》一书中指出的那样，人们遇到"市场失灵"时会诉诸科层制，但科层制本身也会失灵；人们遇到"科层制失灵"时，是否会求助于市场？而如果"市场失灵"与"科层制失灵"同时存在，人们又将如何做，求助于谁？于是就有了所谓"管理的两难困境"。那么，在流域生态环境治理中如何走出这样的两难困境呢？

威廉姆森显然也认为可以在市场和政府之间寻求新的治理机制，他说："当资产专用性低时，市场采购有规模经济和治理优势；当资产专用性很强时，科层制有优势；中等程度的资产专用性导致混合治理。"而且，"交易成本经济学认为，随着资产专用性条件上升，存在一种从市场（它有更大的激励强度特征）向层级结构（它的特征是适应性）的转变；混合组织形式是对激励强度和适应性折衷的交易的治理结构"。[1]　其实，在市场和政府科层之间还存在第三种力量——组织间网络。不同于市场和科层制的是，组织间网络是相互选择的伙伴之间的双边关系，包含着相互信任和具有长期远景的合作以及得到遵守的共同行为规范。组织间网络建立在交易互惠的基础上，使市场与科层制面临的交易费用最少。组织间网络比市场信息更为稳固，比科层制更具柔性。[2]　所以，有学者建议用市场机制、组织间协调和科层制的三级制度分析框架来取代市场机制与科层制的两极制度分析框架，即除了"看不见的手"（斯密）和"看得见的手"（钱德勒）之外，还有"握手"（组织间协调）。[3]

## 三　我国流域区际生态利益协调主导机制的选择

当前我国正处于体制转轨时期，社会主义市场经济体制虽然已基本形成，但是，由于公共资源产权制度不明晰，生态资源的市场交易机制仍不完善，科层机制仍然在流域生态资源配置中发挥重要作用。基于流域水资源的公共池塘资源特性，流域生态环境治理是在广阔的时空和不同的行政区进行的，单纯依靠传统的科层机制，难以解决复杂、动态的流域水资源配置和水生态保护问题；区际排污权（取水权）等市场交易机制的作用空间有限，小规模的涉水主体或地方政府之间的自主治理机制，也只能在条件适合的局部区域开展，发挥补充性作用。传统的治理理论无法为流域生态环境治理提供有效的分析框架，寻求新型的治理机制是客观必然的选择。网络治理机制比科层机制更灵活，比市场机制更稳定，比自治机制更适用，具有明显的制度优势和更广泛的适用空间，因而，网络型协调机制

①　威廉姆森：《对经济组织不同研究方法的比较》，载菲吕博顿等编《新制度经济学》，上海：上海财经大学出版社，1998，第 133 页。

②　Park, Seung Ho, Managing an Interorganizational Network: A Framework of the Institutional Mechanism for Network Control, *Organization Studies*, Berlin, 1996, Vol (17).

③　Pikard larsson, Int. *Studies of Mgt & org*, 1993, Vol (23), No (1), pp87 - 106, M. E. Sharper, Inc.

更适合作为我国流域管理体制改革的价值导向，应当成为我国区际生态利益协调机制创新的目标模式。即既要保证科层型、市场型和自治型协调机制在各自区间发挥作用，又要强调中央与地方政府之间，地方政府之间以及政府、企业和第三部门之间，通过多元主体的协商、约定、沟通等途径实现跨区联合提供流域生态服务，实现四种协调机制的相互配合、优势互补。

### （一）流域生态系统复杂性和多功能性的客观要求

流域水资源具有开放性、区域性和流动性等自然特性，流域地下水和地表水、下游水与上游水之间相互关联，因此，流域水资源的开发、利用和保护，具有典型的流域性和行政区域外部性特征。流域作为复杂、动态和不确定性的生态环境系统，其综合开发呈现主体多元化、开发方式多样化和时空布局分散化等特点，使之更适合实行网络化治理。网络化治理包括两层含义：一是行政区域管理要服从流域统一管理。政府对水资源的管理需要在流域范围内统一考虑，在维持流域生态要素完整性的前提下，按照流域水环境功能区划，合理布局上下游行政区际水资源综合开发项目，才能更好地发挥水资源的综合效益。二是部门专业管理要服从流域综合管理。流域综合开发的管理和组织，必须依靠各"条条""块块"的积极参与和协同管理；同时，又要求这些"条条"和"块块"管理纳入流域统一管理的轨道。网络化治理，不仅要协调政府部门利益，同时要进行不同行业、不同主体之间的相关权益或负担分配，在区域范围内实现公平和效益。

### （二）发达国家流域治理的普遍经验

基于流域水资源管理与水污染防治的广泛性和社会性，许多国家都建立了跨地区、跨部门、跨行业的协作机制和第三部门参与机制。它们在推进政府间横向、纵向协同治理的同时，还相当重视民主协商和公众参与，并将其作为流域治理的关键因素。流域治理参与者有专属流域机构、流域区内政府、流域区内拥有土地的农场主及其他代表，如法国的流域委员会中，政府和专家代表、选民代表和用户代表各占1/3，被称为"水务议会"，目前用水户组织已成为用水改革的主要力量。澳大利亚采用了全流域管理（TCM）的方法，TCM 的主题就是"公众与政府一起努力"，当地居民可以组成团体（如关注水利组织）一起解决共同的地方问题，或派代表参加具有更广泛意义的流域管理委员会。在美国，《清洁水法》明确规定了公众在政府实施 NPDES（国家污染物排放清除系统）各个阶段所拥有的权利：制定有关 NPDES 的规则时必须通知公众并接受公众审查；在审批 NPDES 许可证时必须组织公众听证会；被许可人的监测记录、排污报告等文件属于公共文件，公众有权审查。这些都为流域水资源开发和水污染防治提供了广泛的民众基础。

### （三）科层治理体制"碎片化"缝合的必然选择

国内外实践均表明，单纯依靠行政主导的流域治理机制，难以解决复杂、动态的流域问题。排污权（取水权）等市场交易机制和小规模的自主治理机制，也只能在条件适合的局部区域开展，发挥补充性的作用。网络治理机制比科层机制更灵活，比市场机制更稳定，比自治化机制更适用，具有明显的制度优势和更广泛的适用空间。基于组织间网络理论建构的"多中心"网络化治理机制，超越了传统科层治理机制的等级偏见，意味着垂直的、自上而下的、单一的控制结构转变为网络的、双向互动的、多元参与的结构。流域网络治理机制，就是要实现跨地区、跨部门、跨行业、跨领域的合作，形成政府、企业、第三部门、公众个人等多元参与的制度安排，实现信息透明且流动充分，连接以信任和合作为基础的社会资本，将科层治理体制中分散的"小碎片"整合为"大碎片"，促进流域治理各个主体的协同效应，增强流域治理的整体效应。网络化治理的优势在于专门化、创新性、速度和灵活性以及扩大的影响力等，"将碎片拼接，也就是说各个组织所组成的网络，可以增加它们每个个体的效能"。[①]

## 第三节　流域区际生态利益网络型协调机制的基本框架

流域区际生态利益网络型协调机制不只是依靠政府的权威，还要依靠

---

① 斯蒂芬·戈德史密斯、威廉·D. 埃格斯：《网络化治理：公共部门的新形态》，北京：北京大学出版社，2008，第 56 页。

合作网络的权威，依赖于多元主体以具体的目标任务为导向形成的灵活、复杂的网络关系，依赖于政府、企业、第三部门等多元主体在信任基础上的合作。网络型协调机制以利己利他的新经济人假设为人性假设前提，以网络治理理论、社会资本理论为基础。推进我国流域区际生态利益协调机制由科层型为主导向网络型为主导转变，需要将中央与地方政府之间的关系由科层制的垂直治理结构向扁平化的网络治理结构转变，由以命令—控制为主的强制性约束向激励约束相容的政策体系转变，由单中心的决策秩序向多中心的决策秩序转变；需要将流域上下游政府之间的关系由非合作的零和博弈格局转变为竞争合作并存的伙伴治理关系，在行政区内部将政府单边的科层治理机制转变为政府、企业和第三部门多元主体参与的公私伙伴治理机制。网络中任何一个组织的不良绩效或任何两个组织之间的关系破裂，都可能危害到网络的整体绩效。

## 一 流域区际生态利益网络型协调机制的人性假设

### (一) 旧"经济人"假设的局限性

旧"经济人"假设是西方经济学研究的基本前提。它包含三个基本命题：(1) 经济活动中的人是自私的，追求自身利益或者效用最大化的本性，是个体经济行为的根本动机。(2) 经济活动中的人是理性的，在选定目标后对达成目标的各种行动方案根据成本和收益做出选择。(3) 只要有良好的制度保证，个人追求自身利益最大化的自由行动，会无意而有效地增进社会公共利益。旧"经济人"假设最初仅局限为进行经济活动的企业，后来其范围逐步拓展和延伸。发展经济学家舒尔茨认为，个体农民也是理性的，"全世界的农民在处理成本、报酬和风险时是进行计算的经济人。在他们小的、个人的、分配资源的领域中，他们是微调企业家，调谐做得如此微妙以致许多专家未能看出他们如何有效率"。[①]公共选择学派的布坎南教授将经济分析方法运用到政治领域，将"经济人"假设从经济活动中的市场决策领域扩展到政治活动中的官员行为决策领域。他认为，在

---

① W. 舒尔茨：《穷人经济学》，载王宏昌编译《诺贝尔经济学奖金获得者讲演集》(1959 ~ 1981 年)，北京：中国经济出版社，1986 年，第 428 页。

民主政治生活中存在着一种政治市场。拥有选票的民众和纳税人是需求者，政治家、官员和其他公务人员是供给者，民众通过政治市场选择符合自身利益取向的政治家来提供公共产品和服务。政治市场的参与者与经济市场的参与者一样，本质上都是理性的"经济人"，尤其是政治家和官僚阶层参与政治活动并不是因为他们是"经济阉人"，也不是出于高尚的利他主义动机，而源于利己的本性。他们抑或支持那些给自身带来最大利益的政策方案，抑或在追求升官、高薪的工作及各种附加的福利。尼斯卡宁列举了政府官员可能具有的以下目标："薪金、职务津贴、公共声誉、权力、任免权。"① 官员在追求政绩（或选票）最大化的过程中，可能会将自身的个人利益内在化为政府决策和政策执行过程，导致所谓的"诺斯悖论"。"经济人"假设从利益机制的角度分析个体和组织的行为动机，尤其是分析市场经济条件下微观经济主体的决策行为具有的合理性，但它只是对人性中的"利己"方面进行了抽象，忽略了人性中"利他"的一面。斯密提出的"在'看不见的手'的作用下，个人追求私利会增进社会的公益"显然不符合客观事实。斯密对"经济人"的道德求证，在理论和社会实践中都陷入了难以克服的困境。

## （二）新"经济人"假设更符合现实

近年来，我国经济学界程恩富、杨春雪等学者根据现代心理学的最新成果和人类的实践，对旧"经济人"假设进行了深入批判，提出了利己和利他的新"经济人"假设，它包含三个基本命题：（1）经济活动中的人具有利己和利他两种倾向或性质。（2）经济活动中的人具有理性与非理性两种状态。（3）良好的制度会使经济活动中的人在增进集体利益或社会利益的过程中实现合理的个人利益最大化。② 新"经济人"假设，是指具有利己和利他两种倾向的理性人，即在面临给定的约束条件下最大化自己的偏好。理性人不同于自私人，理性人可能是利己主义者，也可能是利他主义

---

① Niskanen, W. A. Jr, *Bureauracy and Representative Government*, Chicago：Aldine – Atherton, 1971, S38.

② 刘思华等编著《当代中国马克思主义经济学家：批判与创新》，第三章，程恩富，第20页。

者。① 在现实生活中新"经济人"假设也可以得到印证：在激励约束相容政策的引导下，或受传统文化的熏陶，农场主（农民）在进行农业生产活动时，会自觉保护和改善生态环境；现代企业不仅注重追求自身利润，也崇尚社会责任和公众形象，积极参与环保、慈善、教育等公益事业；政府官员具有利己和利他的双重性格，努力追求个人政绩和公共利益的统一。因此，在社会公有经济范围内，良好的制度会使经济活动中的人在增进集体利益和社会利益的过程中实现合理的个人利益最大化。

### （三）政府"经济人"具有理性反思的行为特征

在新"经济人"假设的基础上，政府"经济人"也表现出利己和利他的双重本性。（1）政府官员具有利己和利他的两面性。一方面，政府官员是由社会公众通过民主委托方式代理社会公共事务的管理者，也是公共政策制定和执行的操作者。因此，相关法律法规要求政府官员必须以追求社会福利最大化为导向，进行公共事务的决策，具有为公众牟利的"公利性"特征。另一方面，政府官员又是社会关系网络的一个点，他与社会经济生活紧密联系在一起，具有自身职位的升迁、经济利益的增进、个人价值的实现等多层次需求。鼓励公而忘私，反对假公济私，在公共服务实践中实现个人价值是各国政府对官员的基本要求。（2）政府部门兼有部门利益和全局利益代表的角色。政府部门利益分为横向部门利益和纵向部门利益。前者是指同一层级政府内部不同部门之间的利益差别，后者是指不同层级政府相同部门之间的利益差别。一些政府部门在充当公共利益代表的同时，部门利益的诉求越来越明显，甚至出现"政府权力部门化、部门权力个人化、公共利益私有化"的倾向，个别拥有特殊利益的行业或部门，将公权力视为部门私权，秉承"肥水不流外人田"的怪诞逻辑，常常借助权力牟取不法利益。（3）政府组织兼有社会公共利益和政府整体代表的角色。韦伯认为，"虽然在理论上科层组织只是非人格的部门，但实际上它却形成了政府中的独立群体，拥有本身的利益、价值和权力基础"。② 政府组织作为社会公共利益的代表，也有自身的整体利益，具体表现在两个方

---

① 张维迎：《博弈论与信息经济学》，上海：上海三联书店，1996，第 2 页。
② 马克斯·韦伯：《经济与社会》（上卷），北京：商务印书馆，2004，第 246 ~ 248 页。

面：一是"政府具有自我膨胀倾向。如果不存在有效的制约机制或者约束机制软化，政府的自身利益就会不断扩张和膨胀"。二是"政府机构的体制惰性使政府在制度创新方面受到自身内部力量的掣肘，从而行动迟缓，使政府的制度供给总是赶不上社会对制度的需求"。①

政府组织作为社会公共利益的代表，兼有"公利性"和"自利性"双重特性。同时，政府的公共职能是由一个个官员来具体决策和执行的，他们也存在有限理性、信息不充分等缺点，也有可能采取理性和非理性的决策行为，因而需要企业和第三部门参与政府的决策过程。在不确定的经济社会环境中，无论是政府官员，还是企业家和社会公众，都不可能获得有关处理公共事务的所有信息，不可能拥有处理信息的完全能力，也不可能绝对理性地进行选择。各个行为主体都有复杂的行为决策动力机制，不仅仅单纯追求自身经济利益，而且注重与其他利益主体进行合作，希望获得社会尊重、良好声誉等非物质激励。因此，在公共服务供给过程中，政府官员希望通过不断地与企业、第三部门、公众等多元主体进行对话、交流信息，通过各种形式的合作制度安排，在实现个人利益的基础上实现公共利益最大化，减少机会主义动机和行为，并且能够通过持续的学习，积累经验，克服有限理性的不足，改进行为模式，提高适应社会的能力。

本书将流域生态治理中的政府、企业（农户）和第三部门等利益相关者假设为利己和利他的新"经济人"，并将这一假设作为流域区际组织间网络合作的前提。

## 二　流域区际生态利益网络型协调机制的理论基础

组织间网络不仅可用于分析企业内部治理机制的创新，而且日益运用于公共事务的管理过程。由于公共事务的复杂性，政府经常试图通过跨部门的合作来实现其目标，不断地将企业、非营利组织引入公共事务管理，公共行政越来越多地发生在必须相互依赖而不能强迫其他人服从的网络行为之中。对于现代公共行政与公共管理实践中网络日益增长的重要性，奥

---

① 蓝剑平：《转型时期政府利益对政府行为的影响及其还原》，《中共福建省委党校学报》2006 年第 1 期。

图勒将其归结为：（1）公共行政中许多问题不能完全分割成小块分别交给不同的部门去处理，必须涉及跨部门之间的协作；（2）处理复杂事务的政策必然需要网络化的结构才能执行；（3）政治性压力使网络可能是实现政策目标所必需的；（4）必须努力使各种联系制度化；（5）跨部门和不同层次管理的需要。组织间网络已经成为西方政府间管理和契约行政的讨论焦点，并作为一种新型治理机制，广泛运用于政府公共事务管理的各个领域，如公共部门与私人部门在公共治理中的有效合作、公共部门内部各个机构之间的有效合作、公共部门纵向和横向关系的协调、国际公共物品供给中跨国间公共部门的有效合作等。

与市场、科层制相比，组织间网络具有自身的特点和制度优势。多边关系、扩散性交换、动态性、国家成为经纪人是网络状公共治理的主要特征。①

## （一）网络治理结构的特点

### 1. 网络结构是一种"多边关系"

科层制本质上属于单边治理结构，表现出"一对多"的关系；市场结构是基于平等交易的"双边关系"；而"多对多"的网络结构关系描绘出了多元治理主体间网络的密度和相互关联的紧密程度，中央政府只是治理结构中的一个主体，它与各层级地方政府、企业、第三部门以及国际组织等形成一种多边关系。尽管在"一对多"的科层制结构中也存在着网络关系，但它的网络是稀薄的，关联是松散的；在网络治理体制下，权力的行使实行了多元主体的共同合作和参与。

### 2. 网络机制运转依赖的基础是竞合关系

传统理论认为组织间的关系是竞争性和对抗性的，但最近的组织理论研究发现，合也可能成为竞争的一种新形式，竞合关系为组织间的网络机制提供了基础。科层机制的行为主体是委托代理关系或者上下级关系，它们依赖一个权威中心的指导；市场机制的运行过程是买卖双方基于互利共赢的合作。虽然合作在本质上是一种交换关系，但是市场治理机制和网络治理机制中的"竞争合作"有着不同的含义。对于公平的市场交换关系而

---

① 朱德米：《网络状治理：合作与共治》，《华中师范大学学报》2004年第4期。

言，买卖双方都会比较精确地计算出互惠性交换的市场价值以及交换所带来的经济收益和损失。对于网络治理过程中的交换关系而言，各方都难以精确地计算出多元主体互惠的价值，因为网络竞合关系的价值是长期的、动态的，并且多元主体之间的交换，呈现出扩散性交换的特点，所以，各个主体根本就无法计算出多边交换和整个网络创造的价值。同时，市场交易属于经济活动，表面上是商品使用价值的让渡，实际上是具有相等价值量的买卖双方劳动的交换，是对双方劳动价值量的认同；而网络交换却属于政治性活动，具有扩散性交换特征。多元主体需要对共同的规范性价值给予承认，相互间的合作就是要追求共同价值，实现社会福利的最大化。

3. 网络合作具有动态性和复杂化特点

网络治理是政府通过多边合作的网络关系进行公共事务管理的过程，其中，政府体系的管理理念、组织结构的变革是公共事务网络治理的重要支撑体系。围绕不同类型的公共事务，政府将与企业、社会组织组成动态、复杂的网络系统，以政府为核心的多元治理主体一起构成了相互依存、竞争与合作的组织间网络。由于当今时代各国出现的跨区域环境污染、跨国暴力犯罪以及区域发展不平衡等问题，公共事务具有极高的复杂性，从而使单纯依靠政府部门的行政能力难以解决相关问题，政府必须加强与社会网络各类组织的合作，才可能有效地回应社会。网络治理结构是一种动态的演进过程，政府总是根据解决具体公共事务的需要，灵活地变更网络线路，挑选合作伙伴，各个相关参与主体基于信任进行合作，在互动中不断探索出新的解决复杂问题的方法。

4. 政府处于网络治理结构的中心

在科层治理结构中，政府处于行政权力的中心。但是，在网络治理结构中，政府仅仅是公共事务网络治理结构中的一个节点，它最重要的职能是将许多参与者组织起来，自己扮演经纪人的角色；它的任务是要确定公共治理的目标和制定切实可行的公共政策，成为回应社会和公众的战略制定者，通过动员各方参与者，开展民主协商和政治合作，以便获得共同利益。在科层治理结构下，政府扮演着利益各方看门人的角色，它决定了谁进入政治决策过程，谁被排斥在外；在网络治理结构中，政府只是充当利益各方之间的中介或通道，通过建立政府与利益各方的直接联系，为解决公共事务构建各种各样的网络结构，从而为政府自身利用社会网络和各方资源，推行各种政策、计划和实现战略目标提供社会基础。在网络治理过程中，政府的回应性成为评价它绩效的主要指标，不仅需关注回应的时间，还要关注回应的对象及其追求的价值，如公平、公正、服务满意程度等。

### （二）网络治理机制的相对优势

相对于市场机制和科层机制，网络治理机制对治理主体、治理手段、治理方法等各个领域进行了拓展和深化。"这种体系一方面排除了主要依靠单一等级制自上而下进行协调的可能性，另一方面也不依靠'看不见的手'的操纵。它的运作逻辑是以谈判为基础，强调行为者之间的对话与协作，通过行为者之间持续不断的对话，以产生和交换信息，从而减少机会主义的危害，有利于不同机构之间增进了解，加强沟通，降低冲突，增加相互合作，这就有利于消除相互依存却又独立运作、关系松懈的组织间的隔膜，凸显出治理理论的民主特征。"① 主要表现在以下几个方面。

#### 1. 治理主体的多元化

在市场机制中，各个市场主体基于追求自身利益最大化的内在动力和市场竞争的外在压力而进行的排污权交易行为，其决策是极为分散的；在科层机制中，政府作为公共事务管理的单一主体，由于存在信息不充分和社会科学知识不足、官员的道德风险和逆向选择行为等原因，无法实现对公共物品的有效治理；而在公共治理机制下，政府不应是全能的，而应是有效的，政府的职能必须从传统的直接提供公共服务的角色中转换出来，是"掌舵"而不是"划桨"。在社会公共事务的管理网络中，参与管理的主体已经不只是政府部门，而是包括全球层面、国家层面和地方层面的各种非政府非营利组织、政府间和非政府间国际组织、各种社会团体甚至私人部门，政府是各参与者中"同辈中的长者"，虽然它不具备最高的绝对权威，但承担着建立指导各方参与者行动的共同准则及确定大方向的任务。

#### 2. 治理手段的多样化

公共治理机制，既包含科层机制，又包含非正式、非政府的第三部门

---

① 赵景来：《关于治理理论若干问题讨论综述》，《世界经济与政治》2002 年第 3 期。

参与机制；既实行正式的科层强制管理，又有多元主体之间的民主协商与谈判妥协；既采取规范的政策法规和制度，又隐含着各参与主体自愿接受并享有共同利益的非正式措施约束。公共治理变革的核心是引入私营部门管理的模式以改善公共部门的组织管理绩效，一方面，在公共部门的管理中积极引进私营部门中较为成功的管理理论、方法、技术和经验；另一方面，积极推进民营企业更多地参与公共事务和公共服务管理。同时，在明确区分公共部门和私营部门的不同责任的基础上，加强政府的应有责任。简言之，公共治理不再是一种政府统治的手段，而代表了一种新的社会多元管理模式，这是治理概念的本质含义。

### 3. 治理目标的一致性

"如果说价格竞争是市场的核心协调机制、行政命令是等级制的核心机制的话，那么信任与合作则是网络的核心机制。"[1] 各个行为主体会在互信、互利、相互依存的基础上进行持续不断的协调谈判，参与合作，求同存异，化解冲突和矛盾，维持社会秩序，在满足各个行为主体利益的同时，最终实现社会发展和公共利益的最大化。

根据公共事务网络治理线路的构成和治理活动的组织方式不同，网络治理包括多层治理和伙伴治理两种类型。美国的学者加里·马克斯（Gary Marks）以欧盟的治理结构为基础，用"多层治理"概念描述了"隶属于不同层级（跨国家、欧盟和国家）的政府单位之间的合作，而不是形成科层关系"。根据辖区设计的标准、辖区的功能和数量等因素，马克斯等人还将多层治理细分为两种类型：类型 I 关注在联邦制条件下多个层级政府共享行政权力的问题，以及中央政府与非交叉的亚国家政府之间的关系问题；类型 II 关注以具体任务为导向，根据不同的政策目标形成的网络关系问题。伙伴关系原指"为了准备或监管特定区域的改造战略，诸多部门之间达成的一种利益联盟"，后来被用来描述城市政策的制定和执行。自1996 年联合国人类居住第二次会议以来，伙伴关系又成为网络结构的重要内容，主要包括政府与私营组织（公—私）、政府与政府（公—公）和政府与非政府组织之间等三种类型。[2]

① 罗伯特·罗茨：《新的治理》，载俞可平主编《治理与善治》，北京：社会科学文献出版社，2000，第 95 页。

② 朱德米：《网络状治理：合作与共治》，《华中师范大学学报》2004 年第 4 期。

（三）　网络治理的困境

当然，组织间网络机制的有效空间不是无限的。正如存在市场失灵和政府失灵一样，组织间网络机制同样存在失效的空间，它并不能解决公共事务管理的所有问题，"无论是网络还是社会的协调机制，都不是调节经济的万能药方，如果不把其他的协调机制考虑在内，只靠其中一种，都不能解决问题"。① 尽管网络被视为市场和科层制的一种可供选择的替代性治理机制，具有其他两种机制不具有的优势，但网络很有可能因导致市场失灵和科层制失败的原因而失效，如网络可能因为参与者在追求私人利益过程中的机会主义行为导致的交易灾难或协调过程中的官僚主义成本而失败，网络也面临着因集体目标协调行为中的管理复杂性而可能导致的高额官僚成本。② 另外，网络机制的基础比较脆弱，网络的核心机制是基于长期合作和信任而形成的"社会资本"，在不确定性因素以及机会主义倾向等的作用下，往往非常脆弱，如果没有具体有效的相关制度，不足以维持持久的合作。因此，范德芬（Van de Ven）认为，"控制与管理组织间合作的制度安排是影响网络成功与失败的关键因素"。③ 同时，Park 则发现"网络的稳定性需要某种形式的制度化机制去控制机会主义和保证公平的收益分配，管理一个网络需要一个专门化的制度机制去克服交易困境的威胁和充分利用网络的经济潜能"。④ 在交易费用理论框架下，组织间网络在激励、适应性以及官僚成本方面介于市场机制和科层机制之间：与市场机制相比，组织间网络牺牲了激励而有利于各部门之间更高级的协作；与科层制相比，组织间网络牺牲了权威性而有利于更大的激励强度。所以，布达拉奇等主张，将价格、权威与信任机制混合在组织内部或组织之间的互动是常态，即要将市场机制与科层机制的核心内容融合在组织间网络之

① J. 罗杰斯·霍林斯沃斯、罗伯特·博耶：《经济协调与社会生产体制》，载其主编《当代资本主义——制度的移植》，重庆：重庆出版社，2001，第154页。

② Park，Seung Ho，1996，Managing an Interorganizational Network，*Organization Studies*，Berlin，Vol (17) Issue，5.

③ Van de Ven，1994，Developmental Processes of Cooperative Interorganizational Relationships，*Academy of Management Review*，19/1，pp90 – 108.

④ Park，Seung Ho，1996，Managing an Interorganizational Network，*Organization Studies*，Berlin，Vol (17) Issue，6.

中，建立有效的网络稳定机制。

## 三 流域区际生态利益网络型协调机制的基本框架

流域水资源具有开放性、区域性和流动性等自然特性，流域地下水和地表水、下游水与上游水之间相互关联，因此，流域水资源的开发、利用和保护，具有典型的流域性和行政区域外部性。流域作为复杂、动态和不确定的生态环境系统，其综合开发呈现主体多元化、开发方式多样化和时空布局分散化等特点，使之更适合实行网络化治理。流域生态环境治理和多元利益协调机制不只依靠政府的权威，还要依赖合作网络的权威，其权力向度是多元的，相互的，而不是单一的和自上而下的。流域区际生态利益协调机制应由传统的以等级制为主向以网络机制为主转变，同时将市场机制与科层机制的核心内容融合在组织间网络之中，建立有效的网络稳定机制，等级制的控制被复杂的跨组织合作方式的非正式的社会网络所代替，是一种"多对多"的结构关系。政府是其中的一个主体，与其他层级政府、企业和公民社会形成多边关系，构成一个组织网络，才可能有效地回应社会。

网络治理结构包括垂直结构和横向结构，前者是指不同层级政府的网络关系，后者是指同一层级内不同类型主体的网络关系。在流域生态环境网络治理框架中，垂直结构表现为不同层级的流域分别由相应的政府实行统一治理；在流域区范围内不同层级的地方政府对辖区内流域生态环境进行分包治理。横向结构表现为流域上下游行政区际之间的合作治理关系，以及行政区政府与企业、第三部门之间的伙伴治理关系。因此，流域区际生态利益协调的基本框架是以网络治理机制为主，包括多层治理与伙伴治理两大内容。

在流域科层治理机制基础上引入网络治理机制，就是要实现纵向横向政府之间以及政府与企业、第三部门等多元行动主体之间基于信任、规范而开展互动合作，共同管理流域公共事务的过程。它具有协调主体多元化、治理手段多样化和治理目标一致性等特点，基本框架是多层治理和伙伴治理的有机结合。所谓多层治理，就是按照流域统一管理的要求，由流域管理机构和其他涉水职能部门承担流域综合开发规划与流域治理政策的制定、执行和监督等职能，不同层级行政区政府按照流域主体功能区划和行政首长环境责任制的考核要求，承担辖区流域治理的责任。所谓伙伴治理，是指各个层次行政区内部政府通过激励性政策安排，引导企业、社会参与流域治理，以及流域上下游行政区之间采取民主协调方式，解决流域水资源综合开发、跨界水污染和区际生态补偿等问题，实现外部效应的内在化。流域网络治理机制的具体内容包括如下几个方面。

## （一）流域统一治理基础上的多层治理结构

多层治理结构是基于中央政府与地方政府的委托代理关系而形成的。虽然中央政府是流域生态资源的所有者和公共事务的管理者，但由于地方政府对流域生态环境的状况拥有信息优势，因此，中央政府会将部分权力、利益和职能分包给各个行政区，形成以流域区为单元，流域统一治理和行政区分包治理相结合的多层治理体系。主要包括三个内容：（1）按照流域面积的大小进行多层治理。全国性的大江大河，由中央政府设立权威性流域机构，实行统一管理；跨县不跨省或流域主体面积在某一省份内的区域性流域，实行省级政府统一管理；介于全国性大江大河与区域性河流之间跨省份的河流，由中央政府牵头、相关省级政府参与，设立流域机构统一管理。（2）流域区内行政区之间的网络关系。流域生态环境的多层治理结构以完成流域治理特定任务为目标，它所研究的区域包含流域区域和行政区域的复合性特征。由于流域区往往由多个行政区组成，流域区内各个行政区之间的合作关系，也必然随之产生。流域公共治理体系内的参与者具有交叉性，其网络结构是多元主体围绕着流域水资源的开发利用而组织起来的。流域层次数量庞杂，地理空间规模大小不一，就形成了多中心的治理体系。（3）行政区政府在国家相关法律的框架内，可以采取积极的措施进行流域生态环境治理。多层治理关注的中心问题是治理的层级（辖区），这些层级之间不只是基于严格的等级制而形成的命令和服从的科层关系，还包含着一种基于信任和合作而形成的网络关系，地方政府在遵照中央政府环境政策的框架下，对辖区内流域的生态环境可独立进行自主决策。

### 1. 强有力的流域统一管理

全球水伙伴治理委员会在都柏林原则第 1 条中指出："淡水是一种有

限而脆弱的资源，对于维持生命、发展和环境必不可少。"将可持续发展原则转变为具体行动，就必须实行水资源统一管理。"水资源统一管理是以公平的方式，在不损害重要生态系统可持续性的条件下，促进水、土及相关资源的协调开发和管理，以使经济和社会财富最大化的过程。"① 加强和发展流域统一管理，已成为一种世界性的趋势和成功模式。在当前我国以科层治理机制为主导的制度框架下，针对流域水资源和水环境分割管理的格局，要进一步完善流域水资源保护和水污染防治协调机制，将流域水资源开发利用与环境保护、维持生态平衡等方面结合起来，改变条块分割的管理方式，"建立事权清晰、分工明确、行为规范、运转协调的水资源管理工作机制"。②

2. 激励约束相容的各级政府多层治理

在流域统一管理基础上探索政府多层治理模式，就是要建立起以主体功能区划为依据、以行政区为单元、以财权与事权相匹配为取向的流域分层级治理体制及其运行机制，中央与地方政府要逐步由以命令控制为特征的垂直、单向管理体制转变为伙伴型政府间双向互动关系。中央政府应以区域生态质量作为目标导向，在目前以强制性、约束性为主的政策框架基础上引入激励约束相容的经济政策工具，摆脱"财权上收、事权下放"的权责背离格局，激发地方政府流域治理的自觉性和积极性，提升地方政府流域生态服务的供给能力。跨省的大江大河应由中央政府相关部委与流域区内省级政府共同治理，跨市不跨省的流域的水资源管理和水环境治理应由省级政府来承担，在省级政府对流域进行统一管理的基础上，各个层级的市、县、乡等行政区分别以环境保护责任制为基础，实行行政区分包治理，一定区域的地方政府应有职责和意愿维护属于本地区的水环境资源利益和经济社会利益。

根据流域的自然特性，流域多层治理必须坚持两个原则：一是行政区域管理要服从流域统一管理。政府对水资源的管理需要在流域范围内统一考虑，在维持流域生态要素完整性的前提下，按照流域水环境功能区划，合理布局上下游行政区之间的水资源综合开发项目，才能更好地发挥水资

---

① 全球水伙伴中国地区委员会：《水资源统一管理》，北京：中国水利水电出版社，2001，第 15 页。

② 《中共中央、国务院关于加快水利改革发展的决定》，2010 年 12 月 31 日。

源的综合效益。二是部门专业管理要服从流域综合管理。流域综合开发的管理和组织，必须依靠各"条条""块块"的积极参与和协同管理；同时，又要求将这些"条条"和"块块"纳入流域统一管理的轨道。网络化治理，不仅要协调政府部门的利益，同时要进行不同行业、不同主体之间的相关权益或负担的分配，在区域范围内实现公平和效益。

## （二）多元主体间的伙伴治理结构

### 1. 基于信任的流域区际政府间伙伴治理

生态环境质量的供给属于财政资源的配置范畴。不同层级的政府应该进行合理的功能分工，拥有各自的财政和规制责任，包括财政功能和环境责任的分配。[①] 遵照标准模型，如果成本和收益被本地化，局限在某个行政区域的范围内，那么环境政策应该由本级政府制定，形成行政分包治理模式。如果流域水污染是跨越省、市级行政区界的，建立流域跨界的利益协调机制就十分必要，主要有两种模式。一是成立俱乐部组织，即由中央政府、上下游政府和公众代表组成流域协调委员会。如以美国的特拉华河流域委员会、澳大利亚的墨累河流域委员会等为代表的流域协调委员会，主要发挥政策建议、利益协调等职能。二是建立自治化组织。由上下游政府签订流域水环境保护协议等区际行政契约，通过区际生态补偿实行利益协调。流域区际政府间的博弈分析表明，在短期内如果没有一个机制约束，双方就会陷入非合作博弈，难以达到帕累托最优。因此，建立俱乐部组织和自治化组织的区际政府伙伴治理机制，必须完善参与约束和激励相容约束机制的设计，既要让利益相关者参加环境协议，同时又能防止搭便车和偷懒行为。

### 2. 公私合作的伙伴治理

在流域生态治理中，公私伙伴治理关系重点关注三个内容：一是在激励约束相容政策的引导下，政府与排污企业的合作以及产业链关联企业之间的伙伴合作关系。二是在环境保护等公共服务市场化过程中，私人企业如何参与污水处理市场化。三是政府与第三部门的合作机制。实

---

① Oates, Wallace E. and Portney, Paul R. The Political Economy of Environmental Policy. In K. G. Maler and J. Vencent. （eds）. *Handbook of Environmental Economics*. Amsterdam: North – Holland/Elsevier Science, 2001。

现政府、企业和第三部门等多元主体间的"合作型环境治理"，能够充分发挥各类社会组织和行为者的资源、知识、技术等优势，实现对公共事务"整体大于部分之和"的治理功效。社会资本累积是构建政府—企业社会伙伴机制的基础。所谓"社会资本指的是社会组织的特征，例如信任、规范和关系网络，它们能够通过推动协调和行动提高社会效率"。① 信任是多元主体合作的前提，没有信任就不可能实行网络治理，"如果说群体的成员开始期望其他成员的举止行为将是正当可靠的，那么他们就会互相信任，信任恰如润滑剂，它能使任何一个群体或组织的运转变得更有效率"。② 规范既是实现流域治理方式多样化的保障，又是政府实施流域生态服务的制度基础。群体和组织等网络关系，是实现多元主体治理的载体。社会互惠、规范和公民参与网络能促进社会信任，它们都是具有高度生产性的社会资本，通过合作网络，提高治理效率。因此，要大力发展民间性的环保组织和行业自律性组织，"社会资本产生于这种志愿性社团内部个体之间的互动。这种社团被认为是推动公民之间合作的关键机制，并且提供了培养信任的框架"。③

## 第四节　流域区际生态利益网络型协调机制的价值导向

网络型协调机制作为流域区际生态利益协调机制的一种重要形式，是多元协调主体基于自愿和信任的合作治理方式，其实施的过程必须考虑 4 个因素：效果、效率、公正、适应性。治理机制无论理论上多么严谨，如果对于减少污染损失无效，对于控制污染的目标显现出低效率，触犯社会公正的一般标准，或对于经济技术和环境条件的变化不适应，那么它就不

---

① 罗伯特·D. 普特南：《使民主运转起来》，王列、赖海榕译，南昌：江西人民出版社，2001，第 195 页。

② 弗朗西斯·福山：《大分裂：人类本性与社会秩序的重建》，刘榜离等译，北京：社会科学文献出版社，2002，第 18 页。

③ 保罗·F. 怀特利：《社会资本的起源》，载李惠斌、杨雪冬编著《社会资本与社会发展》，北京：社会科学文献出版社，2000，第 45 页。

成功。① 上述四个方面的价值评价标准为流域区际生态利益协调及政策创新指明了方向，要求我们制定治理政策首先要适合国情，在追求网络型协调机制适应性的前提下，坚持公平和效率兼顾，在坚持公平原则的基础上实现效率和效果的最大化，以实现流域区内人口、资源与环境的可持续发展。

## 一　流域区际生态利益网络型协调的基本原则

### （一）利益主体间公正、公平原则

公正是社会成员对社会分配所采取的一套评判标准。所谓社会公正，就是公民衡量一个社会是否合意的标准，是一个国家的公民和平相处的政府底线。② 由于自然形成的资源环境禀赋在绝大多数情况下是不公平的，因此，资源使用过程存在着事实上的不公正。如对于一个流域而言，流域内上下游、左右岸之间在取水权、排污权方面也是不公平的。上游地区由于地理位置优越，在水资源开发利用中拥有时间、空间上的优先权，而下游地区相对比较被动，易受上游地区用水和排污的影响，因此，流域水资源的利用和分配方式影响社会成员之间成本和收益的分配。这种环境外部性带来的特征，使流域治理的政策、手段必须兼顾各方面的利益关系，充分考虑利益相关主体的意愿，体现社会的公正、公平原则。这种分配影响将在同代人之间、当代人和下代人之间产生公正、公平问题。公平原则从主体来分，包括行为主体之间的公平原则、地区公平原则和代际公平原则；从内容来分，包括程序公平和结果公平。由于本书主要探讨基于多元主体之间的自愿和信任而进行的合作治理，因此，我们主要从协调主体的关系方面来分析研究公平问题。

1. 行为主体之间的公平原则

我国《环境保护法》等有关法规明确规定了国家、企业和公民的环境权益。国家作为环境资源的所有者，既享用环境资源出租使用所带来的所有者权益，如水资源、土地资源等出让价格收益，同时又是社会公

---

① 姚志勇等：《环境经济学》，北京：中国经济出版社，2002，第70页。
② 约翰·罗尔斯：《政治自由主义》，南京：译林出版社，2000，第78页。

共利益的代表，承担着环境资源治理和保护的责任，可以通过出台一系列法规限制企业和用户的排污行为；企业在进行生产经营活动的过程中，虽然享有符合环保法规要求的排污权，但其行为不得侵害公众的环境权益。可见，行为主体之间的公平原则，就是要求各个行为主体在享受环境权益的同时，必须承担环境保护的责任，以不侵害其他行为主体的环境权益为限。例如，靠捕鱼为生的渔民并不一定是河水污染的受害者，相反，正是渔民的存在，使污染者倾倒废料的社会成本增加。如果从排污者的角度来看，把河流专门用于排污，可能会比用于渔业具有更高的经济效益。然而，如果把河流作为排污专用，渔民则必须改行或者搬迁到可以捕鱼的流域，实现这种制度安排既可以采取市场机制，排污者给予渔民一定的经济补偿，又可以通过行政干预使渔民被迫背井离乡，也许在经济上也会有所补偿，但渔民为此承担的心理成本是无法估量的。这就提醒我们，在公共事务治理过程中，既要讲经济效益，又要讲社会效益和生态效益；既要讲究效益和效率，更应以保证公平和公正为前提。脱离经济发展谈环境保护是缘木求鱼，离开环境保护发展经济则是竭泽而渔。在当前盲目追求经济增长速度的背景下，一些地方政府对于部分企业排污严重影响周边群众生活的现象视而不见，出现了大量损害公众环境权益的生态破坏行为，一些流域还出现了癌症村现象，① 这些严重违反公正、公平原则的流域水污染事件，实质上是在政府单边治理机制下政府权力过大、公众环境权益尚未得到有效保障的必然结果。

2. 地区公平原则

是指要求流域行政区之间平等地进行流域水资源综合开发，公平合理地分配流域水资源取水权和排污权，按照公平的原则建立流域上下游生态受益补偿机制和跨界水污染赔偿机制等。流域上游行政区在取水、水资源综合开发等方面具有时间和空间上的优先权，上下游行政区之间存在着明显的地位不对等，如果上游地区有效保护流域生态环境，整个干流经过地区的企业、居民和政府都是受益主体；如果上游地区对水资源开发利用过

---

① 2005 年 6 月 2 日央视《经济半小时》栏目播出了题为《毒水流过的村庄：死亡名单》的特别报道，揭露了广东省韶关市上坝村的横石河，从 20 个世纪 80 年代初以来，开矿污染导致清澈见底的生命之河成了毒水河，全村 214 人因癌症而死亡的事件，令人触目惊心。此外，该节目还报道了淮河流域最大支流沙颍河两岸也有数十个类似的癌症高发村。

度，容易导致河流断流和下游供水不足，影响下游生态环境；如果上游地区过度排污，下游地区就要被迫承受水污染之苦。因此，按照流域主体功能定位的要求，在流域水环境功能区划的基础上进行流域水资源综合开发，以行政区交接断面水质为参考，明确上下游行政区水资源保护的责权利，这是实现流域区际公平的客观要求。

3. 代际公平原则

1987 年世界环境与发展委员会在《我们共同的未来》一书中首次明确阐释了可持续发展的科学内涵，它是指既满足当代人需要，又不对后代人满足其需求的能力构成危害的发展。我国著名科学家牛文元对上述定义从空间尺度上做了进一步补充，指出可持续发展还要求"特定区域的需要不削弱其他区域满足其需求的能力"。因此，完整意义的可持续发展，既要求"特定区域的需要不危害和削弱其他区域满足其需求的能力"，同时要求"当代人的需要不对后代人满足其需求的能力构成危害"。流域水资源是可循环、可再生的自然资源，从一个较长的时间尺度来考察，流域水资源的开发和利用可能不存在代际公平问题，但是人类在短期内过度开发利用流域水资源的经济活动，必然会改变流域水资源自身循环运动的过程和规律，导致流域水资源枯竭和水环境急剧退化，尤其是随着我国工业化、城镇化和农业现代化的快速演进，污染物超标排放、深层地下水过度开采以及流域水资源不合理开发所引发的水环境问题日益突出，使流域水资源和水环境容量的代际公平分配成为当今流域管理者必须认真考虑的问题。流域生态利益的代际不公平，就是在水资源开发利用中出现约翰·罗尔斯所称的"时间的偏爱"。由于代际不公平产生的时间滞后比较长，以及后代人利益主体缺失，即在当代流域水资源管理的公共决策中，没有未来利益主体的代表，因此需要我们当代人切实负起责任，在可持续发展的前提下，适度开发和保护流域水资源，这是当代人义不容辞的。

## （二）注重治理效率原则

"交易成本经济学研究的一般战略可以概括如下：在指出交易特性之后，从交易成本最小化的方面探讨可能采用的治理结构。毫无疑问，这种简化的交易成本经济学无法解释真正的历史变革，因为真实世界中的选择是在历史上所获得的信息和可供选择的真实制度的基础上做出的。"① 因此，在考虑相关具体治理问题时，"我们首先考虑到制度环境对治理的主要影响效应，制度环境的变化会导致市场、混合型组织和层级制组织的比较成本发生变化。"②

治理效率是侧重于对治理过程进行评价的衡量指标，反映流域治理的实施成本及效益的比较。在流域治理的实践中，成本是一个内涵丰富的概念，例如，包括基础设施建设等直接投入成本以及由此引发的移民安置等间接成本；包括制度运行的成本和谈判交易成本等。治理效率的指导意义在于：在成本既定的条件下，尽可能地提高效益；同时在效益既定的条件下，尽可能地降低成本。效率是一个很诱人的指标，因为高效率意味着流域治理主体实现了以尽可能低的成本换取其流域治理成果的综合目标。无论是市场机制、科层机制、自主治理机制，还是网络治理机制，都需要运用成本与收益指标来进行评价，但在不同的经济社会发展阶段、不同的制度条件下，各种治理机制的效率却相去甚远。科层治理机制面临着巨大的政府监督和强制执行成本，例如，实行排污收费制度，政府需要及时、准确地获得每个企业的污染物排放量等相关信息，根据这些信息确定合理的税费标准，并加以强制征收；政府对污染企业实行关停并转，也需要做大量的沟通、协调工作，并辅之以必要的经济补偿。市场机制的运行需要明晰产权关系并制定交易制度和规则，在排污权交易制度下，政府需要建立必要的手段监督和保证其管制对象执行许可条件。在运用可交易许可权时，政府必须监督各方的交易行为，确保那些出售排污许可权的生产者已经减少了其出售的污染量。如果排污权交易规模较小，则政府要相应付出较高的市场监督成本；如果排污权交易规模较大，只有零星的许可权交易，那么这个市场就会表现出低效率的不完全竞争。因此，在缺乏长期实践的情况下，比较和判断各种治理机制的效率是武断的。美国的经验证明，许可证制度可以比排污税制度节约更多的成本；而在发展中国家和转型经济中，由于技术落后、管制者缺乏能力、资金匮乏、监督和强制执行

---

① 约翰·克劳奈维根：《交易成本经济学及其超越：原因与途径》，载约翰·克劳奈维根《交易成本经济学及其超越》，上海：上海财经大学出版社，2007，第 1～12 页。

② 奥利佛·威廉姆森：《效率、权力、权威与经济组织》，载约翰·克劳奈维根《交易成本经济学及其超越》，上海：上海财经大学出版社，2007，第 23 页。

污染控制在制度和管制资源方面的限制等，排污税费制度的效率高于许可证制度，而且大多数国家已经建立了税收制度，而采用可交易许可权制度则需要建立一个新的系统。①

## （三）追求治理效果原则

治理效果是对流域治理过程最后结果的综合评价，治理效果的好坏取决于各项政策是否能够达到治理主体所希望达到的流域水资源保护的预期目标，其所体现的是治理政策的实施和技术的运用与预期目标的差距。以流域水污染控制为例，如果政府实施的政策能够实现污染控制的预定目标，那么治理政策及其手段是有效的；若不能，则效果不好。我国淮河、渭河治理十年，水污染仍然严峻的现实说明，我国现行的环保政策执行存在诸多缺陷。从理论上看，如果流域治理的主要目标是将污染物或用水量控制在一定水平，那么，在产权明晰、交易机制完善和监督成本较低的条件下，基于总量控制的排污许可证交易机制是最好的治理政策，因为排污许可权确定了一个流域的取水量或者污染物排放的上限，使污染的下降更容易预见并且可以控制。但如果流域治理的主要目标是保持排污税费收入的稳定性，采取税费形式的经济激励约束制度就优于许可证交易制度，排污收费、罚款等制度可以使企业确定取水或污染物排放的具体成本，但污染物削减的预期是无法确定的，因为，在监管乏力的情况下，排污收费制度会诱发企业以金钱换污染，导致流域水污染加剧。因此，如果治理主体认为污染控制成本或水资源费税收入的确定性很重要，而污染或用水增加所带来的风险不大，就可采用税费制度。由于治理主体预期目标存在差异，因而难以证明哪一种治理机制和政策搭配的应用效果更好。市场经济中激励机制的应用几乎都无法证明哪一种机制能真正促使人们革新污染治理技术或减少取水量。因此，政府通常只能采取多种治理手段相结合的方式，实现治理机制的优势互补和互相配合。

---

① 姚志勇：《环境经济学》，北京：中国发展出版社，2000，第72页。

### （四）适应性管理原则

适应性是对治理机制的整体评价。一种具有较高效益和效果的治理机制必须能适应市场、技术、知识、社会、政治和环境等条件的变化。例如在科层治理机制中，政府排污税费制度的适应性取决于政府对排污数量变化的反应能力，如果税费的变化需要经过若干行政层次的审批，就会缺乏效率，如果地方政府与企业存在合谋行为，那么也存在政府失灵，适应性还要求政府税费制度体现价格水平的变化；在市场治理机制下，排污权交易制度允许交易者通过市场交易确定许可权价格，但经济、技术和通货膨胀等条件会影响其中参与交易者的支付意愿与能力，价格会随之调整。例如，如果发明了一种新的节水或污染控制技术，市场将通过供求关系变化反映并影响许可权价格，因此，与税费制度相比，许可权制度在价格上适应性强，但是在总量控制上的弹性较小。在网络治理机制下，多元主体基于信任和自愿进行合作治理，也必须具备一系列制度条件。如在政府与企业的伙伴治理中，政府制定自愿性的经济激励措施，可使企业有足够的利益动力进行自主性治理；同时制定一系列的约束性措施，可使超标排污企业承担巨额成本，真正实现治理效益和排污成本的内在化。

## 二 各种度量指标的运用及其优缺点评价

上述四个原则分别从不同角度为流域区际生态利益网络型协调机制的绩效度量指明了方向，但各个原则有不同的侧重点，其运用的条件和优缺点也不同。

主体间公正、公平原则是多元主体进行合作治理的基础，公平性程度越高，主体进行合作治理的意愿和自觉性就越高。主体间的公平、公正性需要区别不同情况进行具体分析。如在政府、企业、社会伙伴治理结构中，应强调保护各个行为主体的环境权益，政府和企业的环境信息公布的程度越高，公众和团体参与流域生态治理的自觉性就越高，说明民主程度和公平性越高。加拿大学者 Arnstein 曾列举了市民参与环境治理的八种情况，并根据市民权利分享的程度将这八种情况分为不参与、象征性参与和有权利参与三个层次。① 反之，环境侵权案件越多，公民环境权益的保障性就越低，说明公平性越差。但采取什么指标来衡量政府、企业、社会多元主体伙伴治理的公平性呢？在实践中往往难以寻找合适的指标。此外，在行政区际伙伴治理结构中，上下游行政区之间的排污权分配和生态补偿也应当坚持公平、公正原则，在现阶段采取哪种指标来进行度量呢？又需要进行深入研究。

从新制度经济学的角度看，市场机制、科层机制和网络机制是可以相互替代的资源配置方式。科层机制由于自身复杂的内部结构、森严的等级制度和冗员过多等形成了高额的内部管理成本，其部分职能被市场机制和网络机制所替代，可见从理论上可以采用治理效率指标来比较不同治理机制的效率差异，但在实践中治理成本的统计和核算是相当困难的，无法通过治理效率的比较，来评判不同治理机制的优缺点。但是对于网络治理机制而言，可以通过治理过程中成本的节约来衡量治理的效率，治理成本节约得越多，网络治理效率越高，则反映流域水污染治理体制越合理，行政组织内部的产权结构及激励和约束机制就越有效率。经济效率指标，反映的是手段对资源的节约程度（资本、劳动、原材料和能源的使用），② 费用—效益分析是将所有的投入和产出的效果都用货币化的价值来进行分析，它克服了费用—效果分析方法的局限性，但采用费用—效益分析方法的关键和前提是准确地货币化所有的费用支出和效果。另外，费用—效益分析在经济发展水平存在较大差异的地区之间进行比较时，也应该注意经济发展水平对评估结果的影响。

与治理效率指标相比，治理效果指标省去了用货币价值来度量环境治理与环境政策效果的步骤，可以用来反映网络治理机制下政府政策的实际绩效以及在经济上是否具有合理性。效果评价通常采用费用—效果分析来进行，这种方法需对环境治理投资和环境政策所引起的费用支出以及该部分支出所带来的环境治理效果，例如化学需氧量、氨氮等污染物的削减量或削减率等进行分析。费用—效果分析省去了用货币价值来度量环境治理与环境政策效果的步骤，这是因为环境政策等带来的生态效益本身很难用

① 布鲁斯·米切尔：《资源与环境管理》，北京：商务印书馆，2004，第231页。
② 刘思华：《当代中国的绿色道路》，武汉：湖北人民出版社，1994，第113页。

货币价值来衡量。由于不同污染物的量纲不同，对环境和人体健康的危害程度也不尽相同，例如，每吨化学需氧量与每吨氨氮排放所造成的危害就截然不同，因此，用费用—效果分析来衡量环境治理和环境政策只是相对有效，其使用仅局限于对区域中一种或少数几种主要共同污染物削减的分析，最终达到评估环境治理与环境政策的目的。

适应性指标是基于上述指标对网络治理机制的整体评价。在某一流域区际生态利益网络型协调机制的实践中，如果主体的公平性较高，多层治理和伙伴治理能够有效运行，治理效率和治理效果明显，则说明网络治理机制适用于该流域区内的市场、技术、知识、社会、经济、政治和环境等条件，具有较好的制度适应性。

## 三 度量标准的具体化：原则与思路

完善流域区际生态利益网络型协调机制的度量标准，需要提出一些具体的指标，用以描述和反映网络治理机制的效率、效益、公正和适应性程度，为环境部门开展流域水污染网络治理的绩效度量提供可靠的定量依据。度量标准的完善应当遵循以下原则：（1）特征性原则。根据流域区际生态利益网络型协调过程中的最核心目标，突出重点，指标尽量少而精。（2）易操作原则。指标应是简易性和复杂性的统一，要充分考虑数据取得及指标量化的难易程度，要既容易测算，能够反映流域区际生态利益网络型协调过程的各种内涵，又便于操作和推广。（3）独立性原则。各指标之间的相关性不能太强，指标之间应互相补充，而不应相互重复。根据上述原则，流域区际生态利益网络型协调机制的绩效度量指标体系应该尽可能细化和具体化，以更好地指导实践。

### （一）公平性指标

水是国民经济的命脉和人民生活的基本保障，又是属于国家所有的自然资源。全体国民都拥有公平享用水资源（包括质和量）的权利，具体应体现在水资源在经济主体间的公平分配、在空间尺度上流域行政区之间的公平分配，以及在时间尺度上的代际公平分配。

1. 主体公平性指标

我国环境法规明确规定了政府、企业和公众的环境权益，各个行为主体既是流域水资源的使用者和流域水环境的享受者，同时也是流域水环境的保护者。政府作为流域生态资源的所有者，其公共决策行为的合法性在于维护公共利益；企业在利用水资源进行生产经营获取利润时，也必须承担环境保护的责任；公众也是流域区际生态利益网络型协调机制的重要主体。因此，政府、企业和公众都应当在环境法规的框架下享有公平的环境权益和义务。任何违反环境法规的行为，都将会产生环境侵权行为，违反主体公平性原则，因此，从法学角度看，主体公平性指标可以用行为主体环境权益受到保护的程度来衡量，如企业偷排污水现象越严重，社会和公众的环境权益受到的侵害越严重，社会和公众环境权益保障的公平性就越差；从经济学角度看，主体公平性指标可以用外部成本内在化和外部效应内在化的程度来衡量，如果企业排放污水不达标，造成水质污染，影响了居民生活，应当进行赔偿，赔偿金额越接近水污染造成的损失，就越公平，反之，则越不公平。

2. 地区公平指标

在流域区际生态利益协调实践中，实现流域行政区际的公平性最复杂，主要包括行政区际初始产权（取水权和排污权）分配的公平性和行政区际生态受益补偿、水污染受害赔偿的公平性等内容。

（1）行政区际初始取水权分配的公平性指标。主要包括两大类：一是单一指标，分别按照各行政区的人口、区域面积和产值进行分配。按照人口进行平均分配是立足于人的平等性，但它忽视了不同地区、行业的从业人员对水资源需求的差异。按照流域区内各行政区面积进行分配，类似于国外的河岸权，即居住在河岸边的居民，天然地拥有享用河流水资源的自然权益，但它没有考虑各行政区生产要素空间的分布。按照流域区各行政区的产值分配水资源，其实质是以经济发展水平为依据进行分配，显然是注重效率、忽视公平的做法。因此，运用单一指标难以反映由水资源的多功能性所带来的区际公平问题。二是复合性指标。按照各行政区的人口、区域面积和产值等指标，确定一定比例的权重进行分配，或者遵循地区公平原则、现状原则、效率原则、可持续发展原则、流域总量控制原则和政府宏观调控原则等，设置相应的指标和权重，建立多层次多目标的指标体系。目前我国学术界围绕复合性指标进行了深入研究，并取得了一些新的成果。[1]

（2）行政区际初始排污权分配的公平性指标。①水环境基尼系数。通常国内学者用水环境基尼系数来衡量排污权在行政区际初次分配的公平性。基尼系数一般用来表示不同地区之间收入水平的总体差距，即各个地区按照人均收入水平由低到高排序，然后计算累计一定百分比收入总量所对应的累计人口百分比。基尼系数越小收入越平均，区域人均收入的总体差距越小。由于一个区域可承受的水污染物总量很大程度上取决于该区域的水资源分配，所以，水环境基尼系数的具体计算方法可以按照河流水系由源头到河口排序，计算各控制点累计一定百分比水资源总量所对应的累计水污染总量的百分比，并绘制成曲线，计算出相应的基尼系数。水环境基尼系数越小，水污染物总量分配对于流域水资源的分布来说，越趋均匀。因此，基于可持续发展公平性原则，应根据水环境基尼系数及其对应的各区域废弃物排放量，进行水污染总量的再分配。水污染总量再分配值 $\triangle PU_1$ 用公式表示：$\triangle PU_1 = PU_1 - CPU_1$（其中 $PU_1$ 为水环境基尼系数调整后所对应的区域废水排放量；$CPU_1$ 为调整前的区域废水排放量）。[2] 如果上游行政区的污水排放量超过了按照水环境基尼系数分配的环境容量，上游地区应对下游进行经济赔偿；如果上游行政区的污水排放量少于按照水环境基尼系数分配的环境容量，下游地区就应对上游进行生态补偿。②以流域上下游行政区界断面水质标准作为排污权初次分配的依据。浙江省在国内率先实行了跨行政区域河道交接断面水质管理制度，在全省主要河流的跨行政区域交接断面设立监测点，由当地行政首长直接负责辖区河道的水质治理，并且将控制河道污染与各地行政首长的政绩挂钩。跨行政区域河道交接断面水质管理制度将明确各地的治水责任：上游县（市）到达下游县（市）交界点的水应该是三类水，若下游监测时发现是四类水，下游所在地政府可马上向上级有关部门报告，要求上游进行治理。在这种互相牵制的监督机制下，上游行政区只能在排污控制和污水处理上做文章，否则

① 吴凤平、陈艳萍：《流域初始水权和谐配置方法研究》，北京：中国水利水电出版社，2010，第 36~43 页。

② 谢永刚：《水灾害经济学》，北京：经济科学出版社，2003，第 79 页。

当地行政首长将成为直接被问责的对象。①

（3）下游行政区对上游生态补偿的公平性指标。下游行政区只有对上游实施公平、合理的生态补偿，才能激励上游行政区进行积极有效的合作治理，因此科学合理地测算生态补偿金额是行政区际生态补偿的关键。目前国内学者对上下游生态补偿提出了不同的评价指标：①以下游地区获得的环境效益作为补偿标准。上游进行流域水环境保护，具有明显的外部正效益，下游地区可按照效用外溢价值作为标准，实施区际水环境补偿。具体包括重置成本法、损失补偿法、支付意愿调查法等多种测算方法。②以下游地区生态建设成本与生态效益差额作为补偿标准。流域区内各行政区为保护流域生态环境的投入，包含显性投入（$C_1$）和隐性投入（$C_2$）。同样，生态收益也分为显性收益（$P_1$）和隐形收益（$P_2$）。上述数据可以通过各地区财务数据进行系统分析，这样，各行政区的总收益就可以用（$P_1 + P_2$）表示，最后，用 D 来表示该地区的付出与收益的差额，D =（$P_1 + P_2$）-（$C_1 + C_2$）。如果 D > 0，则表示该地区的收益大于付出，应当支付数额为 D 的水环境补偿金；如果 D < 0，则表示该地区的付出大于收益，应当得到数额为 D 的水环境补偿金。② ③上游生态重建成本分摊法。以上游地区为水质达标已经付出的投入为依据，主要包括涵养水源、生态移民、环境污染综合治理、城镇垃圾与污水处理设施建设、水土保持、修建水利设施等项目的投入。下游地区对上游地区实施经济补偿采取上游生态重建成本分摊法具有可行性和操作性。③

（4）上游行政区超标排污对下游经济赔偿的公平性指标。无论是以水环境基尼系数为标准，还是以行政区界断面水质超标与否为标准，上游行政区超标排污怎么对下游进行赔偿？国内学者有不同的看法：①经济补偿与直接经济损失挂钩。如果从理论上基于公平性的角度，多数学者认为应将经济补偿与直接经济损失挂钩，即以跨界水污染的直接经济损失作为区际赔偿的基础和依据，④ 跨界水污染的直接经济损失的计算范围一般包括

---

① 郭伟龙：《浙江：水污染下移问责地方行政首长》，《东方早报》2005 年 1 月 27 日。

② 钱水苗：《论流域水环境补偿机制的构建》，《中国地质大学学报》2005 年第 9 期。

③ 欧名豪：《区域生态重建的经济补偿办法探讨——以长江上游地区为例》，《南京农业大学学报》2000 年第 4 期。

④ 李锦秀等：《水资源保护经济补偿对策探讨》，《水利水电技术》2005 年第 6 期。

下游地区的农业减产损失、渔业损失、工业停产损失、第三产业损失以及
人们的健康损失。对于前四项可以采用市场价值法进行评估，对于人们的
健康损失可以采用人力资本法。②经济补偿与治理成本相挂钩。在计算上
游地区超标排放废水总量和构成（如化学需氧量、氨氮、总磷）的基础
上，测算出下游地区治理上游地区超标排放废水的成本，并以此作为经济
补偿的依据。

3. 代际公平指标

实施可持续发展战略的重要目标在于保护和改善生态环境，实现代际
公正，但采取什么指标来衡量代际公平呢？笔者认为，可以用水环境价值
来衡量。在可持续发展框架下，流域生态环境保护得越好，水环境生态价
值越高，绿色 GDP 就越多，对子孙后代就越能体现公平。水环境资源价值
包括资源价值和生态价值两部分。生态价值代表舒适性，其大小应根据人
们的支付愿望和舒适程度来确定，不易计算。水环境资源价值可以用市场
价值法（生产率法）、代替市场价值法、机会成本法、恢复成本法等来确
定，①各种方法中恢复成本法相对更具有操作性。它是指用将受损环境恢
复到原有状态所需成本费用来衡量原资源环境所具有价值的方法。这一计
算方法有两个假设前提：一是假设恢复状态与原有的资源环境功能具有完
全替代性；二是恢复成本法是衡量恢复所需的成本，而不是直接衡量效
益，所以必须假设水资源恢复所需的成本就是水资源损失的效益价值。例
如，由于水资源价值取决于水资源的功能效用，而超 V 类水丧失了任何使
用功能，其价值设定为 0，那么超 V 类经过一级处理可回用于农业灌溉，
相当于恢复到 V 类水功能，因此，可以用污水一级处理成本来表示 V 类水
资源的价格；以此类推，可测算出 IV 类、III 类、II 类和 I 类水资源的
价格。②

（二）效率指标

流域生态治理是一个复杂的系统工程，它是由一系列生态建设、环境
保护等具体项目组成的，因而流域生态治理效率指标通常用效益费用比例

① 李忠魁等：《流域治理效益的环境经济学分析方法》，《中国水土保持科学》2003 年第 9
期。
② 曲福田：《可持续发展的理论与政策选择》，北京：中国经济出版社，2000，第 232 页。

来表示，它既可用于整个系统工程的效率评价，也适用于具体项目的测算，公式如下：

$$Bp/Cp = \frac{\sum_{i=1}^{n} Bi/(1+r)^n}{\sum_{i=1}^{n} Ci/(1+r)^n}$$

$Bp$、$Cp$ 为按现值计算的效益、费用；$r$ 为贴现率；$Bi$、$Ci$ 为在 $i$ 年限内的效益、费用；$n$ 为规划年限。[①]

## （三）效果指标

无论市场机制、科层机制，还是网络机制，流域水污染治理效果的评价指标，都可以用万元 GDP 废水排放量、万元 GDP 污染物排放量、万元 GDP 耗水量、万元工业增加值废水排放量、万元工业增加值污染物排放量等排污强度指标来反映。这些指标既可用来衡量某个企业污水治理的效果，也可以用来衡量整个流域水污染治理的效果，如果这些指标值降低了，即实现了废水的有效削减，那么治理就具有明显的效果，反之，则说明治理效果不明显。如果从流域水污染治理的整体效果来看，可以采用河流健康的系统性指标来衡量，具体包括流域水质状况、水生物种类、水环境状况等内容。

## （四）适应性指标

适应性指标是对网络治理机制的整体评价。网络治理机制是一种新的制度安排，其运行必须具备一定的经济社会条件。例如，推进政府与企业伙伴治理，必须能使从事清洁生产的企业获得合理的经济收益，并且使那些偷排污水者受到相应的惩罚，这样参与自愿性环境协议的企业才会越来越多；推进政府与第三部门的伙伴治理，必须明确公众和团体等第三部门参与流域水污染治理的权限、程序、方式等内容。可见，流域区内经济社会发展水平、宗教文化背景和民主政治的发展程度不同，流域区际生态利

---

① 辛琨等：《水污染损失估算与治理水污染生态效益实例分析》，《应用生态学报》1998 年第 5 期。

益网络型协调机制的完善程度就不同。因此，一个流域区际生态利益网络型协调机制的完善程度，可以通过一系列指标来衡量，包括用参与自愿性环境协议的企业数量增长率来衡量政府与企业伙伴治理的程度；用公众和团体参与流域水污染治理的广度和深度来反映政府和第三部门伙伴治理的适应性程度；用民营化经营的污水处理厂的数量，来反映污水处理市场化和公私伙伴关系的状况；用行政区际签订环境合作协议的数量和内容反映行政区际伙伴治理的程度；用所有这些情况综合反映流域区际生态利益网络型协调机制的完善程度等。

# 第四章

# 流域多层治理与生态
# 利益纵向协调

我国是一个人均水资源少且时空分布很不均衡、水旱灾害频发的国家，中华民族饱受水旱灾患之苦。历代善为国者，必先除水旱之害。治理江河，兴利除害，始终是历代政府治国安邦的大事。新中国成立后，我们党和政府牢记"治国先治水"的历史教训，始终把治水兴水放在极其重要的战略地位，以水利建设为中心加强流域水资源开发和防洪建设。并逐步确立了流域管理和区域管理相结合的水资源管理体制，这种科层治理体制存在着部门之间、区域之间的行政分割以及中央与地方政府职责划分的模糊不清，并且造成了区域管理"腿长"、流域管理"腿短"的格局。按照区域公共服务分层供给的基本理念，应逐步实现由以行政区为主要单元的水资源管理体制向以流域为主要单元的水资源管理体制的过渡，实现由以命令控制为特征的科层机制向以激励约束相容、目标责任考核为特征的流域分层管理机制的转变。根据流域的自然特性，以国土主体功能区划为依据，建立中央与地方事权财权匹配，部门之间职责明确、分工合理的流域多层治理体制，既是我国流域管理体制改革的重要方向，也是实现流域生态利益纵向协调的制度保障。

## 第一节　我国流域科层治理结构及其政策体系

在传统计划经济体制下，我国确立了科层制流域治理体制和以命令控制为特征的流域管理体系，形成了流域水资源统一管理与分级、分部门管理相结合的制度。流域水资源管理以水利部门为主体进行分级管理；流域水污染防治体制从无到有、从弱到强，现已形成了以国家、省、市、县、乡五级环境保护管理机构为主体，以各有关行业和部门的环境管理机构为辅的环境管理组织体系。① 这种以行政等级制为基础的环境管理体系与水利部门、流域机构等相结合，形成了复杂的以流域水资源保护和水污染防治为中心的科层制治理结构。

## 一　流域科层制治理结构的主要内容

### （一）实行流域水资源与水环境分开治理

我国政府在《中国环境保护 21 世纪议程》中指出，我国水管理体制的主要问题是水资源管理与水污染控制的分离、国家与地方部门的条块分割，以及行政区划将一个完整的流域人为分开，导致部门之间权责利交叉多，难以统一规划和协调，不利于我国水资源和水环境的综合利用和治理。水利部作为水行政主管部门，负责水资源的统一管理、保护和综合开发，而国家环保总局全面负责水环境保护与管理，两个部门之间存在明显的权力交叉、职能分工不明的现象。为了加强两部门间的协调，1988 年中央政府曾在流域机构内部设立由水利部和环境总局共同管理的流域水资源保护局，这种多头管理又造成流域资源保护局难以适从，1996 年又将流域水资源保护局划归水利部管理。两部门的职能分工和利益协调机制仍未有效建立，这一矛盾集中表现为各行政区水利部门与环境部门之间以及流域机构与环境部门之间的矛盾。

我国流域管理体制相关情况如图 4 - 1 所示。

### （二）建立大江大河流域水资源统一管理机制

我国自 20 世纪 50 年代开始在七大江河建立流域管理机构以来，在流

---

① 水环境保护、水污染防治和水环境管理三者是有区别的，水环境管理是水环境保护的一个组成部分，主要是一种管理体制的安排，而且主要体现在政府对水环境保护和水污染防治的管理。在本书中，上述三者不作严格区分，将水污染防治体制基本等同于水环境管理体制。

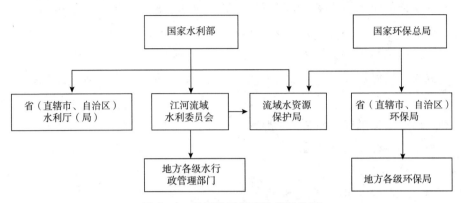

**图 4 - 1 我国流域管理体制结构图**

域综合开发利用与流域统一管理方面做了大量的工作和探索。流域管理不是对流域水资源问题全包全管，主要在以下四个方面实行统一管理。（1）统一制定流域规划。流域水资源具有灌溉、发电、航运、供水、渔业、游览、自然保护等相互联系的多种功能；流域水资源管理也具有跨行政区、跨部门和多层级的特点，由任何部门、地区来制定流域规划都会带有片面性、局限性。因此，流域水资源的开发、利用与保护规划必须由流域机构根据流域的特点和区域经济社会发展的要求统一制定。各个行政区和各部门根据流域统一规划再制定各自的发展规划。（2）统筹协调重要工程的建设。对于影响流域全局的关键工程及有争议的地区，应当由流域机构统一管理，协调关系。例如，跨行政区的河流容易引发跨界水污染、区际水资源分配和区际生态补偿等生态利益协调问题，省界、市（地区）或县界，容易引发纠纷和争议。因此行政交界断面的水质监测应当由流域机构承担，其他河段的水质监测和管理则应由各地区各部门负责。（3）统一流域水资源取水管理。我国 1988 年和 2002 年出台的《水法》都明确规定我国实行取水许可制度，基本做到了统一规划、统一调度、统一发放取水许可证、统一征收水资源费和统一管理水质等工作。（4）统一监测主要排污口。对于排入水域的主要排污口，由流域机构统一管理，这是河道管理条例规定的。其他污染源的监测及管理均由各地区、各部门负责。① 然而，

---

① 袁弘任、吴国平等编著《水资源保护及其立法》，北京：中国水利水电出版社，2002，第144～145 页。

由于流域水资源的多功能性、水资源利用的分散性，流域水资源统一管理面临着许多困难，流域机构权威不足，行政区政府和企业违法破坏水资源的现象屡有发生，流域水资源保护事业任重而道远。

### （三）行政区内多部门分工协作、共同治理体制

由于我国目前实行的是以行政区域为主的管理体制，流域治理主要按照行政级别进行科层制治理，各级行政区政府分别承担各自行政区内的流域水资源管理和水环境保护责任，并且由各个层级的水利和环保部门具体负责，形成了以行政区为单元、以水利和环保部门为主体、多部门分工协作共同治理的流域水污染治理体制。对于上述部门的职责，我国2002年修订的《水法》明确规定："县级以上地方人民政府有关部门按照职责分工，负责本行政区域内水资源开发、利用、节约和保护的有关工作。"《水污染防治法》规定："各级人民政府的水利管理部门、卫生行政部门、地质矿产部门、市政管理部门、重要江河的水源保护机构，结合各自的职责、协同环境保护部门对水污染防治实施监督管理。"目前我国实行流域水资源管理和水污染防治行政分级的管理体制，即以行政区划为单位，省、市、县三个层级的地方政府水利和环保部门分别承担辖区流域的水资源管理和水污染防治职责，中央政府的水利和环保部门只负责统一的规划、指导和监督等职能。除水利部、环境保护主管部门外，与流域水资源保护、水污染治理相关的政府部门有：建设部、农业部、国土资源部、交通部、国家林业局及各自的地方相应机构；综合部门有：国家发改委、财政部、国家经贸委及它们相应的地方机构等。另外，全国人大及其地方各级政府可以从法律法规制定和执法检查方面影响流域水环境管理。具体情况如表4-1所示。

表4-1　各部门在流域水资源管理和水污染防治方面的职责分工

| 部门名称 | 水污染防治 | 水资源管理 |
|---|---|---|
| 环保部门 | 拟订有关水污染防治规划、政策、法规、规章和标准，并统一负责水环境质量监测、水污染源监测以及相关的监测信息发布等；排污收费、制定污水处理厂收费政策 | 参与水资源保护相关政策的制定；参与水资源保护规划编制；审查水利工程的环境影响评价报告书 |

续表

| 部门名称 | 水污染防治 | 水资源管理 |
|---|---|---|
| 水利部门 | 审定水域纳污能力，提出限制排污总量的意见 | 统一管理水资源，拟定水资源保护规划，监测江河湖泊水量、水质。发布国家水资源公报。组织实施取水许可证制度和水资源费征收制度，水量分配；工程给水，组织和管理重要水利工程；制定节水政策，编制节约用水规划，制定有关标准，组织、指导和监督节约用水工作 |
| 建设部门 | 工业污水进入城市污水管网的监督管理；城市污水处理厂规划、建设和运营管理 | 饮用水管理；取水许可证；城市的用水、供水、节水和水务管理 |
| 农业部门 | 农业面源污染控制 | 农业水源地保护；农业取水管理；农业用水和农业节水 |
| 国土资源部门 | 海洋水环境保护 | 地下水资源管理 |
| 林业部门 | 生态用水保护 | 林业水源涵养林地保护；林业节水 |
| 交通部门 | 水运环境管理；水运污染控制 | |
| 经贸部门 | 水污染防治的产业政策；与水污染相关的清洁生产政策法规制定及其实施监督 | 工业用水取水管理；工业用水定额标准制定；工业节水管理 |
| 财政部门 | 参与排污收费政策和资金管理；参与污水处理厂收费政策制定 | 参与拟定水资源收费标准以及水价政策 |
| 价格部门 | 制定排污收费标准政策和资金管理；制定污水处理厂收费标准政策 | 制定或者参与水价政策 |
| 科技部门 | 组织开展有关流域整治的科技攻关 | |
| 海洋渔业部门 | 对流域养殖污染治理进行监督管理 | |

资料来源：1. 王金南：《中国水污染防治体制与政策》，北京：中国环境科学出版社，2003，第16页。2.《福建省人民政府关于加强闽江流域水环境综合整治工作意见的通知》，闽政办〔2005〕93号。

## 二 我国流域科层治理的政策体系

### （一）以行政手段为主导的流域水资源调控政策体系

在计划经济时代，我国在流域和区域层面上，水资源利用处于各取所需的开放状态，但是在农村集体组织和企业等社团层面建立了行政化的水权初始分配机制和再分配机制，这与计划经济条件是相适应的。社团的水资源利用缺乏外部约束，导致了粗放型的水资源开发利用模式，用水外延式增加较快；用户缺乏节水激励又导致用水效率低下，由此导致我国北方地区水资源稀缺不断加剧，从社团层面扩展到区域范围，进而扩展到全流域范围。① 改革开放以后，随着我国工业化和城镇化的快速推进，以及以市场化为导向的经济体制转型，我国流域水资源的时空矛盾日益突出，呈现出人均、亩均水资源少，地区分布不均、与生产力布局不匹配，年际年内变化大和开发利用难度大等特征。尽管我国水资源开发比例不断提高，但粗放开发和经营造成流域水资源利用效率和效益低于发达国家。为了提高流域水资源利用效率，在流域和区域层面合理配置流域水资源，我国逐步形成了以行政配置为主导的流域水资源初始水权分配格局。现行《水法》规定，流域内各行政区分水要根据流域规划、水资源中长期供求规划和跨行政区域的水量分配方案，并且对区域用水实行总量控制。运用行政手段调配水资源成为我国解决水资源时空分布不均匀的主要手段。1998 年国务院授权黄河水利委员会统一调度黄河水量，用行政手段进行跨省的水资源分配，开创了我国大江大河水量统一调度的先河，探索出了一条在我国北方缺水河流实施流域水量统一调度的新模式。2003 年 2 月 11 日南水北调中线和东线工程全面开工建设，这是 21 世纪振兴中华民族的战略性工程，也是继三峡工程之后我们党领导水利建设的又一重大创举，建成后必将有效缓解我国北方部分地区水资源严重短缺问题。同时，在保持流域和区域层面实行初始水权行政化分配的基础上，在社团和用户层面的水资源再分配过程中逐步引入了市场机制。例如，在用户层面上，全国范围内的城镇用水领域已形成了巨大的供水市场，在北方灌溉用水地区也出现了零星的农用水权交易机制；在社团层面上，出现了黄河流域工业企业购买农业水权的案例；在地方层面上，出现了浙江东阳—义乌的长期有偿供水协议和漳河上下游短期的有偿调水事件。近年来我国贯彻实施最严格的水资源管理制度，重点落实水资源管理三根"红线"，即围绕水资源的配置、节约和保护，明确水资源开发利用红线，严格实行用水总量控制；明确水

---

① 王亚华：《水权解释》，上海：上海人民出版社，2005，第 274 页。

功能区限制纳污红线，严格控制入河排污总量；明确用水效率控制红线，坚决遏制用水浪费。

### （二）以流域水污染防治为中心的控制性政策体系

20世纪70年代以来，我国政府以工业点源污染控制为重点，先后出台了一系列强制性的命令—控制性政策，并形成了相对完善的政策体系。（1）"老三项制度"。1973年国务院在《关于保护和改善环境的若干规定》中提出了经济发展应避免"先污染后治理"的原则，要求实施"三同时"政策，即新建、改建、扩建项目的防治污染措施必须同主体工程同时设计、同时施工、同时投产，"三同时"政策是我国第一项环境管理制度。此后，我国按照"谁污染谁治理"的原则，建立了排污收费制度；按照对工程建设项目可能给周围环境造成的影响进行评定的要求，建立了环境影响评价制度。上述三项制度被称为"老三项制度"。"老三项制度"由于是在环保事业开创之初建立的，存在着重视单项目标控制、轻视总量控制，重视新污染源控制、轻视老污染源治理，重视定性管理、轻视定量管理，重视全国统一标准、忽视地区间差别对待等明显的制度缺陷。（2）三大环境保护政策。20世纪80年代，随着我国对环境保护问题认识的深化，中央政府将环境保护提升为国家的基本国策，并提出"经济建设、城乡建设和环境建设要同步规划、同步实施、同步发展，实现经济效益、社会效益、环境效益的统一"的战略方针，标志着我国环保事业进入了新的阶段。这一时期最主要的贡献是政府制定和实施"预防为主""谁污染谁治理"和"强化环境管理"三大环境保护政策。然而，三大政策也存在明显缺陷，如环境保护政策与经济发展战略协调性不够，经济发展与人口、资源和环境体系还不协调，环境管理还受到诸多约束，环保技术水平低及资金很不充足等。（3）"新五项制度"。1989年国务院召开第三次全国环境保护会议，在"老三项制度"的基础上又推出"新五项制度"：环境保护目标责任制、城市环境综合整治定量考核制度、污染集中控制制度、排污许可证制度、污染限期治理制度。其中，排污许可证制度是传统的污染控制政策，在发达国家已有几十年的实践经验；环境保护目标责任制度和城市环境综合整治定量考核制度是我国独有的政策，在这种体系下，地方官员（如市长）、政府部门首脑以及工厂厂长都要签订环境责任条约，并作为政绩考核的重要标准。"新五项制度"的推行，标志着体现在环境管理制度中的我国环境经济政策已跨入实行定量和优化管理的新阶段，为控制和改善环境质量找到了新的综合动力，为开拓和建立有中国特色的环境管理模式和道路提供了新的框架和基础。（4）宏观环境政策体系。20 世纪70 年确立的"老三项制度"主要是在微观层次进行环境经济调节；80 年代出台的三大环保政策则是在充实微观环境政策的同时，也对宏观环境政策提出了要求；1989 年提出的"新五项制度"中，环保目标责任制、城市环境考核制度和污染集中控制制度都体现了中观环境经济政策的内容。1996 年召开的第四届全国环保会议，制定了一系列重大决策和举措，基本形成了比较完备的宏观环境经济政策体系，包括：环境收费政策、生态环境补偿政策、价格政策、环境税收政策、信贷政策、投资政策、环境技术政策、环境保护产业政策和主要相关领域发展政策等。近年来国家环保部加大了对地方的环保监管力度，例如，设立了环保督察制度、实施了"区域限批"和"流域限批"等行政惩罚手段；同时，在全流域水环境区划的基础上，健全了流域行政区界断面水质责任制和污染物总量控制排放责任制，使中央奖惩地方各级政府的标准明确、公开、公平，为地方各级政府的水污染治理工作提供了稳定的激励和约束机制。

## （三）激励约束相容的流域综合治理政策体系

20 世纪 90 年代以来，面对强制性环境政策的局限性，我国政府逐步引入了集成化综合治理政策体系。包括：（1）"三个转变"与清洁生产试点工作。工业污染防治实行从"末端治理"向全过程控制转变，从单纯浓度控制向浓度与总量控制相结合转变和从分散治理向分散与集中治理相结合转变，并利用世界银行贷款开始了清洁生产的试点。（2）推行生态保护与污染防治并重。编制《全国生态建设规划》《全国生态环境保护纲要》等生态建设规划，出台加强耕地保护、森林保护和水土保护等措施，开展"生态示范区"建设，加强农村生态环境保护，努力遏制住生态破坏加剧的趋势。各地抓紧实施天然林保护、退田还湖、退耕还林等工程，加强长江、黄河中上游地区的生态环境保护，全面停止砍伐天然林。（3）加强淮河流域、太湖流域、滇池等重点流域、重点区域的污染综合防治与环境基础设施建设，国家对在建的城市污水处理厂等环境基础设施补贴 1/6 的投

资以支持环境建设。（4）明确主体功能区划。2007 年 7 月，国务院发布
《关于编制全国主体功能区规划的意见》，提出编制全国主体功能区规划，
要根据不同区域的资源环境承载能力、现有开发密度和发展潜力，统筹谋
划未来人口分布、经济布局、国土利用和城镇化格局，将国土空间划分为
优化开发区、重点开发区、限制开发区和禁止开发区四类，确定主体功能
定位，明确开发方向，控制开发强度，规范开发秩序，完善开发政策，逐
步形成人口、经济、资源、环境相协调的空间开发格局。① 按照主体功能
区划，我国流域上游基本上划定为禁止开发和限制开发地区，流域下游更
多地划定为优化开发区和重点开发区。流域主体功能区划为进一步明确行
政区交界断面水质达标目标提供了更科学的基础。

## 三　我国流域科层治理的碎片化及其困境

新中国成立后，我国流域科层治理体制从无到有，几经调整和变革，
现已形成了以流域为单元、流域管理和行政区管理相结合的运行体制；行
政区内采取以环境保护部门为主体、多部门分工协作的组织模式。这种以
命令控制为特征的纵向行政性分包结构有利于提高中央政府政策的执行
力，但地方政府内部横向的结构性分权，却又导致了官僚制结构松动和权
力碎片化的不虞效应，诱发了科层治理的困境。

### （一）流域机构权威不足呈现边缘化特点

我国虽然在 7 大流域建立了流域管理机构，但它们都只是水利部的派
出机构，具有行政职能的事业单位而不具有行政执法权力，难以承担流域
管理统筹协调的职责；而具有行政执法权力的各省水利、环保部门，往往
从行政区自身利益而非全流域的角度去考虑流域管理。这样，流域机构与
各省市有关部门之间在处理水问题时无法统一指挥，无法做到全流域的统
筹规划和管理，以流域机构为主体的流域统一管理体制并未发挥其应有的
功能，监督管理机制和手段匮乏，各流域管理机构难以进行有效的协调和
仲裁。这就造成各大流域机构除了防洪外，没有随时间季节而定的水资源

---

① 《国务院关于编制全国主体功能区规划的意见》，国发〔2007〕21 号。

与水环境管理方法；无权纠正地方水环境管理法规中的越权和相互矛盾等问题，对违法水事行为很难进行处罚和纠正。如在处理省、区之间矛盾的问题上，只能调查研究和协调而不能仲裁，甚至对省级行政边界上的一条小河或一个小引水口的处理，都不能作最后决策。在地方水政主管部门的制约下，流域机构的权威削弱，协调能力降低，开展工作困难。

### （二）经济压力型体制下流域区际环境监管碎片化

流域区和行政区是两种不同性质的区域划分，前者是以河流为中心，由分水线包围的区域，是一个从源头到河口的完整、独立、自成系统的水文单元；后者是指为实现国家的行政管理、治理与建设，对领土进行合理的分级划分而形成的区域。同一流域往往流经几个不同的行政区，而一个行政区也可能包含几个不完整的流域区。为谋求以经济增长为主要目标的政绩，流域区际地方政府存在严重的机会主义倾向，在流域治理中表现为约束软化和激励缺失，导致"公共悖论"，即作为公共利益代表的地方政府和官员却恣意追求个人利益最大化，在环境监管中存在"虚位""缺位"和"错位"等现象。如区域规划决策中轻视甚至忽视环保；未经协商和批准就擅自动手先干、多干损害邻区利益的"擦边球"工程，引发争水利让水害的矛盾；地方政府对排污企业监管不作为等。

### （三）行政区内部权力分配和资源占有的碎片化

在各个层级行政区内部，我国涉及流域管理的机构实行多部门、多层次的管理体制，即以条条为主、条块分割的多头管理体制。水质、水量、水体、水生态等要素管理以及防洪、排涝、发电、航运、灌溉、渔业、工业用水、农业用水等功能性职权分别属于水利、环保、交通、农业、林业、建设、地矿等部门，这种将城市与农村、地表水和地下水、水量与水质等进行分割管理的模式，严重违背了水资源的自然循环规律和整体性。政府内部的结构性分权形成了"管水量的不管水源、管水源的不管供水、管供水的不管排水、管排水的不管治污"的尴尬局面。各职能部门依托行政权力垄断控制流域信息资源，例如，水资源存量信息方面，水利部门掌握地表水量信息，国土部门掌握地下水量信息，环保部门掌握水质信息；用水信息方面，水利部门掌握农业用水，建设部门掌握城市用水，环保部门掌握工业污水的排放。出于部门利益保护，各职能部门均把其所掌握的数据信息视为私有财产，不同程度地存在封锁数据信息的现象，使流域治理的各项数据信息难以整合成一个有机整体，不仅影响政府的科学决策，而且造成数据的重复采集和行政资源的浪费。

### （四）政策制定和执行的碎片化

在现行体制下，政府各部门的官僚会根据其所在部门的利益进行政策制定或是影响政策制定过程，使得没有哪个单独部门的权威超过另外的部门，即出现所谓的"碎片化权威"。[①] 因此，取得这些主体的一致同意是政策制定的必要前提。例如，流域资源综合开发的政策是由上下游地方政府与相关职能部门通过在项目谈判中不断进行争论、妥协、讨价还价，最后才制定出来的。这些机构总是立足于本部门利益考虑问题，努力争取更大的权力并创造可享受的利益，相互之间却没有任何制约关系，谁也无权命令或指挥、协调别的机构，部门间责任权利边界模糊导致经常出现沟通不畅、协作不力、相互推诿与扯皮的现象。正像罗宾·巴特勒爵士（sir Robin Butler）所说："在公共部门内部，……，根本没有真正意义上的合作决策机制。"政策执行的碎片化还体现在相关规划缺乏融合，目前区域国民经济与社会发展规划同水资源节约规划、水资源开发利用规划以及水资源保护规划之间的联系表现出显著的单向性；城镇发展规划同水资源规划也表现出明显的分割倾向，相互之间缺乏统筹安排，使得一些水资源开发利用规划、环境保护规划与城市规划之间出现不同程度的脱节。

### （五）流域治理中公众环境权益的边缘化

公众应是流域水资源开发利用与水环境保护的直接参与主体。然而在科层治理体制下，无论是流域资源的综合开发利用，还是水环境保护都缺乏与公众的沟通与协调。正如 K. 威廉·伊斯特等指出的那样：流域管理

---

① 任敏：《我国流域公共治理的碎片化现象及成因分析》，《武汉大学学报》2008 年第 7 期。

的传统规划往往是从工程角度出发的，而且大部分规划者不是来自流域地区；流域内公众的态度往往被视为流域开发的障碍或问题的一部分，在某些场合下被忽略掉，结果导致许多流域管理规划的失败，而实际上公众一旦作为流域资源的合法使用者，他们将有助于问题的解决而不是成为问题的一部分；公众参与到有关流域水污染治理问题的立法和管理过程中，将有助于提高治理的效率和效果。事实上，流域水环境管理牵扯的点多面广，规范而有效的公众参与机制将使流域水环境管理更易被群众接受，通过实行一种既自上而下又自下而上的管理模式，易于对破坏环境的各种行为起到监督作用。当然公众的参与还需要相关法律的保障，虽然《水污染防治法》第 5 条规定："一切单位和个人都有责任保护水环境，并有权对污染损害水环境的行为进行监督和检举"，"环境影响报告书中，应当有该建设项目所在单位和居民的意见"等规定，但目前我国有关公众参与环境保护的权利、程序、方式等的法律体系和管理体制尚不健全，① 多数公众的环境意识也十分淡薄，缺乏参与环境保护的积极性。因此，农村化肥农药过度施放、生活垃圾随意堆积，点多面广的农村面源污染等成为流域治理的难题。

## （六）流域科层管理的制度性安排不完善

当前我国政府实行对流域水资源和水环境分开治理的体制，现有的相关法规也作了相应的规定。然而，水环境保护法规体系不健全，相关立法存在空白，甚至一些法规之间存在相互矛盾，导致我国水环境保护缺乏执法手段和程序。如《水污染防治法》和现行《水法》在流域水环境保护管理中就存在矛盾。（1）两部法规对流域水环境保护管理规划的规定不统一。现行《水法》第 17 条规定水利部门会同其他部门制定综合水资源管理规划，但是，水污染管理规划未包括在其中。流域水污染

---

① 杭州市余杭区奉口村村民陈法庆因热心环保，家中两次遭人放火，有人恐吓要断其手足。与这个威胁相比，有一事更让人感慨万分：2003 年底，陈法庆以东苕溪水污染为由，将当地政府部门告上法院。法院没有受理，认为环境污染跟他本人没有直接的利害关系，不予受理。而陈法庆则认为，东苕溪水污染牵扯到杭州城区 20% 的人口，还有余杭区 80 万的生活饮用水，一共是有 100 多万人口，不单单是跟他，跟 100 万的民众都很有关系。（《海峡都市报》2005 年 7 月 21 日第 15 版，转引自 2005 年 7 月 19 日央视《乡约》栏目）。其实，陈法庆的诉讼没有受理，根本原因是我国相关诉讼制度不完善。

防治规划由国家环境保护部制定，排污指标依据国家五年计划目标分配给各省，流域水污染防治规划也由各省环保局负责执行。（2）跨行政区水污染治理未作明确规定。法律明确规定流域污染治理由国家环境保护部负责，但是对跨行政区的水污染治理事项在两部法律中都没有明确规定。尽管都规定了水利部门进行省界水质监测，但没有规定污染发生时水利部门或环保部门的具体责任。没有规定对省界水体水质的监督管理与解决跨行政区水污染纠纷的法律程序与责任。（3）流域水环境功能与水功能区划的矛盾。《水法》第 32 条规定了共同划定水功能区划制度。但是实际中水利部划定水功能区，国家环境保护部划定水环境功能区，这两者之间是分割的。《水污染防治法》规定国家环境保护部负责划定水环境功能区，《水污染防治法实施细则》作了更具体的规定。尽管《水污染防治法》和《水法》所规定的程序存在明显差异，但都为环保部门和水利部门提供了相关的法律依据，不仅造成工作的重复浪费，而且对实施水环境保护造成了障碍。

在流域科层治理体制下，中央与地方各级政府采取"命令＋控制"式政策，如关停并转、排污收费、排污许可证制、总量控制等，对工业点源污染进行有效治理。近年来长江等流域内城市和工业点源污染得到有效控制，但科层治理机制对点多面广的农业面源污染存在失灵现象。当前我国缺乏从源头控制农业面源污染的限定性生产技术标准，缺少针对农业面源污染进行综合防治的环境经济政策；原则性规定多，配套性细则规定少，可操作性不强，责任追究机制不完善。近年来，农业面源污染有所加强，呈现污染范围广、污染源种类多和污染危害大等特点，成为我国流域水污染的最主要污染源。我国河流、河段已有近 1/4 因污染而不能满足灌溉用水要求，失去水体功能；湖泊约有 75％ 的水域受到显著污染；缺水城市达 300 多座，受影响人口在 1 亿以上；农村有 3 亿多人饮水不安全。在部分地区和流域，水污染已经呈现出从支流向干流延伸、从城市向农村蔓延、从地表向地下渗透、从陆地向海洋发展的趋势。实践证明：科层治理机制难以有效抑制我国流域水污染加剧的趋势，改革流域治理机制势在必行。

## 第二节 流域多层治理下的政府间纵向利益协调

我国现行《水法》明确规定，流域水资源管理实行流域管理和行政区管理相结合的体制，这虽然从法律条文上改变了过去"流域统一管理和分级、分部门管理相结合"的水资源管理体制，但是在现行体制下流域机构只是事业单位而非行政机构，未被赋予立法权和司法权，流域统一管理职能明显受到削弱，地方政府对辖区流域水资源拥有较大的决策权和广泛的事权，可见，我国现行的流域管理体制实质上已演化为以行政性分权为基础的行政区分包管理体制。不同层级政府之间在职能、职责和机构设置上表现出明显的"职责同构"现象。目前"财权上缴、事权下放"的管理格局，导致了中央和地方政府权责利的不对称。推动我国流域治理中政府间纵向关系由科层治理机制向网络治理机制转变，需要建立流域多层治理结构，即实行以流域自然区域为单元，以主体功能区划为依据的流域水资源多中心治理，建立中央与地方事权财权相匹配的职能分工格局，妥善处理流域治理中政府间的纵向生态利益关系。

流域科层治理与多层治理既有联系，又有区别。它们都反映流域治理中不同层级政府间的纵向关系，但具有不同的运行特征：（1）层级划分不同。前者侧重以行政区为单元，中央政府通过不同层级的政府环境目标责任考核，分层级落实流域治理的责任，相对弱化流域统一管理；后者侧重以流域为单元，具有流域区与行政区交叉的复合性特征，在坚持流域统一管理的基础上，根据流域区域面积分别由不同层级的政府统一治理，并依据主体功能区划，明确流域区际政府治理的考核重点。（2）决策模式不同。前者是依靠行政权威进行单中心决策的模式，中央政府拥有高度集中的权力，在重大决策做出后通过行政等级和官僚权威将信息传递到基层组织，实现对公共事务的管理，政府不同层级之间是命令和服从的等级关系；后者是以信任合作为基础的多中心决策模式，以完成特定任务为目标，根据收益与成本对称的原则，不同受益范围的流域生态公共服务分别由不同层级政府提供。全国性重要大江大河的治理由中央政府统一决策，区域性生态公共服务由地方政府分散提供。地方政府根据中央政府的指导性方针和地区内的公众需求导向，自主提供公共服务，不同层级的政府之间是类似于伙伴的合作关系。（3）评价标准不同。前者更注重过程的规范性和程序的合法性；后者更注重治理方法的创新性和治理绩效考核，强化不同层级政府的伙伴关系。因此，推进我国流域治理机制从科层治理向多层治理的转变，显然不是修修补补的边际变更，而是治理模式和形态的变化，这种模式的转变并不意味着全盘抛弃科层组织，而是既有瓦解又有重建，既有旧事物的衰亡，又有新事物的吸纳和诞生。[①] 两者之间的区别如表4-2所示。

**表4-2　多层治理结构与科层治理结构比较**

| 比较内容<br>参照指标 | 多层治理结构 | 科层治理结构 |
|---|---|---|
| 划分依据 | 流域区 | 行政区 |
| 组织边界 | 模糊、柔性 | 明晰、刚性 |
| 权力来源 | 特定的知识和信息 | 行政等级和地位 |
| 决策模式 | 多中心、并行式决策 | 单中心、时序性决策 |
| 行动导向 | 特定目标任务 | 总体目标任务 |
| 行动逻辑 | 信任、协作 | 合法权力与权威 |
| 信息传递 | 多对多、直接 | 一对多或多对一、间接 |
| 评价标准 | 结果考核 | 过程考核 |

## 一　建立流域多层治理结构的现实依据

### （一）实现流域管理和行政区管理相结合的有效途径

我国江河众多，流域面积100平方公里以上的河流有5万多条，流域面积1000平方公里以上的河流也有1500多条。流域水资源是全体人民共同享有的公共资源。现行《水法》第3条规定："水资源属于国家所有。水资源的所有权由国务院代表行使。"中央政府作为流域水资源的国有所有权主体代表，虽然承担流域水污染防治和生态建设的责任和义务，但中央

---

[①] 杨冠琼：《政府治理体系创新》，北京：经济管理出版社，2000，第341页。

政府既没必要也不可能实施对所有流域的统一管理，由中央政府统一提供公共产品给不同需求水平、需求结构的各个地区，会带来福利损失。① 因此，由中央政府授权委托各级地方政府进行多层治理，就成为现实的选择，"授权是划分中央与地方职权中必须明确的重要原则和基本形式"。② 而且由于地方政府对流域水环境的状况拥有相对充分的信息，能够更有效地进行管理，因而按照流域面积的大小，由所在行政区实行多层治理具有其合理性和科学性。无论是跨国界、省界的大江大河，还是省域范围内的区域性小流域，流域生态治理都具有明显的外部性。因而，要根据流域自然区域的范围，加强流域上下游、左右岸、干流与支流所在行政区间的合作，建立相互间的生态利益协调机制。全国性流域，如黄河、长江上游的生态建设和环境治理等一般属于中央政府的事务，主要由中央政府实施转移支付。地方性流域，例如主要在一个省域范围内的区域性流域（如福建省的九龙江、闽江等），属于地方各级政府的公共事务，主要由省级政府承担生态建设和环境保护责任。

我国是中央集权的单一制国家，地方政府只是中央政府的分支，接受中央政府的领导、授权或委托。在传统计划体制下形成的流域治理的多层委托代理关系是以命令控制为特征的体制。表现在：中央与地方政府之间的行政性分权，造成各级政府职责不清；中央政府从有限责任无形中扩展为无限责任，监督范围包括省市县各级政府和企业，但中央政府又无力对地方政府和企业进行有效监督，导致地方保护主义，大量污染企业在地方政府庇护下长久生存。淮河 10 年治理，不仅没有变清，而且水质比 10 年前更差的现实表明，这种"中央制定政策，由地方组织落实实施"的运行机制，难以适应市场经济体制下流域治理的现实要求。流域治理具有显著的外部性，当上游地区进行生态建设和环境治理时，其收益通常会溢出行政区边界，使上游地区所提供的生态服务通常小于社会最优水平。在这种情况下，人们通常认为地区之间难以相互协调而需要中央政府出面对产生正外部性的地区进行补偿，使其边际社会收益等于边际社会成本，进而实现外部效应的内部化。因此，重建符合市场经济体制和流域自然生态特征

---

① 杨志勇、张馨：《公共经济学》，北京：清华大学出版社，2008，第 351 页。
② 石康：《中央和地方的授权原则分析》，《财贸经济》1996 年第 12 期。

的多层委托代理关系，建立流域管理和行政区管理相结合的有效运行机制，是流域治理体制改革的目标。

## （二）促进区域生态公共服务的多中心供给

党的十八报告将生态环境纳入了基本公共服务的范畴。要实现城乡区域生态环境等基本公共服务的均等化，各级政府承担着不可推卸的责任。这是因为政府存在的合法性在于它是社会公共利益的代表，提供公共产品是其主要任务。流域生态治理的过程也是生态公共服务的供给过程。由中央政府进行单中心决策常常无法高效地提供适应公众需要的所有公共产品和服务，因为中央政府作为终极权威，也存在知识和能力的有限性，不可能是无所不知的观察家，并且由于存在信息不对称和道德风险，下级政府有时会采取逆向选择，不可能在任何公共事务的决策上都完全听从上级的指挥。同时，单中心决策往往会造成中央决策者负担过重，下级政府容易趁机歪曲他们所传递的信息，造成公共事务管理的失控，使治理绩效与公众的期望出现差距。公共物品供给多中心决策的制度安排是基于这样的假设：尽管个体间对公共服务的需求不同，但小群体个人需求的同质性很可能高于较大范围的社会领域。若由中央政府提供公共服务，它不会顾及所有地区之间需求的差异而可能提供大致相同的服务，导致有些地方出现供给不足，而有些地方出现供给过剩。奥茨将公共物品的多中心供给综述为：对中央或各地方政府来说，一种公共物品由全部居民中各地方的人口消费，该公共物品在每个管辖单位内每种产出水平的供给成本是相等的，由地方政府对其各自的管理单位提供帕累托效率水平的公共物品，总是比由中央政府向所有各辖区提供任一个特定的和统一产出水平的供给更加有效（或至少是同等有效）。对于公共产品供给的多中心管辖区域如何合理划分呢？应当遵循区域内需求差异最小化和区域间需求差异最大化原则。也就是说，如果一种物品和服务的供给存在着收益或成本的严重溢出，则这种物品和服务供给的现有责任分配可能是不合时宜的。因此，为了提高公共产品的供给效率，实行由不同层级政府供给的多中心体制，更适合不同特性、多样化公共产品的供给，多中心体制比单中心体制更适合于多样化的政策方案。

目前我国还缺乏完整的流域水资源开发、水环境保护与生态建设等相关事权在不同层级政府之间的划分机制，区域生态公共服务中的政府和企业责权利不清。流域水资源开发利用的主体呈现多元化，既包括有中央和省级政府背景的大型水利开发企业，又包括相对忽视生态效益的民营企业和点多面广的个体农民等多种不同性质的主体。流域水环境保护由于大型水利工程等的实施，要求相应提高流域上游的环保排放标准（如南水北调中线工程要求丹江口水库库区水质达到国家地表水一类水质的要求），或者会产生新的环境费用支出（如闽江流域水口电站建设，导致库区滋生大量的水浮莲）。流域水资源开发带来的负外部性（新增环境治理成本和生态建设成本）完全属于水利开发企业应该承担的责任。因此，当前我国中央与地方政府行政分包治理中的事权划分体制已经不适应水源区生态环境保护和水土保持的要求。如果按通常的环保分级负责的原则将水源区环保责任简单界定为地方的事权，势必会造成地方财力与环保任务不相匹配的矛盾日益突出。因此，流域内任何重大水利工程建设均会带来重大的生态利益结构调整，环境效益外溢及其补偿理论已不能有效解释和解答中央与地方在水源区环保上的责任划分。科学合理地厘清各层级政府之间、政府与企业之间、政府与居民个人和社会之间在流域治理中的事权和环境保护责任，并在此基础上自上而下地建立以国家为主导的网络化生态补偿机制，是流域多层治理的目标和要求。①

## （三）符合国际流域治理的通行做法

现代市场经济国家多奉行财政联邦制，各级财政相对独立，只对同级立法机构（议会或人民代表大会）负责。因此，联邦制国家的地方政府对流域治理大多数实行多中心治理体制，以行政辖区为单元提供公共产品。蒂布特的"用脚投票"模型正是基于多中心治理体制提出的。人们可以根据自己的偏好选择不同的区域进行居住，地方性公共产品供给低效率的区域将被人们抛弃，这种威胁可以使政府管理者提供更有效率和更适合人民需求的公共产品。以流域为单元对河流与水资源进行综合开发与管理，是世界上许多国家流域治理的普遍模式，并已成为一种世界性趋势。这既是水文地理和生态科学不断发展与应用的结果，也是适应水资源综合利用和

---

①　孔志峰：《生态补偿机制的财政设计》，《财政与发展》2007 年第 2 期。

开发、发挥其最大经济效益的客观需要。1968 年欧洲议会通过的《欧洲水宪章》，提出水资源管理应以自然流域为基础，而不应以政治和行政的管理为基础，流域应建立适当的水资源管理机构。全球水伙伴治理委员会认为，将可持续发展的原则转变为具体的行动，就必须实行水资源统一管理。所谓水资源统一管理，就是以公平的方式，在不损害重要生态系统可持续性的条件下，促进水、土及相关资源的协调开发和管理，以使经济和社会财富最大化的过程。① 自 20 世纪 60 年代以来，许多国家都结合各自的国情对流域水资源的管理体制、政策和法律进行了不断的调整和探索。例如，美国 1965 年的《水资源规划法》要求建立新型的流域机构；法国根据 1964 年《水法》建立了全国范围的流域管理体制；英国在 1973 年和 1989 年两次调整了流域管理体制。尽管各个国家流域机构的性质、职能和管理方法有所差别，但总体趋势是更强调以流域为基础、流域统一管理与行政区域管理相结合的管理体制；更加注重流域水资源的多功能综合开发、管理与发展。

## 二 建立流域多层治理结构的主要内容

我国现行的流域管理与区域管理相结合的流域管理体制是侧重于以行政区为基础，以行政区环境治理目标为约束的环境管理体制。这种行政区分包治理往往会弱化流域统一管理的职能，导致碎片化的管理体制。推动流域科层治理向多层治理转变，就是要建立流域管理为主、区域管理为辅的流域管理体制，在强化流域统一管理的基础上明确纵向和横向政府间的职能分工合作，这是构建流域网络化治理机制的重要内容。

### （一）分层级建立流域水资源统一管理机构

一级流域（指全国性的大江大河和湖泊）在中央政府对流域水资源实施统一管理的基础上，由流域区内各层级行政区进行多中心治理。二级流域（指跨省市界的中等规模流域），例如跨广东和江西两省的东江流域，

---

① 全球水伙伴中国地区委员会：《水资源统一管理》，北京：中国水利水电出版社，2003，第 15 页。

跨广西和广东的西江流域，跨安徽和浙江的新安江流域，跨陕西和湖北的汉江流域，跨青海、甘肃和内蒙古的黑河流域，横跨福建、广东的汀江（韩江）流域等，这类流域的流域生态建设和环境保护应当由中央和地方政府共同承担责任，在中央政府指导、监督下建立省际流域协作治理机制。三级流域（指除一级和二级流域之外的跨行政区域的其他河流、湖泊），即跨市（县）不跨省或者以一个省份为主的区域性河流，由省级政府自主治理，如福建的闽江、九龙江等。新中国成立以来，中央政府已分别成立了长江、黄河、淮河、珠江、海河和松辽水利委员会以及太湖流域管理局等流域机构，七大流域机构只是作为国务院水利部的派出机构，存在着监督管理职能有限、权威性不足等缺陷，难以承担流域水资源和水环境统一管理的职能。要进一步强化一级流域管理机构的权威性，可以考虑建立直属国务院领导的流域管理委员会，由流域管理委员会统一协调和决策流域范围内的各项管理事务，统筹协调流域、区域、行业管理的矛盾和冲突。流域机构作为流域管理委员会的常设执行机构，可适度扩大其行政权力。由中央政府牵头，设立二级流域管理机构，采取俱乐部机制，实行"一省（市）一票、多数决定"的自主治理机制；由省级政府自主设立三级流域管理机构。进一步加强流域机构的能力建设。首先，要以法律的形式明确流域机构的地位、职责、权力、与地方的关系、组织机构和财务管理等，使流域统一管理有法可依。其次，要加强和提升自身业务能力。流域机构只有具备雄厚的技术力量，才能发挥指导、审核和监督的作用。最后，要建立广泛的合作机制。加强与地方政府各有关部门、用水组织、第三部门等的联系，形成民主协商的流域管理体制。

## （二）分层级制定和实施流域综合开发规划

流域水资源保护工作范围大致包括水资源水量水质的监测、评价，功能区的划定，水资源保护规划的编制，水资源保护的监督管理等。制定流域进行综合开发规划是开展流域治理的前提和基础，它是对流域进行综合开发与治理的总体部署和行动方案，是一个国家国民经济和社会发展计划的重要组成部分。发达国家的流域治理经验表明：大江大河流域综合整治是一项长期艰巨的任务。英国的泰晤士河、欧洲大陆的莱茵河等，都经历了几十年的努力才实现了水质变清的目标。美国田纳西河、法国罗纳河的成功开发，其中的一个重要原因就是制定了一个好的流域规划，并且几十年坚持不懈地遵照执行。当前我国多数流域治理规划只是"五年短期规划"，缺乏中长期的流域治理战略性规划；主要是各部门制定的专业规划，缺乏权威的综合性规划。目前水利部门编制流域"水功能区划"和水资源保护规划，环保部门编制流域"水环境功能区划"和水污染防治规划，渔业部门制定渔业发展规划，交通部门制定水运规划，这些规划都与流域综合开发与治理相关。但是由于流域水资源保护规划地位不明确、规划基础工作薄弱等，在流域水资源规划工作中存在着水资源保护规划与水资源防治规划和水资源开发利用规划关系不清等问题。因此，由流域机构牵头、统一制定权威的流域综合规划作为各个专业规划的基础，具有重要意义。《水法》15 条明确规定："流域范围内的区域规划应当服从流域规划，专业规划应当服从综合规划。"因此，我国流域分层级统一规划的重要目标是建立中长期的流域综合开发规划，一级、二级和三级流域综合开发规划分别由所在的流域管理机构会同相关层级政府共同制定。改变当前按照历史排放量计算、预测和控制目标的做法，根据流域水环境容量确定总量控制目标，并进一步明确河流功能区、水功能区和地下水功能区等，是流域多层治理的基础性工作。2013 年 3 月国务院批复的《淮河流域综合规划（2012～2030年)》，标志着淮河流域中长期综合规划上升为国家战略，必将对淮河流域治理起到引导性作用，也将对全国的流域治理发挥示范性作用。同时，要加快完善流域规划执行的监督机制，加强规划执行的监督管理手段，通过综合规划指导专业规划，并以规划作为水利工程建设的依据，提高规划的科学性和指导性水平。

### （三）分层级统筹经济社会与环境协调发展

流域生态环境保护很大程度上取决于流域区域内的经济活动开发强度。流域治理的核心问题是统筹处理"国家要生态，农民要致富，企业要赢利，地方政府要发展"的矛盾。在多层治理格局中，要建立以流域为单元，分层级统筹经济社会与环境协调发展的格局。（1）全国性大江大河由中央政府统筹规划治理。中央政府主要负责具有全局利益和长远利益的大江大河流域生态补偿项目，并根据公平原则支持贫困地区的生态环境治理、修复和维护。例如，青海省是长江、黄河、澜沧江的发源地，年输出总水量 630 多亿立方米，被誉为"中华水塔""江河源"，是我国主要的水源地和生态安全屏障，相当多的行政区域属于限制开发区和禁止开发区。这样的主体功能定位必将导致其经济发展机会的损失，需要中央财政提供转移支付以及产业、区域、金融等政策支持。（2）跨省域的区域性流域水资源开发应当由中央政府和相关省份协同治理。例如，南水北调工程是我国统筹配置水资源的战略性、跨流域的重大工程，南水北调中线水源区多为生态敏感的国家级或省级贫困县，地方政府面临着发展经济和确保水质安全的双重任务，由此形成经济发展与环境保护之间的突出矛盾。因此，建立水源地生态补偿机制是解决南水北调中线输水安全和库区发展的关键问题。然而，南水北调工程属于区域性调水工程，由中央政府全额投资而由京、津、冀地区受益，显然有悖于中央财政支出的公平原则。采取中央政府与地方政府协同治理、分摊成本的方案，更符合现实国情。即京、津、冀水源受益地区应当承担水利工程的投入，并通过市场化的水资源价格机制筹集工程建设资金；中央财政主要负责南水北调源头地区的水源保护、生态移民等由工程建设带来的负外部性成本，通过财政转移支付实施生态补偿。（3）跨省不跨县的区域性流域的经济与环境协调发展由省级政府统筹。省级政府按照全国和省级主体功能区划分的规定，负责辖区内流域生态公共服务的提供，如公益林营造和维护、水源地保护等。市级和县级政府承担辖区区域小流域的治理责任，在省级政府"以奖代补""以奖促治"等政策扶持下，通过土地整理、综合开发等，提供区域性生态服务。小流域是汇集径流、产水、产泥沙的源头，是联结江河的纽带，把星罗棋布的小流域治理好，就抓住了流域治理的根本，因此，小流域治理是整治大江大河的基础性工程。目前我国正在开展的生态清洁型小流域治理工程，重点抓住"生态""清洁"两个核心元素，把水源保护、面源污染控制、产业开发、人居环境改善、新农村等有机结合起来，为人们提供清洁的水源、优美的生态环境，已取得初步成效。

（四）分层级协调流域经济与环境区际纠纷

《水污染防治法》第 26 条规定："跨行政区域的水污染纠纷，由有关地方人民政府协商解决，或者由其共同的上级人民政府协调解决。"该法规还明确规定了地方各级环境保护对分级监管的责任。国务院《关于落实科学发展观加强环境保护的决定》（国发〔2005〕39 号）第 21 条规定：
"建立跨省界河流断面水质考核制度，省级人民政府应当确保出境水质达
到考核目标。上游省份排污对下游省份造成污染事故的，上游省级人民政
府应当承担赔付补偿责任，并依法追究相关单位和人员的责任。赔付补偿
的具体办法由环保总局会同有关部门拟定。"当时的国家环保总局还组建
了五大区域督查中心，加强跨省界环境执法及污染纠纷的协调，国家环保
总局主要监管大江大河流域省际断面水质达标情况，并由省级政府承担辖
区江河的市、县际水质达标情况，实行中央与地方分层控制的激励和约束
机制，使省级政府作为责任主体，完全承担起其应负的责任。加快建立常
态化的流域行政区际水污染防治监测评价制度，健全以地方政府为主的流
域污染治理责任机制，是妥善解决流域区际水事纠纷的重要基础。2008 年
2 月，国家环保总局牵头组织对淮河流域的山东、河南、安徽、江苏等省
进行水污染考核检查，通过签订省际水质达标责任书、建立科学的环境问
责指标体系，将环保目标考核纳入地方各级官员的任期绩效考核和干部任
用考察范围。环保问责指标体系包括：水污染物总量控制指标、节水指
标、跨省断面和行政区域内重点水功能区断面水质指标（氨氮、总磷、化
学需氧量等）、工业污染物排放稳定达标率、城市污水（二级）处理率、
城市污水处理厂排放稳定达标率、规模化畜禽养殖和水产养殖规模、农村
生活垃圾收集率、城镇生活污水处理率等。

## 三　完善流域多层治理的责权利分配机制

　　中央与地方政府在流域多层治理中的纵向利益关系，包括事权划分、
支出责任、财权和财力等内容。事权划分就是要明确不同层级政府在流域
治理事务中应承担的任务和职责。支出责任是政府承担的运用财政资金履
行其事权、满足公共服务需要的财政支出义务。在多层治理体系下，在明
确不同层级政府间事权划分的基础上，界定各级政府的支出责任，划分财
政收入，再通过转移支付等手段调节上下级的财力余缺，补足地方政府履
行事权存在的财力缺口，实现"财力与事权相匹配"，才是确保整个财政
体制有效运转的理性选择。因此，事权划分是中央与地方利益协调的基
础，财权分配是中央与地方利益协调的保障。

## （一）明确中央与地方政府在流域治理中的事权划分

流域生态环境保护属于区域公共事务的范畴，是全社会共同的责任，需要政府、企业、社会组织等利益相关者参与。同时，不同层级政府的职责不尽相同，同一层级政府内部的各个相关职能部门对流域生态环境保护负有不同的责任。因此，流域治理事权财权的划分可以从政府与市场、中央政府与地方政府、政府相关职能部门三个维度进行分析。① 这里仅阐释多层治理框架下中央与地方事权划分的基本原则和思路。一级流域由中央政府及其设立的流域开发委员会进行管理；二级流域在中央政府指导下，设立由相关省级政府参加的流域开发委员会，进行区际协商管理；三级流域由省级政府及以下政府进行管理。中央与地方政府既有各自独立承担的事权，又有混合性事权。如表4-3所示。

表4-3 中央与地方政府在流域治理中的事权划分

| 流域类型 | 不同层级政府 | 独立承担事权 | 混合性事权 |
| --- | --- | --- | --- |
| 一级流域 | 中央政府（以环境、水利部门为主体） | 全国性水资源水环境保护规划；全国性水环境标准制定；跨省界断面水环境监测执法；跨省界流域的水污染防治；水污染防治基础性、关键性、共性技术的研发、推广和应用；全国环境污染事件最后责任人；全国性水生态功能区建设；督导、引导企业淘汰严重污染水环境的生产工艺和设备；协调国家层面环境国际公约的履约 | 国家重要的生态功能区：中央政府实施财政转移支付，地方政府负责组织实施流域生态建设<br><br>水环境基础设施：中央对欠发达地区环境基础设施给予一定比例的补助；地方应负责其运营、管护<br><br>水环境监测和执法能力：中央应从水环境基本公共服务能力均等化和填平补齐的角度对某些地区的水环境监测执法能力进行支持 |
| | 中央政府设立的流域管理机构 | 流域水环境保护规划的编制和监督实施；流域跨省界水质断面监测；实施流域水环境评估和限批；流域水污染防治技术综合集成与推广应用；流域水污染纠纷的协调与处置 | |

---

① 刘军民：《水环境保护事权划分新思路》，《环境经济》2011年第1期。

续表

| 流域类型 | 不同层级政府 | 独立承担事权 | 混合性事权 |
|---|---|---|---|
| 二级流域 | 中央政府指导、相关省级政府协同管理 | 参与制定流域水资源水环境保护规划；<br>流域性水生态功能区建设；<br>辖区内环境污染事件的行政责任人；<br>督导、引导辖区内企业淘汰严重污染水环境的生产工艺和设备 | 跨区域、流域性水环境保护和污染综合治理：中央监督，各流域省区对省内断面水质达标负责 |
| | 由相关省级政府共同设立的流域开发管理委员会 | 流域水环境保护规划的编制和监督实施；<br>流域水质断面监测；<br>实施流域水环境评估和限批；<br>流域水污染防治技术综合集成与推广应用；<br>流域水污染纠纷的协调与处置 | 历史遗留水环境污染治理：根据原主体隶属关系或财税上缴关系确定责任<br><br>水环境突发应急事件：地方负责建立应急预案，发生时启动实施，中央承担兜底责任 |
| 三级流域 | 省级政府 | 省级水环境保护规划制定及实施；<br>制定省域内水环境标准和污染排放标准；<br>省域内水环境监测、执法；<br>省域内流域水环境综合治理；<br>督导、引导省级企业淘汰严重污染水环境的生产工艺和设备，引导省级企业进行清洁生产、技术改造 | 跨行政区域水源地保护、水生态功能区建设：通过生态补偿，受益地区和水源区分担，中央引导支持<br><br>跨界水污染纠纷处理：由地方协商解决，不能协商的，由上一级政府协调 |
| | 地（市）县乡政府 | 地方水环境保护规划制定及实施；<br>辖区内水环境监测、执法；<br>辖区内城镇生活污水处理；<br>辖区内农业面源污染防治；<br>辖区内水土保持、水土涵养；<br>辖区内水环境监测；<br>督导地方企业淘汰严重污染水环境的生产工艺和设备，引导地方企业进行清洁生产、技术改造 | |

资料来源：刘军民：《水环境保护事权划分新思路》，《环境经济》2011 年第 1 期。

## （二）建立与事权相匹配的财税分配机制

事权是指不同层级政府及其各部门对于某项公共事务的职责与权限，财权是指不同层级政府筹集和支配收入的权力。当前要加快改变"财权上收、事权下放"的中央与地方政府事权财权划分格局，推动各级政府事权与支出责任安排重心适当上移。"社会主义市场经济条件下政府的主要职能是提供公共服务，因此从本质上说政府的事权也就是政府的公共服务职责。各级政府事权的划分不再依据行政管理关系，而是公共服务的层次。"① 按照事权、财权相匹配的划分原则，深化财政体制改革，就要建立起符合社会主义市场经济发展要求的，以各级政府职能和事权划分为基础，以分税制为主要内容，以转移支付制度为辅助形式的，由各级政府分级管理的财政体制，这是我国财税体制改革的目标。按照"一级政权、一级事权、一级财权、一级税基、一级预算、一级产权、一级举债权"的原则，塑造与市场经济相适应的分税分级财政体制，力求实现省以下财政层级的减少即扁平化，进而引致政府层级的减少和扁平化。合理划分各级政府的事权和支出责任是建立财力与事权相匹配的财政体制的基础。因此，有必要根据相关法律规定、受益范围，按照成本效率等原则，对现阶段流域治理的事权划分标准进行统一，适当减少县乡级政府的事权和支出责任，赋予省级政府与其财力相适应的公共服务事权和支出责任，将公共服务的支出重心适当向省和中央上移，让省级政府在提供公共服务中发挥更大的作用。在推进"省直管县"的财政模式下，完善省域范围内县界流域水质达标监测，进一步落实各级行政区域的环境保护责任制。在中央与地方政府财权与事权合理划分的基础上，重点保障地方政府特别是基层政府水环境保护的财力与事权相匹配，确保地方政府拥有足够财力实施流域水环境保护。

### （三）完善流域多层治理的财政补偿机制

据世界银行测算，当一个国家（地区）的环境污染治理投入占 GDP 比例为 1% ~ 1.5% 时，基本能控制环境污染恶化趋势；当占比达到 2% ~ 3% 时，环境质量可以有所改善。② 目前我国各级财政在生态建设和环境治理上的投资大体维持在 1.2% 左右，属于投入偏低的国家。国家财政投入不足，是导致生态建设进展缓慢的重要原因。根据公共财政理论，财政补

---

① 何逢阳：《中国式财政分权体制下地方政府财力事权关系类型研究》，《学术界》2010 年第 5 期。
② 宋文献、罗剑朝：《我国生态环境保护和治理的财政政策选择》，《生态经济》2004 年第 9 期。

偿方式分为正向补偿激励和逆向补偿激励。前者是指通过财政手段鼓励具有收益外溢的经济行为，增加具有良好外部性的公共产品供给，如目前实施的森林生态效益补助政策、鼓励清洁生产和循环经济的税收优惠政策等都属于正向补偿激励；后者是指通过财政手段使市场主体承担其成本外溢活动对社会环境造成破坏的治理成本，激励其减少外部不经济行为，如排污费、资源税或环境税、生态惩罚性费税收入、生态恢复补偿费等属于逆向补偿激励。随着我国国民经济的发展和财政实力的增加，政府既要加大用于流域生态治理的财政支出比例，增加正向补偿激励力度，又要加强环境污染和生态破坏补偿资金的筹集，加强负向补偿的约束力度，实现"萝卜＋大棒"政策的有机结合。

## （四）规范流域多层治理的财政转移机制

党的十七大报告指出，要"推进基本公共服务均等化和主体功能区建设"。现阶段全国性的基本公共服务均等化，就是"使每个公民不分城乡、不分地区地能够有机会接近法定基本公共服务项目的过程"。① 这就要求各个地区根据资源开发的潜力、环境承载力等综合因素，确定国土的主体功能区划，实现城乡、区域协调发展。根据资源环境承载能力、现有开发密度和发展潜力，我国将所有国土划分为禁止开发、限制开发、优化开发、重点开发等四类主体功能区，并实行分类管理的区域政策，在财政政策、投资政策、产业政策、土地政策、人口政策和绩效评价与政绩考核等方面对四类主体功能区进行区别对待，各有侧重，建立与主体功能区和流域水环境功能区相符的分类评价、分类考核的绩效评价体系。例如，将大江大河的源头、饮用水源保护区等生态建设的贡献区列为禁止开发、限制开发区域，实行生态保护和农业发展优先的绩效评价标准，主要评价水质、水土流失治理、森林覆盖率等生态环境状况以及农业综合生产能力和公共服务水平等，弱化地区生产总值、财政收入、城镇化率等指标。对于流域中下游地区的重点开发区域和优化开发区域，更加注重经济增长与资源消耗、环境保护的协调发展，改变"唯 GDP"的政绩评价趋向。政府间财政

---

① 中国（海南）改革发展研究院课题组：《基本公共服务体制变迁与制度创新》，《财贸经济》2009 年第 2 期。

转移支付制度是促进各级政府收支实现基本平衡的重要协调机制和均衡制度，实施转移支付制度的直接目的是实现地方政府财政能力和公共服务水平的均等化，并借以达到中央政府的调控目标。针对我国大江大河流域治理中的生态补偿相关因素很难全面测算的情况，建议通过逐步解决的办法，分步把生态补偿的四大相关因素（农村社会保障支出、国土面积、现代化指标、生态功能区划）纳入一般性转移支付范围，建立和规范流域生态建设的财政转移机制。[①] 为维护国家生态安全，应引导地方政府加强生态环境保护力度，提高国家重点生态功能区所在地政府的基本公共服务水平，促进经济社会可持续发展。2000 年后，我国实施了退耕还林（草）政策、生态公益林补偿金政策、天然林保护工程、退牧还草政策等，对生态建设中的利益损失者进行了必要补偿。这四项生态政策，都是按项目预算设计的，存在项目规模有限、时间有限、补偿标准偏低等问题。2008 年起，中央财政在均衡性转移支付项下设立国家重点生态功能区转移支付项目，将天然林保护区、三江源自然保护区、南水北调中线水源地保护区等重大生态功能区所辖 230 个县纳入转移支付范围。在原有各项转移支付不减少的情况下，通过提高均衡性转移支付系数，将有关地区标准收支缺口的补助比例提高至 100%。此外，适当调整了实施生态环境保护工程地方承担的支出标准。[②] 2011 年财政部印发《国家重点生态功能区转移支付办法》，进一步明确了中央对国家级重点生态功能区实施垂直生态补偿的基本原则、资金分配方案、监督考评和激励约束措施等，为流域多层治理提供了资金保障。

## 第三节　流域多层治理下地方政府行为偏差及其矫治

随着我国工业化和城市化的演进，经济增长和社会发展中的水资源安全问题已越来越突出，水短缺现象普遍存在，水污染事故频频发生，从黄河断流到松花江水污染再到太湖蓝藻事件，流域水环境恶化的势头不但没

---

① 孔志峰：《生态补偿机制的财政设计》，《财政与发展》2007 年第 2 期。
② 刘军民：《南水北调中线水源区财政转移支付生态补偿探讨》，《环境经济》2010 年第 11 期。

有得到有效遏制，而且呈现愈演愈烈之势，并已成为制约国民经济发展和社会进步的重要瓶颈。流域生态环境急剧恶化与我国相对完备的环境法律体系和相对完善的环境法律制度形成强烈反差。无疑主要问题不在立法而在执法不力。在我国现行"流域管理与行政区域管理相结合"的流域水资源管理体制中，存在着中央政府和流域管理机构、流域管理机构和地方政府以及中央与地方政府之间等多重委托代理关系，由于不同主体的利益差异、信息不对称等，流域管理过程中呈现出"地区分割、条块分割、部门分割"的碎片化特征，导致地方政府行为常常偏离中央政府流域治理的目标，地方政府不作为是导致流域水污染事件的根本原因。因此，建立激励约束相容机制，矫治地方政府的行为偏差，是改善流域生态环境、促进区域协调发展的重要举措。

## 一 流域多层治理下地方政府行为决策的影响因素

中国的地方政府主要是指省级或省级以下各级政府组织和行政主体。流域生态环境属于公共物品，中央政府作为国家最高行政机关，代表着国家层次的社会公共利益，因而是流域环境资源所有权主体的代表，中央政府虽然承担流域治理的责任和义务，但既没必要也不可能实施对所有流域的统一管理。由于地方政府对流域水环境的状况拥有相对充分的信息优势，可实施更有效的管理，因而按照流域面积的大小，由所在行政区实行多层治理具有合理性和科学性。即跨市（县）不跨省的河流由省级政府分包治理，跨省的大江大河在中央政府对流域水资源实施统一管理的基础上，由流域区内各层级行政区分包治理。这种以流域为单元、以行政区为基础，以行政区环境治理目标为约束的环境管理体制，类似于经济活动中的项目分包、工程分包，故笔者将它描述为"行政区分包治理"。

在多层治理体制下，地方政府既是中央政府在行政辖内范围内的公共管理者，又是行政辖区范围内公共利益的代表，因而它既要接受行政系统内部所隶属上级部门的多重代理，又要接受行政系统外部所属辖区微观主体居民、企业、利益集团的共同代理。委托主体多元化的特点决定了地方政府的目标具有多重性，包括了上级政府部门的满意程度、微观主体的满意程度、地方政府自身利益的最大化等。地方政府的委托人各自有着不同的利益、偏好和价值追求，使委托人的目标具有冲突性。

在中央集权体制下，上级政府的满意程度是地方政府努力的主要目标。按照公共选择理论，利益集团、立法者联盟和行政机构会组成稳定的"铁三角"。在西方国家，议会作为立法者联盟对政府具有很强的监督权威，然而，在我国作为最高权力机关的各级地方人大尚未对同级政府构成有效的监督和制约。上级党委和政府拥有对下属机构的剩余控制权和剩余索取权，对下级政府行政首脑的任免有决定性发言权，因此，立法者联盟的地位和作用实质上被上级政府所替代。也就是说，理论上，地方官员的任免权在同级人大，作为外部委托人的选民应该是最重要的委托人，但现实中存在的人大弱监督，使能够决定地方政府官员命运的内部委托人——上级政府成为了最重要的委托人。上级政府的满意程度无异于西方政治家眼中选民的选票，是决定性、关键性的因素。

在地方政府的效用函数中，自变量——微观主体的满意程度实际上主要是辖区企业和居民的满意程度，这是因为在现行体制下，上级政府的满意程度往往取决于下级行政区地方经济的发展状况，上级政府作为内部委托人，用行政区域经济绩效考核地方政府，而相应地最具可观察性的代理目标就是经济增长，而这又与经济增长的主体即地方政府的外部委托人——企业的发展密切相关。一方面，行政区内企业快速发展，不仅可以增强区域产业竞争力，给当地带来税收和就业机会，提高地方官员的政绩和从政威望；另一方面，辖区企业与地方政府之间实际上存在蒂布特（Tiebout Model）选择问题，企业可以采用跨地区流动和转移投资这一"用脚投票"的方式实施对地方官员的影响，从而使地方政府制定有利于企业发展的政策，在以经济目标为主导的压力型体制下，造成地方政府环境治理约束的软化。特别是在流域上游的山区，企业数量很少而且经济效益比较差，是当地居民就业机会和基本收入的主要来源，地方政府的政绩和财政收入往往都依赖于这些企业的生产增长，甚至完全依赖于当地少数几个污染大户生产规模的扩张。因此，地方政府的排污控制行为很容易受制于企业的经济利益。地方政府和企业的利益趋同，导致地方政府环境治理的激励和动力不足。

为了捕捉很可能成为地方政府政绩的潜在的制度利润，地方政府有带领辖区企业进行制度创新的强烈冲动，常常代表辖区企业成为主动创新并制定行动方案的"第一行动集团",而上级政府则扮演立法者和执法者的角色成为"第二行动集团",与"第一集团"共同分配创新利润。①

总之,在以经济目标为主导的压力型体制下地方政府会力求通过积极扶持辖区企业、争取上级支持和优惠政策以及制度创新等旨在发展地方经济的政府行为,赢得辖区微观主体的"经济投票",并通过政绩显示机制转化为上级政府的"政治投票",使地方政府首脑得到连任或升迁。而地方政府的政绩在很大程度上不是由相对信息充分的辖区公共产品的受益人即广大居民来评价与监督的,这是因为由于"搭便车""集体理性"等行为的存在,原子式的居民不可能有组成庞大利益集团的激励,② 这在实际生活中也表现为个人失语。这就给地方政府的流域治理过程留下了采取短期行为和机会主义行为的广阔空间,尤其是在信息传递链条过长,信息渠道过窄,上级政府很难做到对下级政府的"现场监督"和监督约束不力的条件下,地方政府具有强烈的机会主义冲动和届别机会主义倾向,往往将地方政府首脑自身利益最大化作为目标而忽视了公共福利最大化的需要,结果使得原本应是最重要外部委托人的众多居民的目标得不到实现。

## 二 流域治理中地方政府行为偏差的主要表现

在分包治理体制下,地方政府流域治理的决策行为面临着多种因素的制约,出于对经济指标和短期政绩的追求,存在着严重的机会主义倾向,导致"公共悖论",即作为公共利益代表的地方政府官员往往以追求上级政府的满意度为最大目标导向,进而实现个人利益最大化,在此前提下才去追求区域公共利益需要的满足,导致区域经济社会发展中环境保护政策的弱化和边缘化。

### (一) 虚位——社会经济发展规划忽视环境规划

虽然我国《水污染防治法》明确规定:"县级以上地方人民政府,应当根据依法批准的江河流域水污染防治规划,组织制定本行政区域的水污

---

① 李军杰、钟君:《中国地方政府经济行为分析》,《中国工业经济》2004 年第 4 期。
② 奥尔森:《集体行动的逻辑》,上海:上海人民出版社,1995。

染防治规划，并纳入本行政区域的国民经济和社会发展中长期和年度计划。"然而，从实际情况看，许多地方政府尚未建立环境保护与经济社会协调发展的综合决策机制，大多数市县以下的区域规划都轻视甚至忽视环保，在制定经济社会发展决策的过程中，一般都不重视、不体现环保部门和环保专家参与决策的作用。例如，2007 年我国生猪价格大幅度上涨，政府为平抑物价，采取财政补贴方式鼓励农民养猪，福建省九龙江上游的漳州、龙岩市政府和广大农民积极响应国家政策，大力发展养猪业，但是生猪养殖污染物排放量大，导致九龙江水质明显下降，影响了下游厦门市的饮用水安全。2009 年福建省重点整治九龙江两岸的养猪业，龙岩、漳州两地上万养猪户的猪舍被拆迁，几十万头生猪被清栏，经济损失逾亿，在补偿不足的情况下实行强制性"限猪"，使广大农民成为流域治理的直接受害者。① "肉价涨时号召农民多养猪，环境压力大了又要求农民拆圈杀猪"，这种朝令夕改的地方经济政策集中反映了区域经济发展规划缺乏科学性、前瞻性和有效性。

## （二）　缺位——环境管理职能弱化

在现行的分税制下，地方政府的财政收入绝大部分来源于当地企业的纳税额，而企业纳税额的增加很大程度上依赖于企业生产的增长，出于对经济指标和短期政绩的追求，地方官员存在严重的机会主义倾向。例如，不少流域上游地区将畜牧业作为支柱产业之一，积极扶持发展。但随着畜牧业的不断发展壮大，畜禽养殖污染也日益突出。一些养殖场选址不当，随意建在路边、水边、村边；环境部门对规模化养殖并未严格执行环保"三同时"制度，畜禽粪便未经治理就直接排放，不仅对农田、村庄产生污染，而且也污染了地表水和地下水，给当地群众甚至下游地区居民的生产生活造成重大影响。即使一些已治理的养殖场也大部分没能做到达标排放，污染形势仍相当严峻。经济发展与环境保护的矛盾在落后地区仍然难以有效协调。地方政府环保部门对点多面广的农村面源污染监管不力，这既有环境执法部门力量薄弱、执法成本高等原因，又有地方政府片面追求区域经济增长、忽视环境保护的主观原因。地方政府以追求 GDP 为主要目

---

① 《福建"限猪"引质疑　农民独自承担上亿损失》，人民网，2009 年 5 月 5 日.

标导向，使环保部门难有作为。2007 年国家环保总局实行区域限批、流域限批等强制性行政措施后，许多地方政府才真正落实了区域环境污染总量控制目标，努力实现经济发展与环境保护的协调发展。

### （三）错位——地方政府干预环保部门工作

政府征收企业排污费的目的在于促使企业治污，运用经济手段对环境进行管理，但是这种管理方式的作用由于地方政府的短期行为而远未发挥出来。地方环保部门存在严重违规减免排污费的现象，有关数据显示，环保部门实征排污费总额仅占应征收额的 20%。地方政府对排污费征收的干预主要表现在：一是采取"一门式收费"方式限制排污费足额征收，对属于地方政府辖区以外的企业和各个开发区的企业，一般实行"一门式收费"，统一由一个部门或办事机构代收。环保收费具有很强的技术性和动态性，要以各个时期的监测数据为基础，委托别的部门难以征收到位，其结果是简单地减免了事，起到了对恶化环境行为推波助澜的作用。二是违规减免排污费。凡是地方政府领导支持、联系的企业，一般都难以征收排污费。那些有能力并应该交费的企业会以种种理由要求政府减免排污费，而政府领导为了体现对企业的支持，一般都是有求必应，使排污收费步履艰难。三是阻碍环境保护行政处罚的落实。对违反环保法律、法规和行政规章行为的处罚难以落实的一个重要因素就是地方政府领导的说情。有些企业在项目建设中既未搞环保审批，又污染严重，群众反映强烈。环保部门通过调查拟进行"曝光"和处罚，但地方相关领导干预的"指示"纷至沓来，结果只能不了了之；有些企业对环保部门的处罚置之不理，一旦因较大的污染事故被处罚，就立即报告相关领导，在各方面压力下环保部门最终做出处罚的幅度、额度一宽再宽、一减再减，根本达不到处罚的效果。上述两种情况，在各地环保行政执法中屡见不鲜。

## 三 流域治理中地方政府行为偏差的矫治

流域治理中地方政府的行为偏差是地方政府作为理性"经济人"，基于现行的政策环境而做出自主决策的结果。因此，矫治地方政府的行为偏差，应当着眼于调整政策，优化地方政府行为决策的影响因素，建立激励约束相容的政策引导机制。

## （一）优化地方官员绩效考核体系

"治水先治河、治河先治污、治污先治人、治人先治官"。解决环境保护与经济发展之间的矛盾和冲突，必须以科学发展观为指导，建立健全地方官员环保工作实绩考核体系。中央政府作为地方政府环境保护绩效的考核者，应当优化官员的政绩考核机制，提升环保考核在政绩考核和选拔体系中的地位，进而达到激励官员积极开展环境治理、约束机会主义行为的目的。环保考核作为一种外在激励要有效率，必须建立可量化的具体指标，才能对代理人产出进行准确考核。从现阶段看，由于我国环境资源价值评估体系不完善，可以将流域生态环境治理的阶段性目标纳入地方政府官员的绩效考评范围，结合流域生态环境质量指标体系、万元 GDP 能耗、万元 GDP 水耗、万元 GDP 排污强度、交接断面水质达标率和群众满意度等指标，逐步建立科学的区际生态补偿效益的评价机制。例如，近期出台的《福建省重点流域水环境综合整治考核办法（暂行）》明确提出了对闽江、九龙江等六大流域区的政府及其官员实施水环境综合考核，包括水环境质量（行政区界断面水质综合达标率）、水污染物总量控制（化学需氧量减排指标）等量化指标，从而使地方官员的环境绩效考核落到实处。当然，从长远来看，要建立以绿色 GDP 为核心的环境治理绩效考核体系。所谓"绿色 GDP"就是从传统意义上的 GDP 中扣除不属于真正财富积累的虚假部分，即生产活动给环境资源造成损失的那部分成本。这种新的核算体系从实物和价值两个方面对流域生态进行核算，可以使流域生态环境补偿机制的经济性得到显现，充分揭示区际环境变化对相邻地区经济和社会财富增长的影响与作用，绿色 GDP 占 GDP 的比重越高，表明国民经济增长的正面效应越高，负面效应越低。

## （二）明确界定流域区际的生态环境控制目标

中央政府在流域治理过程中目标不明确，会给予地方政府自主选择代理目标的机会。具有有限理性的地方政府会根据自己政治收益最大化的原则，选择具有可观察性的目标投入努力，如此必然忽视那些重要但不具有可观察性的目标。例如经济增长目标的可观察性就强于水环境保护目标，地方政府就会用前者替代后者，在流域科层治理体制下存在着多重委托代理关系，委托人数量越多，关系越复杂，这种替代性就越强。地方政府根据自己的政治收益选择代理目标，大大弱化了外在激励的作用。由于我国正处于工业化中期，经济增长与污水排放量仍呈现出正相关关系。尤其是长期以来的粗放型经济增长模式，造成了大量的污染排放，流域污水排放量远远超过水环境容量。中央政府作为跨界流域产权的所有权主体代表，为了有效削减污水排放量，可以采取行政手段，实行污水目标总量控制，将流域污水排放总量下放给各行政区，各行政区再将总量指标分解到具体排污单位，并由行政区负责控制各自区内的污水排放量，实行环境保护行政责任制。按照流域生态可持续发展的要求，我国应逐步探索目标总量控制和容量总量控制相结合的路子，既充分考虑各行政区经济社会发展的现状，又进一步完善流域水环境容量测算工作，科学地进行环境容量核定和排污总量分配，及时修订和确定合理的总量控制目标与污染物总量控制实施方案。根据水环境容量测算结果，将排污总量控制在水环境容量允许的范围内。在实行目标总量控制和容量总量控制相结合的基础上，逐步过渡到以容量总量控制为主。

## （三）完善环境保护中第三部门参与机制

行政区域的社会公众对于本地的流域水环境信息掌握得更全面、更准确，在地方政府水环境保护的成效方面，公众拥有天然的信息优势。因此，重视公众的委任人身份，在中央—地方政府之间，将公众作为第三方引入环境治理模式，有可能扭转中央政府的信息劣势，以较低的成本解决中央和地方政府之间信息不对称的问题。而公众和团体参与流域治理的有效组织载体是第三部门。第三部门常常会根据流域的公共利益需要，以及集体的长远利益需要，对地方政府的资源开发政策和措施，构成一种持续的、有影响的压力，影响和制约地方政府的决策过程，甚至能够矫正政府的错误决策。目前我国《环境保护法》《水污染防治法》等虽然明确规定了公众参与环境治理的内容，然而，由于公众的分散性、广泛性、差异性等特点以及"集体行动逻辑的影响"，个体公民实际参与环境治理的程度和效率都很低。完善第三部门参与机制，关键是加快建立环境行政公益诉讼制度。它是指当政府的违法行为或不作为对公众环境权益造成侵害或有侵害可能时，法院允许无直接利害的关系人为维护公众环境权益而向法院提起行政诉讼，要求行政机关履行其法定职责或纠正、停止其侵害行为的制度。发达国家的实践表明，该制度具有原告资格广泛化、诉讼对象的双重性和诉讼功能的预防性等特点，第三部门根据该制度可以组织公众参与流域治理的公共决策过程、环境影响评估、环境监督等，从而能有效克服政府单边治理的缺陷，提高流域治理的效率和效果。

# 第五章

# 流域区际伙伴治理与生态利益横向协调

流域既是特殊的自然地理区域，又是区域经济社会发展的重要单元。流域水资源具有开放性、流动性、多功能性和可重复利用性等自然特性，流域上下游行政区际围绕水资源综合开发、水资源分配、生态受益补偿和跨界水污染等形成了复杂的利益关系。流域政府作为兼有公利性和自利性的组织，一方面扮演区域公共利益的代表，尽可能地促进流域水资源的综合开发，推动区域经济社会的发展；另一方面它又遵从中央政府制定的流域主体功能区划的要求，保护流域生态环境。因此，在坚持流域水资源统一管理的基础上，中央政府不仅要明晰流域治理中各个层级地方政府的责权利，而且要加快建立流域区际政府间的生态利益协调机制，这是推进流域治理机制由科层机制向网络机制转变的题中应有之义。

## 第一节　流域综合开发与区际生态利益协调

当前在我国实行流域管理与行政区管理相结合的体制下，流域综合开发活动是以上下游行政区域为单元开展的，呈现流域开发主体多元化、开发方式多样化和时空布局分散化等特点，流域经济活动具有明显的外部效应。①"上游过度取水、下游河水断流""上游生态保护、下游免费受益"

---

① 陈湘满：《论流域开发管理中的区域利益协调》，《经济地理》2002 年第 5 期。

"上游超标排污、下游被动遭殃"是我国流域生态环境治理中体制性矛盾的生动写照，也是我国流域水资源综合开发中行政区际缺乏有效协作机制的集中表现。从公共管理视阈下探讨流域综合开发中行政区际协作治理的激励性制度安排，是实现流域经济社会可持续发展的现实选择。

## 一 实施流域综合开发是流域自然经济社会协调发展的应有之义

流域综合开发是以流域规划为指导，基于流域水资源的自然特性，发展防洪、灌溉、供水、发电、水产养殖、旅游等各种经济活动，以实现流域水资源多种功能的过程。它包括三层含义：（1）流域综合开发以流域规划为指导。流域规划是流域管理机构对流域水资源综合开发利用、水环境治理保护以及流域区产业结构与布局等进行研究，制定的流域综合规划和流域专业规划。它是指导各行政区实施流域水资源开发的依据和基础。（2）流域综合开发是流域经济发展的核心内容。流域经济是以流域为区域空间，以水资源合理利用为核心，对流域内资源进行开发利用、治理保护以及与此相联系的流域发展中的各种经济活动。离开流域水资源的综合开发与利用，流域的经济发展就无从谈起。（3）流域综合开发的状况制约着流域的经济结构和运行机制。流域综合开发可以采取梯度开发模式、据点开发模式、点轴开发模式、网络开发模式等多种模式，在不同的模式下，流域范围内的资源开发、城市布局、产业布局以及流域内的经济联系等各不相同。流域综合开发需要打破封闭的行政区经济，建立流域区际分工与合作机制。

### （一）充分发挥流域水资源多种功能的客观要求

流域区是整体性极强、关联度很高的"自然—经济—社会"复合体，流域内的各种自然要素和经济社会活动之间联系密切，上中下游、干支流、各地区间相互制约，相互影响，客观上需要对水资源实行统一管理和保护，不仅在水量上实行流域区域内的统筹安排和合理分配，同时，在水质方面，要在尊重流域水资源自然统一性的基础上统筹推进流域综合开发，上游排污应考虑对下游的影响，支流水质保护目标应符合干流的需要。

流域水资源具有发电、供水、航运、灌溉、养殖、旅游等多种使用价值，兼具经济、净化、生态等多种功能。由于水环境资源的有限性、稀缺性，各功能之间的利用矛盾十分突出，要保证水环境资源的持续有效利用，在各功能之间必须统筹兼顾，做出合理安排。即在管理中实现水环境资源功能规划、决策、分配的一体化，在确保经济、社会与环境资源协调发展和顾及社会公平与效率的目标和原则下，实现各功能之间、各区域之间的合理配置。

## （二）实现流域水资源统一管理的具体体现

都柏林原则第 1 条指出："淡水是一种有限而脆弱的资源，对于维持生命、发展和环境必不可少。"要将可持续发展原则转变为具体行动，就必须实行水资源统一管理。"水资源统一管理是以公平的方式，在不损害重要生态系统可持续性条件下，促进水、土及相关资源的协调开发和管理，以使经济和社会财富最大化的过程。"① 加强和发展流域水资源统一管理，已成为一种世界性的趋势和成功模式。流域水资源统一管理，就是要在流域范围内考虑对水环境资源的管理需要，在保持流域整体要素完整性的前提下维护水环境资源。上下游因地制宜地发展水产业、水运业、水电业，加强水土保持和水质保护，使其开发利用能在不同行政区域间、不同功能间合理分配，才能保障和实现外部损益的内部化，更好地发挥水环境资源的综合效益。流域水资源统一管理具体包含两方面的内容：一是行政区域治理要服从流域治理；二是部门的专业管理要服从流域的综合管理。流域的综合治理、开发、管理，必须依靠各"条条""块块"的积极参与和协同管理；同时，又要求将这些"条条"和"块块"的管理纳入流域统一管理的轨道。

## （三）实现流域开发利用与保护并重的现实选择

水环境资源的开发利用、保护改善均具有典型的流域性和行政区域外部性。以行政区为基础组织经济活动，常常形成行政区际的负外部性。如

---

① 全球水伙伴中国地区委员会：《水资源统一管理》，北京：中国水利水电出版社，2003，第 15 页。

上游地区农民过度开垦土地、乱砍滥伐、破坏植被,不仅会造成水土流失,流域区内农林牧业和生态环境遭到破坏,而且会招致洪水泛滥、河道淤积抬高,威胁中下游地区人民生命财产的安全和广大地区的经济建设;上游地区企业过度排污、过量取水,必然会危及下游的灌溉乃至工业、城镇用水,影响生产的发展和生活的需要;沿岸居民生活对水的利用会将生活废物随生活污水排入水体,渔业养殖中抛投饵料会加重水的污染,航运会将船舶垃圾和船舶废水排入水中等。因此,以流域区为单元的统一管理和综合开发模式,不仅可以实现流域水污染的预防性治理,也是解决上中下游区域经济发展不平衡的最佳空间组织方式,有利于更好地发挥流域上中下游地区的优势,进行合理的地域分工,实现流域区内自然经济社会的可持续发展。

## 二 流域综合开发中的行政区际利益冲突及其根源

当前我国大多数流域尚未建立流域水资源综合开发的专门机构来实行单一主体的综合开发模式,而是实行以流域规划为指导、各行政区分散决策的多元主体开发模式。整体性很强的流域习惯上被行政划分为多个闭合状的流域政府。各行政区政府从辖区利益以及官员私利出发,往往以邻为壑,甚至不惜采取地方保护的恶性竞争策略,纷纷抢占或破坏流域水资源却相互逃避对水环境治理成本的支付,进而造成流域治理的"囚徒困境"。[①] 加之流域规划编制机构缺乏有效的监督和管理职能,以行政区为单元的流域水资源分散开发模式,造成了水资源超额利用、跨界水污染、水生态环境破坏严重等一系列问题,在各行政区之间、上下游之间,甚至不同流域之间存在利益冲突和矛盾。从流域综合开发运行机制的角度看,流域行政区际利益冲突的主要根源在于以下几个方面。

### (一) 流域水功能区划无法兼顾各行政区生态利益公平

流域水功能区划是各个行政区实施流域开发的基础,是以生态保护为首要任务,以可持续发展为目标,综合考虑流域某一河段的自然、经济、

---

① 王勇:《论流域水环境保护的府际治理协调机制》,《社会科学》2009 年第 3 期。

社会等条件，综合考虑水资源开发、利用价值，水污染现状和发展趋势等因素，在确定其使用价值的基础上划分出流域不同河段的水环境功能区。流域水环境功能区的划分并没有或很少考虑流域区际公平及环境资源的经济价值，由此造成了流域水资源和水环境容量在行政区际分配的极不均衡，在上中下游行政区之间形成了地区间的不合理性。例如，上游地区通常既是经济落后地区，又是水源保护区，上游河段的水质保持目标需要维持较高等级，这实质上是剥夺了水源保护区居民平等使用水环境容量资源的权利。在缺乏生态补偿机制的情况下，上游地区会将发展经济、提高生活水平作为首要目标，水资源保持就会缺乏有效的激励机制，他们会凭借地理上的优势，优先进行水资源开发，进而可能诱发跨界水污染、水生态问题，产生上游损害下游利益的区际生态失衡。

## （二）流域水资源分散开发具有明显的行政区际负外部性

我国现行《水法》虽然规定流域规划是开发利用水资源和防治水害的基本依据，是行政区经济规划的基础。但是由于没有明确监督管理的行政执法主体以及执法的程序，流域经济发展缺乏权威性的流域开发机构进行运作，以至当出现违背流域规划的工程或活动时，现有的流域机构不能采取有效的措施加以制止，使流域规划的实施缺乏保障机制。目前我国的各大流域机构中，除了黄、淮、海三家流域机构对部分省际矛盾较为突出的河段和工程实施直接控制外，流域机构对流域内的控制性工程，都没有直接管理权和调度权，对各行政区内的企业超标排污行为更是无法监督。即使跨县不跨省的区域性流域也难以确保流域规划的实施，不少流域内存在大量未经规划、环评、审批就擅自建设的违规电站，导致流域污染物淤积，自净能力下降，水质变差，难以保证必要的最小下泄流量。各个行政区对以水资源为中心的自然资源综合开发和生产力布局考虑较少，把流域开发简单地等同于水资源开发和水利水电建设，将流域综合开发视为江河整治与开发。在实践中，往往只注重个别水利工程建设，忽视流域经济综合开发的全局，有些工程甚至只注重经济效益，忽视生态环境，破坏江河综合利用。如码头港口建设布点过多、结构雷同，大坝不留过船闸妨碍水运发展，切断鱼类洄游路线致使鱼类资源减少，流域污染物沉淀加剧和稀释时间延长等现象层出不穷。

### （三）流域水资源分散开发导致水资源利用结构的趋同性

由于流域区和行政区是两种不同性质的区域划分，同一流域往往流经几个不同的行政区，而一个行政区也可能包含几个不完整的流域区，由此造成流域区内自然、生态、资源、技术等要素的人为分割。按照流域水资源统一管理的要求，实施流域水资源的综合开发，无论采取哪种开发模式，都必须合理确定流域区各行政区用水的优先次序及产业分工合作关系。然而，我国区域经济增长主要表现为行政区经济的增长。由于受行政区划和行政区利益最大化的影响，流域区内各行政区都立足于共同的区位和环境优势，发展相同的产业，确定相同的用水次序，于是造成各行政区的产业结构趋同，特别是污染程度高的产业的集中。各个行政区为保护辖区内优势产业发展，往往采取行政手段构筑经济篱墙；故意把污染密集型企业安排在行政区界附近的河岸边生产经营，将污水排放到下游行政区；重复建设小规模的港口、码头，对非法采集河沙、破坏河道和航线视而不见；等等。因此，克服流域水资源综合开发与行政区经济封闭性存在的矛盾，突破行政分割，按照自然和资源优势进行经济分工，对流域经济开发进行统一规划和管理，由行政区经济转变为流域经济，是流域水资源综合开发的重要外部条件。

### 三 流域综合开发中的行政区际协调机制构建

流域综合开发中出现的行政区际生态利益失衡，是世界各国的普遍现象。只是这一现象在我国这个人均水资源少且时空分布不均衡的发展中国家更加突出而已。黄河断流、太湖滋生蓝藻、松花江水污染等一系列事件，无不警示我们：应当推进流域综合开发中行政区际利益协调机制的构建，促进行政区际生态利益均衡。

### （一）建立强有力的流域开发机构

发达国家在流域治理的实践中，都先后成立了适合本国的流域管理机构。从总体来看，世界上的流域机构大体有三种类型：第一类以美国田纳西流域管理局、加拿大拉格朗德流域水电开发公司、澳大利亚雪山工程公司等为代表，它们都实行全流域单一主体的综合开发模式。第二类是以美国的特拉华河流域委员会、澳大利亚的墨累河流域委员会等为代表的流域协调委员会，主要发挥政策建议、利益协调等职能。第三类是以泰晤士河水务局为代表的综合性流域机构。它的职权不像流域管理局那样广泛，也不像流域协调委员会那样狭窄或单一。主要通过采取产业化、市场化的经营手段，实现流域的统一管理和水资源、水污染的统一治理。而我国当前主要采取的是流域水资源和水环境分开治理的格局，如闽江流域分别设立闽江流域开发规划办公室和闽江流域水环境综合整治办公室，分属于省发改委和省环保厅两个不同部门，不利于实现流域水资源与水污染的统一管理。应当借鉴国外综合性流域管理机构的做法，实现流域水资源和水污染治理的一体化，将水的开发利用与能源、环境保护，维持生态平衡等方面结合起来，从条块分割的管理方式，逐步过渡到集开发、利用于一体化的企业化管理体制，并建立流域水资源利用和水污染防治统一管理机构。我国重点流域的管理机构兼有国务院水行政主管部门的派出机构和流域开发管理委员会的常设机构的双重性质，只有强化其权威性，才能真正执行流域水资源规划的编制、对流域水质水量的监测、水功能区的划分、水工程建设项目的审查、水事纠纷处理和执法监督检查及水行政处罚等十项职能，实现流域管理与行政区管理的有机结合。有条件的区域性流域可以借鉴和探索乌江"流域、梯度、滚动、综合"的开发模式，让有实力的单一主体对全流域水利资源进行分梯度、滚动式开发，统筹兼顾水资源利用中的利益矛盾。①

## （二）强化流域规划的指导性

水生态环境分区是流域规划的基础。所谓水生态功能区，是根据流域的地理、水文气象和生态一致性划分的水环境管理分区。水生态环境分区是实施流域水生态管理的空间单元，它代表流域生态系统的类型，也反映出人类活动与水环境的相互影响和作用。美国是最先制定水生态环境分区的国家，并且形成了以水生态环境区划为基础的水环境管理方法与技术体系。水生态环境分区是水环境功能区划的基础，为水环境功能区划提供生

① 熊敏峰：《新时期赋予流域开发更多内涵》，《中国能源报》2010年8月16日，第20版。

态背景信息，实现了根据人类需求对水环境利用进行功能区划的目标。我们可借鉴国际经验，根据水生态环境区制定我国河流、湖泊、水库的水生态监控指标，制定各分区不同类型水体的化学标准、富营养化标准、生物监测标准；以水生态环境分区为基础进行污染负荷的计算和管理，对河流、湖泊的生态系统进行完整性评价；建立土地资源和水资源的关系，预测土地利用变化和污染控制变化的效果等。而在水生态环境分区的基础上制定的流域规划，是行政区域规划的基础和前提，是流域区各地方政府组织国民经济活动的重要依据，也是实现区域发展和流域水资源、水环境和水生态可持续利用的保障。近年来我国已修编完成全国大江大河的流域规划工作，为流域区内各行政区域的国民经济和社会发展"十二五"规划奠定了基础。今后要进一步强化流域规划的基础性、指导性作用，推进流域综合开发和区际利益协调。

## （三）推动流域区际产业分工与合作

实施流域区域梯度开发战略，按照流域上中下游环境资源的优势和差异进行产业分工，不仅可以避免各个行政区的产业趋同，同时可以实现优势互补及不同层次产业在空间上的有效传递。例如，上游地区往往具有生物、矿产、劳动力和旅游等丰富优势资源，同时也存在着交通、信息闭塞，基础设施落后，技术落后，资金缺乏等劣势。中游处于上游与下游的承接和过渡地带，优势兼有，劣势并存。下游则往往经济较发达。实施流域梯度开发，可以形成上中下游之间的合理分工和优势互补：下游地区重点发展第三产业和高新技术产业，引导资金、技术、成熟产业不断向中上游传递与扩散；中游地区主动接受下游地区的辐射和产业转移，积极培育高新技术产业，同时重点加快基础设施建设、改善投资环境；上游重点发展非消耗性利用水资源的项目，同时要关停并转污染密集型的造纸、纺织、化工等行业，积极引导和扶持发展替代产业，包括对各种生态环境保护与建设项目、替代产业和替代能源发展项目进行支持，因地制宜地培育地方经济新的增长点，大力发展农业经济和劳动密集产业等。① 总之，按照梯度开发思路，通过增量调整带动存量调整，可打破长期以来形成的

---

① 陈修颖：《流域经济协作区：区域空间重组新模式》，《经济经纬》2003 年第 6 期。

"大而全""小而全"的行政区域经济格局，逐步形成区际互利多赢的流域经济分工格局。

### （四）建立多种形式的流域生态补偿机制

流域综合开发要根据不同区域与流域的人口、资源、经济、环境容量，确定区域发展目标、方式和途径，设定不同的考核标准。不仅要对单个项目进行环境影响评价，而且要对流域水环境以至生态环境具有更大影响的区域成片大规模经济开发活动做出环境影响评价，使流域开发建设对环境影响的预评估有法可依，使环境影响评估单位对项目环境评估承担相关责任。以此为基础，要建立各种类型的流域生态补偿机制，不仅包括下游生态受益区对上游生态贡献区的经济补偿，也包括跨界水污染事件中上游排污企业对下游受害企业的赔偿机制，以及水利工程建设所引起的库区移民补偿机制等。只有建立了行政区之间的各种有效利益补偿机制，才能最终实现流域水资源综合开发的自然经济社会协调发展。

## 第二节 流域区际水资源配置与生态利益协调

我国是一个人均水资源少且时空分布很不均衡的国家，流域水资源具有夏秋多冬春少、南方多北方少、东部多西部少和山区多平原少的特点，水资源分布与国民经济生产力布局不相匹配。随着我国工业化、城镇化和农业现代化的发展，经济社会发展中流域水资源供求总量矛盾和时空布局的结构性错配日益突出，加之缺乏从全流域角度对各行政区取耗水总量的监控体系，高效益的工业用水挤占低效益的农业用水、社会经济活动用水挤占生态环境用水等现象日趋严峻，引发了严重的生态环境问题。流域水资源短缺、水污染加剧和水生态环境恶化等已成为制约流域自然社会经济持续发展的瓶颈，尤其是我国北方地区，降雨量少且时间集中，水资源相对短缺，水资源分配问题已成流域行政区际生态利益协调的重要内容。妥善处理流域区际水资源配置中的生态利益关系，既是促进流域区际生态利益公平和城乡区域基本公共服务均等化的客观要求，也是提高流域水资源利用效率、促进资源优化配置的有效举措。

## 一 当前我国流域区际水资源行政配置的现状

我国《水法》明确规定，"水资源属于国家所有。水资源的所有权由国务院代表国家行使"。新中国成立以来，为了促进区域公平和提高水资源利用效率，我国逐步建立了以行政计划手段为主配置流域水资源的体制机制，即国家按照一定的原则分配给各个行政区和用水主体用于经济目的的水资源使用权，它是国家行使水资源所有权的重要体现。政府行政配置流域水资源，可分为三个层次：首先是从国家战略的高度，在不同流域之间进行跨流域水资源调配，形成国家水量分配方案；其次是以流域为单元，根据国家水量分配方案，在流域内开展不同层级行政区之间的水量分配，形成流域水资源分配方案；最后是在行政区内用水主体通过行政审批方式获得取水权，流域水资源在不同行业和生产型用水户之间分配，形成行政区水资源分配方案。

### （一）跨流域水资源的行政化调配

由于我国特定的自然地理条件，人均水资源少且时空分布严重不均衡，北方地区水资源不足的情况更为突出，这一国情决定了"跨流域调水将是我国 21 世纪水利的一大特点"。建设适当的跨流域、跨区域调水工程，是我国解决水资源短缺地区供水问题的有效举措，缓解水资源时空分配不均匀和提高水资源配置能力的重要手段。虽然我国零星出现了地方政府之间准市场化运作的流域区际水权交易，如浙江义乌与东阳的购水协议、安徽合肥从大别山购买水商品等。但是，大多数跨流域调水工程由中央或省级政府投资兴建，作为行政调配水资源的载体。目前我国由各级政府主导兴建的跨流域的水资源一级区调水工程 88 座，工程年调水能力达 227 亿立方米，其中大型调水工程 46 座，年调水能力 207 亿立方米，占总调水能力的 91.2%。[①]行政主导的流域水资源调配机制，具有较高的资源配置效率，在保证流域水资源防洪、生态和生活用水等基础用途的前提下，按照流域自然单元进行全面规划和综合开发利用，包括流域防洪、排涝、

---

① 李浩、黄薇：《跨流域调水生态补偿模式研究》，《水利发展研究》2011 年第 4 期。

灌溉、发电、水电、水产和供水等，优先将剩余水资源配置给效益高的地区和行业，促进水资源与生产力布局相适应，推动不同区域内生态、生产和生活用水的均衡分配，提高了流域水资源的综合开发程度和水资源利用效率，较好地确保了国家宏观目标和整体发展规划的实现。通过行政手段进行跨流域水资源调配，实质上是"得者所得多于失者所失"的卡尔多—希克斯效率改进，能够增加社会福利，提高水资源利用效率。

## （二） 流域区际初始水权的行政化分配

20 世纪 80 年代开始，我国北方水资源供求矛盾日益突出，黄河、黑河等流域出现多次断流现象。为合理调配流域水资源的省际分配，1987 年国务院颁布了《黄河可供水量分配方案》，界定了沿黄各省区的初始水权。1998 年水利部和国家计委联合颁布《黄河可供水量年度分配及干流水量调度方案》和《黄河水量调度管理办法》，规定根据正常来水年份可供水量分配指标与当年可供水量比例，确定各省（区）年度分配指标，并规定了特殊干旱情况下的水量调度制度。黄河水量分配为全国流域水量分配提供了实践基础。2008 年国家水利部颁布实施《流域水量分配暂行办法》，要求以流域为单元开展水量分配工作，将水资源在流域内行政区域之间进行科学、合理的配置，并规定将批准的水量分配方案作为确定流域与行政区域取水许可总量控制的依据。该办法规定，水量分配是对水资源可利用总量或者可分配的水量向行政区域进行逐级分配，确定行政区域生活、生产可消耗的水量份额或者可取用的水量份额。流域水资源分配制度作为贯彻落实我国最严格水资源管理的具体举措，确定了流域内各省级行政区的取用水水量份额，为实施取水许可制度提供了总量控制指标，同时也为确定水资源开发利用控制红线奠定了重要基础。

## （三） 流域水资源取水权的行政性审批

我国现行的《取水许可和水资源费征收管理条例》第十条规定："申请取水的单位或者个人，应当向具有审批权限的审批机关提出申请。"第十四条规定："取水许可实行分级审批。"这表明我国的流域水资源取水权责为国家政府部门委授，用水者通过规定程序申请用水，政府部门经过审查后给用水者颁发用水许可证。因此，流域水资源在行政区内部分配，明确不同行业、不同生产类型用水户的取用水份额，实质是采用行政许可方式对公共水资源进行分配。但各行政区政府总是根据产业发展和人口增长等因素预测水资源需求量，基于区域本位主义考虑，各行政区对水资源的需求预测往往高于实际需求，导致上下游竞争性用水增加，加剧水资源供求矛盾。在枯水年份或者枯水季节，各用水户只从自身利益考虑，纷纷引水、蓄水、争水、抢水，导致流域区际水资源分配不均。

## 二 流域水资源行政配置中的区际生态利益失衡

我国流域区际水资源行政配置，主要采取水资源"以供定需、总量控制"的管理模式，这有利于国家宏观目标和整体发展规划的实现，有利于满足公共用水的需求、维护公平原则，在制度安排上也易于执行。但它也存在明显的制度缺陷：行政配置机制难以体现水资源的商品价值，区域用户节水和改善用水效率的动力不足。通过实行取水许可制度及相关制度来配置水资源的管理模式日益显得僵化和低效，同一流域范围内以行政许可方式配置水资源，客观上会造成上下游水量分配不均，忽略上游水源地的生态资本价值。

### （一）跨流域水资源调水容易造成调出区的生态利益损失

虽然流域水资源是属于国家所有的共同资源，但是调水区流域内的政府、企业和居民是流域水资源的天然利益相关人，具有优先占用和利用水资源的权利。丰富的流域水资源可能带来水电开发、养殖等经济利益，不仅意味着生存权得到保障，更意味着经济利益的增加；流域水资源的外调，不仅意味着生存权受到影响，更意味着经济利益的减少。当前我国无偿征调水资源的调水制度，忽视了流域居民的生态利益，抹杀了流域居民对水资源的优先占有权，容易引发被调水区的消极甚至反对态度，进而可能引发调水区加剧对水资源的掠夺性开发和浪费。在缺乏适当补偿机制的情况下，调水地区政府常会为留住水资源而加大水资源开发程度，例如引滦入津工程，由于滦河上游水资源无序开发最终出现了无水可调的结局；为阻止南水北调西线工程计划（大渡河调25亿立方米水到黄河流域），四川省出台了与之相左的"引大济岷"调水规划。跨流域调水只要求"不得造成对调出区的生态环境破坏"，而没有考虑流域居民的生态利益以及第三方的负外部效应。即使采取市场交易的跨流域调水也可能产生第三方负外部效应，浙江义乌向东阳购水，就引起了东阳市"邻居"嵊州市的抗议。嵊州市认为，东阳市跨流域引梓溪水，采取的是"库内损失流域外补"的行为，卖的是本应流入嵊州市的水资源，这不仅损害了嵊州市的利益，其跨流域引水的做法还将对嵊州市的可持续发展及至整个曹娥江流域造成危害。[①]

### （二）流域区际水资源分配忽略了区际生态保护贡献的差异

目前我国流域水资源的初始产权分配，主要按照国家安全、效率优先和共同发展等原则，根据区域主体功能定位、人口规模、产业需求等经济社会发展指标进行测算，确立不同地区、行业和用水户的水权。上述指标主要以既定的水资源总量为基础，从实际需求的角度考虑水量分配，相对忽略了水资源总量供给中上下游生态保护贡献度的差异，即较少从流域生态保护角度考虑水量分配问题，因而往往有利于经济发达的下游地区，不利于经济落后的上游地区。流域上游地区通常是主体功能定位为禁止开发或限制开发的区域，为流域生态保护作出的贡献大，但交通不便，人口规模较小，经济发展水平低，水资源实际需求量小，导致初始水资源分配比例相对较小。在当前我国"多用多拿，少用少拿"的准开放政策环境下，上游水源地区不可能有余水向下游地区进行转让。因此，现行的水资源分水方案实质上是剥夺了上游水源区向下游进行水权交易的可能。虽然我国在许多流域试行上下游生态补偿，但这只是对上游水源地区生态服务的部分进行补偿，而不是对上下游水资源分配不均的经济补偿。

### （三）流域水资源取水权的行政审批忽略了水资源的生态资产价值

当今时代，流域森林、水等生态环境，不仅是稀缺性的自然资源，而且是可通过市场化运作实现价值增值功能的资产。但是在政府主导的行政化资源配置体系中，流域水资源只是稀缺性的国有共享资源，在不同区

---

① 韩锦锦：《水权交易的第三方效应研究》，北京：中国经济出版社，2012，第 136 页。

域、行业和用户之间进行定额分配，这显然忽略了流域水资源的生态资产属性。（1）流域上游水源地的优先权未体现。上游地区进行生态建设和环境保护所累积的生态资产价值在水权分配中难以体现，只在生态补偿中得到部分体现。[①]（2）流域初始水权不转让。由于水产品具有公共服务功能，目前各行政区无偿获得的水资源权不具有可转让性，流域区际尚未建立有效的水权市场交易机制，使水资源的资产属性难以显现，优质的水源却往往不能实现优价，难以调动上游地区政府和农户保护生态环境的积极性，使行政区际水资源无法进行余缺调剂，造成流域水资源短缺与浪费并存的现象。（3）生态用水的资产价值难以体现。水资源用途包括生态用水、生活用水和生产用水，在水资源总量既定的情况下各种用水量此消彼长。由于生态用水不能直接产生经济效益，资产价值难以体现，且生态用水不足所产生的负效应具有滞后性，因此，在各行政区，社会经济用水挤占生态环境用水、工业用水挤占农业用水等现象十分突出。

## 三 流域水资源配置中区际生态利益协调机制构建

当前我国流域区际水资源的行政化配置引发的区际矛盾和冲突日益突出，亟须政府坚持"公平、效率和协调"的原则，建立流域区际水资源配置的生态利益补偿机制，包括：在初始水权行政化配置中引入民主协商机制；建立多层次的水权交易市场，发挥市场机制自我调整的功能；探索流域区际生态利益失衡的科学评估机制，建立流域水权配置外部效应的补偿机制，有效解决水权配置中的利益冲突，促进流域区际生态利益公平和城乡区域基本公共服务均等化，实现经济社会可持续发展，努力构建人水和谐社会。

### （一）建立跨流域调水的生态补偿机制

流域上游地区的水权交易和转换所带来的节水效应，将相应增加下游的水资源流量并改善下游生态环境，进而推动下游地区经济发展。因此，下游地区政府应当对上游水权交易的正外部效应进行补偿，用以改善上游

---

① 王琳、董延军：《基于生态保护的流域水权分配的思考》，《水利发展研究》2011 年第 7 期。

地区的水利设施和技术水平等，以激励上游节水行为的持续化和制度化。同样流域上游地区进行过度开发或大规模调水，可能会影响沿岸的生态、湿地以及濒危物种，导致下游地区水资源流量减少。跨流域的水资源交易也会产生第三方的负外部效应。因此，需要对流域水权交易可能产生的第三方外部效应，进行相关数据资料的收集、整理和分析，运用机会成本法、支付意愿法等多种方法，综合测算流域水权交易的外部效应。通过财政转移支付、设立专项基金和提供贴息贷款等，将外部生态效应内化为水权交易成本，形成流域生态环境受益者付费、破坏者赔偿、建设者和保护者得到合理补偿的良性运行机制。

## （二）建立流域水资源分配的民主协商机制

我国现行《水法》第 45 条规定，调蓄径流和分配水量，应当根据流域规划和水中长期供求规划，以流域为单元制定水权分配方案。跨省（自治区、直辖区）的水权分配方案，由流域管理机构商有关省（自治区、直辖区）政府制订，报国务院或者其授权的部门批准后执行。其他跨行政区域的水权分配方案，由共同的上一级政府水行政主管部门商有关地方政府制订，报本级政府批准后执行。这就为建立流域区际水权分配的民主协商机制提供了制度基础。可以考虑在国家级大江大河流域，由流域管理机构牵头，组建流域初始水权分配协商委员会，定期召开流域会议，就流域初始水权分配方案有关事宜进行民主协商。协商委员会的成员单位应有水利部（代表中央政府）、流域管理机构（流域水资源统一管理者）、相关各省政府（代表行政区域利益）、重要用水大户（对区域经济发展有重大影响的特别重要的用水单位，如大的水电站和火电厂等）和重要的生态保护单位（如具有明显生态环境效益的大型湿地保护区）。协商委员会应遵循依法办事、平等参与、公平合理、民主集中和公开的原则，形成有效的协商和谈判机制，构建基于水量水质双控制的流域区际水资源分配模型，实现流域区际初始水权的公平分配。①

---

① 刘丙军、陈晓宏、江涛：《基于水量水质双控制的流域水资源分配模型》，《水利发展研究》2009 年第 7 期。

### （三）规范流域区际水权交易机制

流域区际初始水权的分配是水权交易的起点，是整个流域水权分配、使用和转移的基础和前提。在确保流域区际初始水权公平分配的基础上，建立流域区际水权交易机制，是提高流域水资源利用效率的核心环节。美国、西班牙、澳大利亚、墨西哥和智利等国家的经验表明，通过市场转让水资源可以产生重大的经济利益。[①] 按照交易主体来划分，流域水权交易市场包括行政区之间、部门之间和用户之间三个层次的水权交易市场。近年来，我国在区域内的部门间交易和用户间交易等方面进行了积极的探索和实践，如黄河流域宁夏工农部门间水权转换和黑河流域甘肃省张掖地区的用户间水权交易都建立了相对规范的交易制度，但流域区内的区际水权交易和跨流域调水的市场化运作等方面尚不成熟。因此，遵循可持续利用、政府调控和市场机制相结合、产权明晰、有偿转让和合理补偿的原则，建立规范的流域区际水权交易机制是实现流域区际生态利益协调的重要内容，重点是明确区际水权交易的准入条件和反映水资源资产属性的价格体系。坚决贯彻落实《水利部关于水权转让的若干意见》（水政法〔2005〕11 号），确保地下水，生态用水，对公共利益、生态环境或第三者可能造成重大影响的用水不得转让。对跨流域调水要进行科学论证，不仅要积极探求自然规律，尊重自然规律，妥善处理人与自然的关系，而且要科学处理调水区与被调水区的关系，顾及可能的生态破坏和相关者的利益损失。"调水区的水资源承载能力的提高是基于被调水区的水资源承载能力的降低，调水区的经济社会发展一定不能造成被调水区的生态系统恶化。"[②] 流域区际水权交易要坚持优质优价的原则，制定反映水资源的资产属性的市场化水价体系，这不仅是合理的水权分配的重要保障，也是协调行政区际生态利益的有效手段。

---

① 谢剑：《应对水资源危机》，北京：中信出版社，2009，第 110 页。
② 水利部发展研究中心"水权与水价"课题组：《水权与跨流域调水的法律思考》，《水利发展研究》2001 年第 1 期。

# 第三节 流域区际生态受益补偿与生态利益协调

所谓流域区际生态保护补偿，是指流域生态治理和保护的受益地区、受益者要为其获得的生态收益支付费用，或者必须承担上游流域治理和保护的一部分成本。由于外部性的存在，流域上游地区生态保护效益的价值不能完全通过市场来实现，保护成本也就无法通过产品价格等市场机制在受益地区之间进行合理的分配。因此，构建流域区际生态保护补偿机制就是要通过制度创新实现生态保护外部成本的内部化，让生态保护成果的受益者支付相应的费用；通过制度设计解决好生态产品这一特殊公共产品消费中的"搭便车"现象，激励公共产品的足额提供；通过制度变迁解决好生态投资者的合理回报，激励人们从事生态保护投资并使生态资本得到增值。① 流域区际生态保护补偿作为中央和省级政府的垂直补偿与区域内部补偿的重要补充形式，是构建多元化、网络化流域生态补偿体系的重要内容。

## 一 流域区际生态补偿的依据及意义

（一）实施流域区际生态补偿是环境价值理论和外部效应内在化理论的实践运用

流域生态不仅是稀缺性的自然资源，而且是能够保值增值的资产。流域生态保护实质上是一种投资行为，其投资和保护主体应当得到相应的补偿，然而流域生态的建设者和受益者往往是分开的，上游地区作为流域生态建设者，不仅要投入大量资金、植树造林、修建污水处理厂等，而且要限制发展污染密集产业，这必将影响上游地区的经济社会发展和人民生活水平的提高；上游地区生态保护好了，具有明显的利益溢出效应，即下游地区可以免费享受生态保护的好处。因此，

---

① 沈满洪、陆菁：《论生态保护补偿机制》，《浙江学刊》2004 年第 4 期。

流域生态治理中明显存在着成本收益的空间异置特征、外部性和"搭便车"现象，必须通过流域区际经济补偿来克服。如果上游地区能够得到一部分经济补偿和经济援助，使经济损失控制在生态建设者和环境污染治理者能够承受的范围内，那么，上游地区就愿意积极进行生态建设和保护；相反，下游地区不给予上游地区经济补偿，上游地区就不会产生为下游地区生态需求进行考虑的足够动机和激励，必将导致生态破坏的恶性循环。

（二）　实施流域区际生态补偿是依法保护生态环境的重要内容

水环境功能分区和水环境质量标准是我国流域水环境保护的基本要求，也是地方各级政府环境质量负责制的核心和关键。我国的《水污染防治法》规定国务院环保部门应制定省界水体的水环境质量标准；各级地方环保部门要相应制定市（地）界水体的水环境质量标准和县界水体的水环境质量标准。由此，各个行政区界的水质好坏就成为衡量各级地方政府水环境保护绩效的重要指标，这就为流域生态保护的区际补偿提供了法理基础。目前我国其他法规也有与区际生态补偿密切相关的规定，如《民法通则》第124条，违反国家保护环境防止污染的规定，污染环境造成他人损害的，应当依法承担民事责任。《环境保护法》第16条规定，地方各级人民政府应当对辖区的环境质量负责，采取措施改善环境；第19条规定，开发利用自然资源，必须采取措施保护生态环境；第41条规定，造成环境污染危害的，有责任排除危害，并对直接受到损害的单位或者个人赔偿损失。近年来，广西、江苏、福建、广东、河北、辽宁等省区的地方性环境保护法规中都规定了流域区际生态补偿机制的相关内容。

（三）　实施流域区际生态补偿是实现区域经济社会协调发展的重要突破口

随着我国工业化、城市化进程的加快，大量跨流域跨行政区的水污染问题日益突出，水污染、水土流失和水资源短缺等问题引发的水环境资源纠纷逐渐增多，成为制约区域经济社会可持续发展中的突出问题。我国《宪法》《环境保护法》等相关法规明确规定了流域水资源属于国家所有，但对流域水资源和水环境的产权在行政区际的分配并未作具体规定。由于流域产权在行政区际模糊不清，流域水污染的行政区分包治理和环境保护行政首长责任制难以落实，伴随着区域经济的高速增长，流域跨界水污染事件时有发生。因此，加快建立和完善流域区际生态补偿机制，是实现区域经济社会协调发展的重要突破口。

## 二 我国流域区际生态补偿的主导模式：准市场模式

流域区际生态补偿是以防止生态破坏为目的，以流域生态环境的整治与恢复为主要内容，以市场调节为手段，以法制保障为前提，实现流域生态补偿的社会化、市场化和法制化的运行机制，使流域区内各个行政区之间形成相对合理的生态资源分配体系和利益安排，最终促进流域内经济社会的可持续发展。流域区际生态补偿机制是连接经济发展与生态建设的纽带，也是解决流域区内相邻区域之间以及更高层次上生态保护问题的关键。为此，近年来，学术界和实践部门对流域区际生态补偿提出了如下三种模式。

### （一）构建流域区际产权市场，通过市场交易，实现流域资源优化配置的市场化模式

这一模式以科斯定理为依据，认为流域生态治理中的外部性问题实质由治理双方产权界定不清所致，要解决外部性问题，应当在明晰产权的基础上进行市场自主交易。以水资源为例，浙江义乌与东阳就借鉴了西方国家跨州水权交易的国际经验，采用市场机制解决跨行政区水环境资源纠纷，[①] 在科学合理地确定各行政区初次水权的基础上，由地方政府或水务公司作为区际用水户利益的代表和水权的代表者，有偿转让水权，使上下游地区水资源的开发和利用通过市场机制得到强有力的约束，进而使流域内各行政区之间、部门之间的用水得到优化：上游地区多用水或者破坏流域生态环境就意味着损失水权转让带来的潜在收益，用水将付出机会成本；下游地区要使用水质较好的水源就必须付出购买水权的直接成本，于是就有了节水的激励机制，使水资源得到可持续利用。

---

① 蔡守秋：《论跨行政区的水环境资源纠纷》，《江海学刊》2002 年第 4 期。

（二）开征流域生态建设税，实施中央财政纵向转移支付的强制性模式

开征生态建设税是庇古税理论的应用，也是发达国家的普遍做法和成功经验。如瑞典的天空税，荷兰的垃圾税、水污染税、噪音税和美国的汽油税等，这些税种的计税依据都是污染物的排放数量和浓度，筹集的资金专门用于环境治理与保护。开征生态建设税，有利于维护宏观生态系统。由于宏观生态环境保护具有正外部性，每个人都是受益人，所以其征收对象较为广泛，税率较低。中央政府可以在全国范围内尤其是东部经济发达地区征收生态建设税，并通过中央财政转移支付，对大江、大河的中上游地区以及西北荒漠地区进行生态建设，实现区际生态补偿。[①]

（三）通过流域区际民主协商和横向财政转移支付，实现流域区际生态补偿的准市场模式

流域区是一个有机联系、不可分割的有机整体。流域生态保护，受益者不只是下游，上游首先受益；流域生态破坏，受害者不只是上游，下游受害尤甚。但由于上游地区往往是经济相对落后地区，没有财力进行环境保护，而下游地区经济相对发达，财政资金相对充裕，上下游地区的长期动态博弈，最终会使双方愿意采取民主协商方式进行谈判，实施横向财政转移支付，实现对流域生态环境的共同治理。例如，福建省九龙江流域的生态治理就采取了这种模式，龙岩市、漳州市和厦门市分别是该流域的上游、中游和下游，为了加强对九龙江流域的生态保护，在省政府出面协调和提供适度财力支持的条件下，三地市政府经过民主协调，同意共同分担环保成本，并通过省政府文件方式加以落实。规定从 2003 年至 2007 年，位于九龙江流域下游、经济比较发达的厦门市转移支付 1000 万元，分别给中游的漳州市、上游的龙岩市 500 万元资金，漳州、龙岩两市分别自筹 500 万元配套资金，专项用于九龙江流域整治。

笔者认为，上述第一、二种模式各有自身的优势和不足。在产权明晰的条件下，市场化模式具有较高的交易效率，但由于市场交易是一个复杂的体系，流域区际产权市场的建立有赖于合理的生态资源产权的初次分

---

① 韩凤芹：《开征生态建设税的基本思路》，《中国经济时报》2005 年 5 月 9 日。

配，有赖于科学的生态资源价格的测量和确定以及跨区生态资源产权交易市场的形成等，技术性要求较高。因此，即使在市场机制健全的美国也很少有跨行政区的资源产权交易，在我国现阶段更难以广泛推行。而强制性模式有赖于国家税法的改革和实施，但是我国已经开始的新一轮税制改革，还没有将新设生态环境税提上议程，原有的与环境有关的税种如自然资源税、城市维护建设税、车船使用税、固定资产投资方向调节税和土地调节税仍在征收，而且新设生态建设税如果划为中央收入，也会由于税收本身的性质未必能够专款专用于区域性流域生态保护。目前的生态建设税主要针对大江大河的治理，对区域性的流域生态交换补偿问题也难以解决。

鉴于流域生态资源的公共物品属性，生态问题的外部性、滞后性及社会矛盾复杂和社会关系变异性强等因素，由流域区际进行民主协商，采取横向转移支付的方式，可以大大降低组织成本、提高运行效率。因此，准市场模式是现阶段我国具有可行性、可操作性和普遍适用性的流域区际生态补偿模式。准市场的流域区际生态补偿模式，实质上是流域区际共同治理生态环境的动态博弈过程。通过流域区内地方政府间的合作，实现生态保护外部效应的内部化，让生态保护成果的受益地区支付相应的费用，使生态建设地区得到合理回报，这样将有利于克服生态产品消费中的"搭便车"现象，是激励公共产品足额供给和实现生态资本增值的一种经济制度安排。

## 三　流域区际生态补偿机制的完善

准市场的流域区际生态补偿模式在我国尚处于早期的实践和探索阶段，行政分割、地方保护主义以及流域生态价值评估的缺失等，仍然制约着区际生态补偿的实施，我们要在坚持"谁保护、谁受益""谁受益、谁付费"以及公平、公正的原则的前提下，循序渐进，以点带面，不断总结实践经验，积极探索和完善区际生态治理机制。

### （一）流域区际民主协商机制

目前我国的流域水环境治理是以流域为单元、以各行政区分包治理为特点的，行政区内部自上而下的纵向垂直管理具有较高效率，但行政区际的横向协商和管理明显不足，尤其是跨省、跨市的环境管理协调机制尚需要进一步加强；流域机构作为水利部的派出机构，其法律地位和职能不明确，难以成为区际生态补偿的有效载体。笔者认为，基于水资源的自然流域特性和多功能属性，应当以流域生态资源综合开发利用的一体化管理为目标，（跨省界河流）组成由中央牵头，沿江各省、直辖市参加的流域开发管理委员会，以代替流域机构，采取俱乐部机制，实行"一省（市）一票、多数决定"的投票原则，定期举行会议，就流域的防洪调度、水资源分配、水环境补偿、重要水工程建设、重大投资项目等事宜进行磋商和谈判，在民主协商机制下对各行政区用水、环保等合约以及违约惩罚方法等做出决策，尤其是对区际补偿方式、依据、原则、程序和实施细则等做出明确规定，通过长期的合作动态博弈，增加相互间的激励和约束机制，以逐步弱化地方和部门保护主义。

### （二）流域生态价值评估机制

目前我国流域生态价值评估机制尚未建立，流域生态区际补偿的试点工作中普遍缺乏相应的生态价值量化技术的支持，补偿金额的确定主要取决于地方政府多方力量博弈并通过行政协调来决定。在市场经济条件下，补偿数量的计算和测定是流域生态区际补偿的前提，也是决定能否公平、公正顺利进行的关键环节，区际补偿应当尽可能以流域生态价值为依据。因此必须加强流域生态实物和价值两方面的核算，并将其纳入国民经济核算体系，通过对 GDP 的修正，为流域生态区际补偿提供理论基础。以区域水体功能分区和水环境质量为依据，如果上游地区提供的水质优于行政区界水质监测的要求，下游地区就应对上游地区重要生态功能区域进行财政转移支付，主要包括：一是上游地区治理流域生态的直接成本；二是上游地区治理流域生态的机会成本。补偿上游地区因保护生态环境而导致的财政减收，特别是因发展方式和发展机会受到一定限制而导致的收入减少，应当作为计算财政转移支付资金分配的一个重要因素。

### （三）补偿资金营运机制

补偿资金的营运过程包括补偿资金的筹集、转移支付方式的确定、资金的使用等内容。当前补偿资金大部分源自地方财政收入，筹资渠道相对单一。因此，应当充分利用经济手段，通过适度提高水资源和排污收费价格等方式，开征生态破坏费，建立环境破坏的经济补偿机制，同时积极拓展来源渠道，建立由社会各界、受益各方参与的多元化、多层次、多渠道的生态环境基金投融资体系。除保证地方政府财政投入外，还应发挥政府区际生态补偿资金的引导功能，运用财政贴息、投资补助、安排前期经费等手段，吸引社会资金投资流域生态建设，鼓励多种经济成分进入生态保护和建设领域。尤其是鼓励下游受益区的企业到上游出力区兴办资源环境保护事业，环境部门加强对地方政府优惠政策执行情况的检查监督，保证社会投资的合理回报，建立与市场经济相适应的环保投融资和运营管理体制。在各个行政区之间，补偿资金的确定可根据当地人口、GDP 总值、财政规模等因素综合确定一个拨付比例，并保证补偿资金能够不断按照这一比例得到及时补充，以此来约束相关地区的生态建设和补偿责任。

（四）项目带动机制

区际生态补偿资金最终要落实到各个生态建设项目上来，要建立和完善生态建设项目的申报、评估与落实机制。（1）专项专用，确保资金投向。补偿资金主要用于生态环境治理区尤其是上游生态建设区的环境保护，不仅包括污染企业的技术改造、污水处理厂的建设等末端治理，而且包括改善生态环境、恢复生态脆弱地区的植被、退耕还林、替代能源以及发展污染密集度低的替代产业等前期治理，通过政策导向，发展清洁生产，建设生态工业园和生态农业示范区，进行生态移民等，实行全过程的生态治理。（2）实行市场化的项目招标。生态保护资金的运用可由相关地方政府委托中介组织，采取公开招标方式，进行产业化、市场化经营，放开环保基础设施产业市场准入，鼓励各种经济成分积极参与，采取一切有效措施加快环保基础设施建设，实现环保投资主体多元化、运营主体企业化和运行管理市场化，以实现生态保护资金的保值、增值。（3）加强项目监督。要进一步完善地方政府领导带动机制、政绩考评机制和责任追究制度；要求各个生态建设项目有明确的年度计划和阶段性工作目标；要将生态项目各个阶段的责任落实到责任单位、投资主体和具体的承办人，明确阶段性工作或工程进度的时限要求；结合全面推行绩效考评工作，把推动项目工作的好坏作为考核相关部门政绩的主要依据，并与干部的提拔使用挂钩。

（五）信息共享和沟通机制

信任是增进区际合作的基础，而信任又基于信息的充分交流与共享；建立和完善流域水环境信息统一收集、汇总、交流与共享机制，是加强区际生态补偿的重要保障。目前由信息不对称诱发的道德风险和逆向选择行为屡见不鲜，各行政区际之间由于归属、责任和利益需求的不同，通常会隐瞒行政区内企业的污染行为，采取过滤不利信息、保留和传递利己信息等方式，维护行政区利益，从而导致各个行政区际流域水环境信息的失真。按照《水污染防治法》等法规，应当由流域机构统一开展省界断面水质的监测，并运用 GIS 技术，建立包括水质、水文、污染源、气象、生态等信息的水环境综合信息数据库，建立包括基础数据库、水质模型数据库、水质评价方法库等内容的水环境综合决策支持系统，以及水环境自动监测监控数据的采集、发布系统，环境影响评价管理系统等；进一步完善和规范流域水环境统一、权威的信息收集和发布程序，实现水文信息数字化、互相传输网络化、信息发布规范化、信息资源共享、先进技术共用的流域区内协作目标。当出现突发水污染事件时，能够加强信息沟通协调，将损失降低到最低限度；同时完善跨行政区水污染损失测定及争端处理的原则、程序、方式等，为流域生态区际补偿提供科技支撑平台。

## 第四节　流域跨界水污染赔偿与生态利益协调

在行政区分包治理机制下，流域行政区际补偿不仅包括下游生态受益地区对保护生态环境、恢复生态功能的上游生态建设地区实施的经济补偿，还应包括对下游生态环境产生破坏或不良影响的上游生产者、开发者、经营者对环境污染、生态破坏进行的补偿，对生态环境由于现有的使用而放弃未来价值进行的补偿。[①] 目前，省际、地区间水事纠纷接连不断，

---

① 王钦敏：《建立补偿机制，保护生态环境》，《求是》2004 年第 13 期。

严重影响了下游地区人民的生产和生活以及区域经济社会协调发展。明晰流域产权关系，建立流域跨界水污染的经济补偿制度，是解决流域水资源开发利用的外部性，保护行政区际水资源开发权益，协调流域区际矛盾的重要突破口。

# 一 流域跨界水污染经济补偿的理论与现实依据

## （一）经济学依据：是流域水污染的外部成本内在化的具体表现

流域是以河流为中心，由分水线包围的区域，是一个从源头到河口的完整、独立、自成系统的水文单元。流域是一种整体性极强的自然区域，流域内各自然要素的相互关联极为密切，地区间影响明显，特别是上下游间的相互关系密不可分。由于流域生态系统的开放性，环境要素间的关联性，流域的经济发展与环境污染实际上存在着排污区和受害区的区域错位现象。大量的跨界超标排污和水污染事故已严重影响了区域经济社会协调发展和流域生态环境质量的改善，尤其是流域跨行政区水污染事故具有突发性、扩散性和社会危害大等特征。（1）突发性。水污染事件通常是在人们完全没有预防的情况下突然发生的，如化学危险品运输过程中的交通事故、沉船、工矿企业及其他行业的事故性排污等。如沱江特大污染事件属于工厂事故性排污，而2002年12月柳江水系支流金秀县境内发生的20吨砒霜泄漏入河重大事件，则是由交通事故引发的。这类污染事件没有事故的先兆，根本无法预报，其突发性使人们难以预防，在某种程度上可以说比防洪工作的难度还要大。（2）扩散性。由于一些事故所泄放的物质是危险物品，即列入国家危险废物名录或者根据国家规定的危险物品鉴别标准和鉴别方法认定具有危险性的物品，能对机体发生化学或物理化学作用，在水中迅速扩散，影响范围由点（事故点）扩散到线（河流），再由线扩散到面（流域），若饮用，将损害机体，引起功能障碍、癫痫，甚至死亡。而医疗等行业的事故性排污，还存在含传染性病原体的废物如含传染病病菌、寄生虫、病毒等传染病病原体的污水、粪便等扩散入河流水体。此外，还有放射性物质等危险品都有可能在突发性水污染事件中发生迅速扩散。（3）危害性。严重的突发性水污染事件可能会对整个受污染的区域或流域造成毁灭性打击。水生态系统遭受严重破坏，需要长时间才能恢复。污染事件也可能造成人身伤亡，经济或公共、私有财产遭受重大损失等严重后果，甚至可能引起社会惊恐不安。危害性的表现形式多种多样，是突发性水污染事件最明显的特征。在行政分包制下，各行政区分别承担各自的环境保护责任，而跨行政区界的超标排污或水污染事故，又具有典型的外部性特征，因此，上游地区政府对水污染事故给予赔偿，是流域水污染的外部成本内在化的具体表现。

### （二）法学依据：下游地区环境权益受到侵犯的合理要求

流域跨界水污染本质上是环境侵权行为，上游制造污染企业应该对下游受害企业和公民予以经济补偿，对此我国相关法规对跨行政区域水污染事故的处理方法作了明确规定。如《环境保护法》第 15 条和《水污染防治法》第 26 条均规定：跨行政区域水污染纠纷，由有关地方人民政府协商解决，或由上一级人民政府协调解决；《水污染防治法实施细则》第 19 条规定：水污染事故发生或者可能发生跨行政区域危害或者损害的，事故发生地的县级地方人民政府应当及时向受到或者可能受到事故危害或者损害的有关地方人民政府通报事故发生的时间、地点、类型和排放污染物的种类、数量以及需要采取的防范措施等情况。国家农业部、环保总局遵照上述法律也出台了相关文件和实施办法。但是需要指出的是：上述这些法律着重解决的是民事行为主体之间的环境侵权及经济补偿问题，但上下游政府都是各行政区公共利益的主体，上游政府是否应当对下游进行赔偿呢？实际上在环境保护行政区分包制下，上游地区超标排污，必然会侵占下游行政区应有的水环境容量，增加下游政府的污水治理成本，因此，流域跨界水污染经济补偿，除了包括排污企业对下游受害企业、居民经济损失的赔偿，还应包括上游政府对下游政府由于增加环境治理成本而进行的行政区际赔偿。目前虽然全国性法规对行政区际赔偿并未明确规定，但地方政府已对此进行了积极探索。如浙江省颁布的全国第一个省级生态补偿机制的政策性文件《关于进一步完善生态补偿机制的若干意见》（浙政发〔2005〕44 号）明确提出："因上游地区排污导致水质不达标，对下游地区造成重大污染的，上游地区应给予下游地区相应的经济赔偿。"

（三）现实依据：落实流域水污染行政区分包治理的重要经济手段

在行政区分包治理框架下，流域区内的各个行政区都是排污单位。近几年来中央政府采取了多种行政措施，如城市环境综合整治定量考核、政府环保目标责任制考核、环境保护任期目标责任制、党政领导环保政绩考核等，强化环境保护的行政分包制。各个行政区政府按照行政区交界断面水质达标的要求，实施行政区的污染总量控制。然而，当前地方政府对辖区环境管理力度的不足，造成行政区内排污总量常常超过环境所能"容纳"的总量，从而造成的跨行政区水污染现象，这不仅表现为大量的、经常性的因水资源过度开发、利用或水土流失以及农村面源污染而造成跨行政区界水质超标排放，而且表现为多起突发性、扩散性的严重水污染事件。① 因此，应当严格执行跨行政区河流交接断面水质管理制度，对水质达不到规定标准的责任方政府应采取切实有效措施，限期实现交接断面水质达标。因上游地区排污导致水质不达标，对下游地区造成重大污染的，上游地区应给予下游地区相应的经济赔偿。真正建立跨界水污染的经济补偿机制，才能对上游地区起到警戒作用，使上游地区的排污企业和政府强化环境管理，真正落实行政区分包治理责任。

## 二 流域跨界水污染经济补偿标准的确定

实施流域跨界水污染经济补偿，包括赔偿的依据、模式和机制等一系列的问题。流域水资源作为一个开放式大系统，不但涉及面广，而且内在机理十分复杂，需要测算一系列的复杂数据，包括流域跨界水污染的污染物构成及其比例、流域水污染的污染源及其对水资源质量下降的贡献率、

---

① 如 2002 年 12 月中旬西江上游柳江水系支流 20 吨砒霜坠河事件、2001 年 8 月广西陆川钦白粉厂 3 吨硫酸泄漏造成九洲江流域广东鹤地水库发生大量鱼虾死亡、2004 年 1 月左江越南入境河流的跨国境污染事件、2004 年 5 月鉴江支流罗江的跨省化学药品运输入河事件、2004 年 3 月和 5 月四川川泰集团引发的沱江两起特大污染事件、2005 年 11 月中石化吉林石化分公司双苯厂爆炸造成松花江重大水环境污染事件、2010 年 6 月福建省紫金矿业集团废水外渗造成汀江流域污染等。

流域跨界水污染对下游造成的社会经济损失等。当前流域跨界水污染的经济补偿仍是世界各国在水资源管理领域十分急需而又尚未得到有效解决的重大技术性难题。鉴于研究问题的复杂性，流域跨界水污染经济补偿的运行程序可分为系统设计、分解实施、有效整合三大步（如图 5-1）。

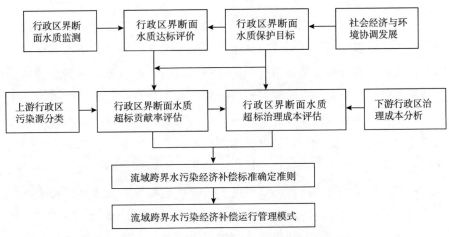

图 5-1　流域跨界水污染经济补偿的运行程序

## （一）行政区界断面水质保护目标达标状况评估

在流域水污染行政区分包治理的体制下，行政区界水质达标是环境保护行政责任制考核的重要内容。而行政区界水质的确定又主要以流域水功能区划为基础。从我国经济发展的现状来看，将Ⅲ类水作为行政区界水质达标的主要依据比较合适，即要求流域上游区域交给下游区域的水环境质量为国家《地表水环境质量标准》的Ⅲ类标准。Ⅲ类标准适用于集中式生活饮用水水源地二级保护区、一般鱼类保护区及游泳区。选择Ⅲ类标准作为跨行政区水污染经济补偿的依据，主要是考虑到我国目前水环境的总体水平，如果选择Ⅱ类水质作为依据，多数地区在经济上难以实现；如果选择Ⅳ类水质作为依据，又难以起到治理污染、改善水环境质量的作用；因此，用Ⅲ类水质作为跨区域河流污染经济补偿的依据比较合理。只要上游区域与下游区域交界水质达到国家《地表水环境质量标准》的Ⅲ类标准，上游区域就不必对下游区域进行补偿。对行政区际水质保护目标达标状况进行评估，不仅要将行政区界水质现状与相应的保护目标进行对比分析，确定水质达标状况，而且需要明确行政区界水质影响流程及其各方面影响的贡献率，以及上游地区污染物来源及各来源的贡献率，定量揭示功能区水质超标的形成条件。

### （二）行政区交界水质超标对下游社会经济损失的评估

流域水资源的多功能性，体现了水功能受损的多价值性，将各类水功能受损造成的损害进行货币化，定量评估水资源开发利用带来的外部不经济性，是实行水资源经济价值补偿的基础和依据。流域跨界水污染造成的经济损失包括两部分，一是直接经济损失，即由于水污染对人体健康、工业、农作物、畜牧和渔业等方面造成的经济损失。这种损失的测算通常采用二步法。第一步是确认污染引起的实物型损失，即建立污染状态与被破坏物量之间的计量关系。第二步是将这些实物型破坏量统一以货币形式来表示，定量认识环境污染的严重程度。一般而言除计算对人体健康造成的经济损失采用人力资本法以外，其余方面经济损失的计算均采用市场价值法。二是间接损失，即下游地区为治理上游地区的超标排污而支出的派生成本，如开发第二饮用水源、修建污水处理厂等附加的支出费用。

### （三）流域跨界水污染经济补偿标准的确定

对于流域跨界水污染经济补偿的依据，目前国内有不同看法，多数学者仅基于公平性的角度，认为应将经济补偿与直接经济损失挂钩，即将跨界水污染的直接经济损失作为区际赔偿的基础和依据；[①] 由于流域水资源的多功能性和多价值性，区域间的水污染经济补偿与损失挂钩，不仅需要花费大量的人力、物力收集相关资料，构建模型进行高难度的测算，而且补偿数额较大，上游政府的财政支付能力有限，难以实行。因此，鉴于我国的经济状况，笔者认为，跨界水污染的经济补偿可考虑两种不同情况的赔偿。一是经常性的行政区交界水质超标补偿，补偿的主客体分别为上下游行政区政府，上下游政府之间的经济补偿数额主要以间接成本即治理污染成本为标准；二是突发性跨界水污染经济赔偿，除了上下游政府之间的经济补偿外，还包括民间主体之间的赔偿，即上游排污企业对受害主体如

---

① 李锦秀等：《水资源保护经济补偿对策探讨》，《水利水电技术》2005 年第 6 期。

企业、居民的赔偿，赔偿依据应以直接经济损失为依据。

本书中的跨界水污染经济补偿主要研究上下游政府之间经常性的水质超标补偿，而且经济补偿数额仅考虑间接成本即污染治理成本，因为这种方法更具有可行性与可操作性：（1）赔偿标准测算较准确。通过对下游企业、生活污水处理厂的调查，可以较准确地测算上游超标排放污染物如化学需氧量、氨氮、总磷等成分每单元削减的成本，而对经常性水质超标造成的经济损失的评估则需要支付大量的成本，并且涉及范围广，难以准确计算。（2）赔偿金额相对公平，便于各方接受。以行政区界断面水质是否超标为依据，如果按照超标水质造成的直接经济损失作为赔偿标准，下游地区往往是经济发达地区，生活水平和物价水平都较高，赔偿金额也较大，而上游地区财力又有限，根本无法实施跨界水污染的经济赔偿；我国正处于经济快速增长时期，粗放型的经济增长模式以及不合理的产业结构难以在短时间内得到调整，经济发展与环境保护的矛盾将在一定时期内存在，跨界水污染难以在较短时间内克服，按照治理成本进行赔偿更恰当。（3）具有普遍推广价值。按照治理成本作为赔偿标准既考虑到了不同流域污染源的产生背景及其影响因素，还充分考虑了我国现有的污染源控制技术和治理投资重点，分析了污染源产生的主客观防范能力、防范意识及防范条件等，因此，它适用于不同流域区不同污染源经济补偿标准的确定，同时，通过全国污染物削减成本的测算，它也适用于全国统一的跨界水污染经济补偿标准的测算。因此，可以在确定全国补偿基准的基础上，结合流域区域社会经济发展特点，建立一系列规范化的区域调节参数。以现行政策为基础、以制约污染责任方的价值取向为准则、以完善水市场为先导，每隔一定的年限，对基础补偿标准和区域调节参数进行调整、补充、完善。这样既考虑了全国整体性、区域差异性和时间动态性，又通过渐进式的动态发展，确保了新出台对策具有连续性、先进性和时代适应性。

## 三　流域跨界水污染经济补偿的运行机制

2005 年的松花江污染事件再次凸显了流域区际利益协调的重要性和迫切性。"吉林和黑龙江两省面对长期的松花江污染现象，产生了摩擦和埋怨但始终没有找到一个有效的解决办法。""我们并不缺少文件、规定、制度、人力以及资金，但是，全流域仅仅才两个省份，从某种程度上说，地方保护固然是大的原因，但更重要的是，我们缺少精心设计的有效制度和有效的协调执行力。"① 解决流域跨行政区水污染纠纷是行政区际利益协调的重要内容，而建立流域跨界水污染经济补偿的运行机制又是解决流域跨界水污染纠纷的关键。

## （一）建立流域跨界水污染经济补偿的协调机制

由于流域水资源流动具有明显的单向性，上游行政区超标排污造成下游行政区重大经济损失，下游行政区难以采取有效手段对上游地区加以制约。因此，流域跨界水污染的经济补偿总是表现为一种明显的地位不对等的动态博弈过程，上游地区地方保护主义是造成流域跨界水污染经常性发生的体制性根源，也是导致流域跨界水污染经济补偿难以兑现的重要障碍，人们经常用"大盖帽"斗不过"保护伞"来形容这一无奈的状况。建立流域跨界水污染经济补偿的协调机制，按照行政权力的调整方式，可以采取三类措施：（1）取消行政区域分割，建立单一政府；（2）行政区之间签订流域生态补偿和跨界水污染赔偿的协定；（3）建立跨行政区的机构，统一流域水环境管理权。由于行政区划是长期历史的产物，取消行政区划或者进行区划调整虽然可以较好解决流域区内的行政区际矛盾，但制度变迁成本高、短期内难以实行；短期内以最小制度成本取得最优治理效果的选择是建立行政区之间的合作机制，协同解决跨界污染，如泛珠三角环境保护合作协议等，但在我国省际协议往往缺乏约束机制，合约执行力较差。因此，从长远来看，设立跨行政区的流域水资源和水环境保护机构是一个比较有效的方法，因为它为行政区际地位不对等的谈判引入了相对公平且具有权威性的第三方，如淮河流域水资源保护局和松辽水系保护领导小组等流域统一管理组织，这些机构在流域跨界水污染的经济补偿中将承担公平、公正的裁判员角色。

## （二）流域跨界水污染经济损失的评估机制

对流域跨界水污染经济损失（包括直接经济损失和间接损失）进行及

---

① 刘树铎等：《松花江流域污染治理亟须全盘协调》，《中国经济时报》2005 年 11 月 28 日。

时、公正的评估，是行政区际经济补偿的基础，尤其是流域跨界水污染事件具有偶然性、突发性的特点，随着时间的推移和空间的变化，将增加对直接经济损失进行评估的难度；同时，由于经济补偿的主客体都是具有行政权力的地方政府，由所在行政辖区内的环境评估机构进行流域水污染经济损失评估是不合适的，上下游行政辖区的环境评估机构由于地方政府的压力往往会分别低估和高估水污染的经济损失。因此，选择双方都能接受的第三方组织——流域机构进行经济损失评估比较合适，我国可以推广"松辽模式"的经验，将行政区际共同治理的领导小组办公室设在流域水资源保护局（合署办公），既是领导小组的日常办事机构，又是流域保护机构，履行双重管理责任。

### （三）跨界水污染经济补偿资金的筹集机制

上游地区往往是经济相对落后、财政收支较少的省份，目前我国地方财政预算中并没有水污染经济补偿这一项支出，如何筹集跨界水污染的赔偿资金呢？笔者认为，上游行政区可以设立生态补偿基金。生态补偿基金的来源（1）排污收费资金和超标处罚所得资金的部分提取。当前我国排污收费过低，排污收费不及治理成本，因此，应当以每单位污染物（如化学需氧量）治理成本为标准进行征收，同时全面实施主要污染物的排放总量控制计划，切实加大超标排放处罚力度，排污收费资金和超标处罚所得资金都需按比例提取部分作为生态补偿资金。（2）开征生态建设费。根据不同行业对流域生态资源的利用和破坏的不同，建立行业生态补偿机制。包括资源开发补偿、资源利用补偿和受益补偿三种类型。资源开发补偿是指开发商对矿山、森林、耕地等自然资源开发造成的局部生态环境的破坏而支付的生态补偿；资源利用补偿是指利用自然资源进行生产的企业（如人造板企业和香菇生产企业）支付的生态补偿；受益补偿是指水库、水电站、水运、供水、旅游等行业因上游水土保持获得利益而支付的生态补偿。

### （四）流域水污染应急处理机制

构建流域水污染应急处理机制是实行行政区际共同治理，降低流域水污染经济损失的重要手段。尽管我国《环境保护法》第31条规定，"因发生事故或者其他突然性事件，造成或者可能造成污染事故的单位，必须立即采取措施处理，及时通报可能受到污染危害的单位和居民，并向当地环境保护行政主管部门和有关部门报告，接受调查处理"。但是在实践中流域上下游污染联防和信息通报制度并没有得到落实。沱江事件、松花江水污染事件都是由于信息通报滞后、失真造成重大经济损失的。流域水污染应急处理机制，需要构建四大体系：（1）建立突发性水污染事件预警预报系统。建立突发性水污染事件地理信息系统，掌握重点企业、重点敏感地带（如水源地周边）、河段等的污染事件隐患情况，建立详细的档案，对可能造成突发性事件的污染源进行及时跟踪，提高应急反应机制的科学性、合理性和智能化水平。（2）建立重要流域突发性水污染事件应急处理系统。由流域管理机构牵头，组织流域内各省水利、环保、交通、公安、城建等部门成立突发性水污染事件应急处理指挥中心，实施统一管理、统一指挥，组织突发性水污染事件的应急处理和协调工作。（3）组建现场快速反应处理系统，包括应急预案、现场技术指导、应急处理的基本装配等。（4）安全供水应急方案。安全供水是突发性水污染事件发生后最为敏感和紧迫的问题。目前，我国在安全供水应急处置方面还很薄弱，一旦事件发生，往往只能断水。而安全供水是人的基本生存要素，政府应该予以保障，在各级城镇制定安全供水应急方案，考虑突发性水污染事件或其他事件发生时紧急启用备用水源，是极为紧迫的任务。①

需要说明的是，以上阐述的经济补偿主要是上下游政府在行政交界断面经常性水质超标情况下的跨界水污染经济补偿，如果发生重大的突发性跨界水污染事件，责任方还应对下游造成直接经济损失的企业和居民给予经济赔偿。当前发生这类事故时，大都是一些事故受害人针对直接责任人进行诉讼。由于跨行政区水污染受损范围广、责任难以认定，索赔主体对受损范围、实际损失及其与污染的相关关系等举证困难，下游微观经济主体要求民事索赔面临着巨额的交易成本。即使事实清楚、证据确凿，索赔主体还须向污染源所在地法院进行申诉，上游地方政府为了减少排污企业的损失，可能会干预当地法院的裁决，使索赔主体难以得到应有的损失赔

---

① 崔伟中、刘晨：《关于建立重大突发性水污染事件应急处理机制的探讨》，《人民珠江》2005 年第 5 期。

偿。正是由于面临巨大的交易成本，许多受到污染损失的企业和居民最终只能放弃索赔。

鉴于跨行政区水环境资源纠纷具有公益性、综合性和广泛性等特点，下游分散的微观经济主体对这种情况应当提起集团诉讼、公民诉讼，这些方式最能反映纠纷的特点和纠纷当事人（即公众）的利益和要求。而人民法院处理跨行政区水环境资源纠纷的决定最有权威和效力，因此要发挥人民法院处理跨行政区水环境资源纠纷的作用，通过立法，明确规定：跨行政区水环境资源纠纷中的当事人及其代表、有关人民政府或其行政主管部门、有利益关系的环境保护群众组织（包括环境保护非政府组织）有权提起集团诉讼；有利益关系的公民对违法的或不当的跨行政区水环境资源纠纷行政决定，有权提起公民诉讼来解决。

# 第六章

# 流域公私伙伴治理与生态利益府内协调

在多层治理框架下，各级地方政府是辖区范围内流域生态环境资源的管护者，是流域生态建设和环境治理的重要责任主体，但不是唯一主体。基于流域生态资源的区域性、公共性、开放性等自然、经济和社会属性，流域生态治理应由传统的单一政府治理主体向政府、企业、公众等多元治理主体转变，实现多元主体间的伙伴治理。所谓"伙伴关系是在两个或多个公共、私人或非政府组织之间相互达成共识的一种约定，以实现共同决定的目标，或完成一项共同决定的活动，从而有利于环境和社会"。[①] 政府、企业和公众在流域生态环境治理中扮演着不同的角色，政府通过制定政策、法规，建立激励机制等影响企业和公众的环境行为；企业是流域生态资源的利用者，环境污染的主要制造者，同时也是承担着环境治理责任的主体；公众作为流域生态环境污染的制造者和受害者，除了自己的环境行为受到管理外，也可对政府和企业的生态环境破坏行为起到监督作用。可见政府与企业、公众之间不仅仅是竞争和对抗的关系，而且是合作和伙伴关系，三者的互动可共同推动流域水污染治理的发展。

在流域生态环境合作治理过程中，政府、企业和第三部门基于信任和合作所形成的伙伴关系主要包括：政府与企业之间、产业生态链上的关联企业之间、污水处理市场化中的公私企业之间，以及政府与第三部门之间等。由于主体性质不同、主体力量对比存在差异等原因，多元主体间伙伴

---

① 布鲁斯·米切尔：《资源与环境管理》，北京：商务印书馆，2004，第283页。

治理的模式和机制各不相同，合作治理的效率也不相同，"对于伙伴关系并没有一个最佳的模式，伙伴关系的种类和参与的性质必须由所涉及的不同人群或团体来决定"。① 因此，探索多元主体间伙伴治理的组织形式、运行机制等，就成为流域生态环境治理机制研究的重要内容。

## 第一节　地方政府与排污企业间的伙伴关系

政府与企业之间要超越政府单边治理机制下的控制与服从关系，建立起伙伴治理关系似乎是违背经济学常理的。传统经济理论认为企业的一切经济行为都是以经济最大化为假设前提的。而企业基于自愿性进行污染治理则是一种高成本的经济行为，其成本包括进行技术革新、改进生产工艺、优化生产过程、购买末端处理技术以及研究和管理中所需的资本、人力和组织投入，这些投资将提高生产成本，结果导致产品价格升高、需求减少，或者企业不提高产品价格，会造成利润减少，最终导致企业竞争力的下降。因此，从新古典经济学的角度看，仅当消除成本与获得更多或至少相同的利益相联系时，才可能预期一个企业自愿性治污行为的发生，此时治污与企业追求最大化利润的宗旨是一致的。

环境保护主义者则从多角度阐释了排污企业参与政府伙伴治理的可行性。排污企业与政府之间由不稳定的、短期的非合作博弈关系转变为稳定的、长期的合作博弈关系，不仅能够获得额外的灵活性和动力实现环境管理目标的承诺，减少服从和执行成本，获得管制收益，而且通过个性化的措施、技术革新以及声誉机制等可获得新的竞争优势，改善在公众眼中的商业形象，实现相当多显著的可排他收益，从而为排污企业采取自愿性环境治理行为提供良好的内在动机。可见，积极推进政府与企业间的伙伴治理，有利于排污企业主动采取措施降低污染物的排放总量，提高企业的环境管理水平；也有利于我国环境政策框架的完善，实现与发达国家在环境管理体系的接轨。

---

① 布鲁斯·米切尔：《资源与环境管理》，北京：商务印书馆，2004，第291页。

## 一 地方政府与排污企业伙伴治理的动力机制

当前我国的流域生态环境治理主要采用以命令和控制为主的行政手段，在这种模式下政府与企业存在严重的非合作博弈。"遵循集中控制的建议所实现的最优均衡，是建立在信息准确、监督能力强、制裁可靠有效以及行政费用为零这些假定的基础上的。没有准确可靠的信息，中央机构可能犯各种各样的错误，其中包括主观确定资源负载能力，罚金太高或太低，制裁了合作的牧人或放过了背叛者等。"① 对大量发生且非常分散的"微观环境管理"事务，即数量庞大的环境污染者和环境破坏行为，仅靠有限的政府力量这一命令—控制的环境治理机制去监督管理显得力不从心。

我国地域辽阔，成千上万的中小企业遍布全国 2000 多个县（市），由于存在道德风险和逆向选择行为，企业修建暗道偷排、超排行为屡见不鲜。而作为环境监管主体的政府，很难对企业排污行为进行有效监督，不能从根本上遏制中小企业的排污行为。因此，尽管命令—控制模式的功效不能否定，但这种管理模式单方面强调政府行政干预，把企业置于被动、服从的地位，政府与企业处于地位不对等的对立两极，使企业缺乏激励性而缺少从事环境保护的动力。另外，执行过程中需设置大量的机构，投入大量的资金和人力，也会导致管理成本太高，难以承受。另外，政府又不可能获取各企业生产技术的完全或充分信息，一刀切的命令—控制政策往往会影响经济效率和社会公平。因此政府与企业实施伙伴治理，不仅可以适度减少政府治理的组织成本，而且也有利于激励企业的环境保护行为，使排污企业产生减排的内在动力。

### （一）获得利益表达机会与合作解决冲突的渠道

协商合作机制既是一种民主决策机制，也是一种争端解决机制。作为一种民主决策机制，其基本功能在于，与流域生态环境治理决策有利害关

---

① 埃莉诺·奥斯特罗姆：《公共事物的治理之道》，余逊达、陈旭东译，上海：上海三联书店，2000，第 24 页。

系的各方参与政府决策，为企业、第三部门等利害相关主体提供一种了解政府意图、争取自身合法权益的机会和渠道，也使政府、企业等多元主体在信息基本对称的条件下进行合作博弈，以实现社会公众利益与微观企业利益的平衡。作为争端解决机制，其基本功能就是为解决流域水污染过程中的利益冲突各方提供一种制度化的对话通道，即通过对话或通过政府机构与中介组织的调解达到消解冲突、寻求共同利益的目的。

政府与企业合作协商治理的政策模式并不只是一种理想化的设想，而是有着现实的社会基础。博弈论中"囚徒困境"模型的要义在于：由于存在信息不充分和有限理性，当人们孤立地做出自以为对自己有利的抉择时，实际结果却不仅有害于社会整体，而且对人们自身而言也未必是最好的抉择。该模型所提示的社会意义在于，处于社会关系网络中的人们应当以信任为基础，进行合作和协商，才能达到对社会及个人都有益的结果。从目前中国地方政府与企业的关系看，政府对企业的排污行为既要实施一定程度的限制，又不能完全限制甚至存在一定程度的依赖（因为有时企业排污说明企业生产扩大，税收应会增加），排污企业也不应是政府环境治理政策的消极接受者和服从者，企业实际上在以积极的行为作用于政府，寻求政府的政策支持。"每个企业实际上都早已开发了某些能力，以便去理解政府既有的和未来的涉及企业种种活动的发展规划以及公共政策——并且去迎合这些发展需要。""代表企业到政府行政部门可以专心于两个方面：试图影响未来的政策，努力知晓当前的发展计划以及如何使企业能够对这些计划成功地作出调整。"[①] 许多企业在与政府博弈的过程中，也逐渐认识到，政府的政策在很大程度上是为企业持续发展服务的，而且有益的政策通常是企业或产业自己争取来的。企业对环境政策的需求是政府与企业得以合作、协商的前提。

（二）减少政府管制，获得管制收益

排污企业与政府签订协议，可以避免政府管制带来的成本，获得更多灵活性，如果足够多的企业采取伙伴治理，这些企业将有能力影响管制

---

① 默里·L.韦登鲍姆：《全球市场中的企业与政府》，张兆安译，上海：上海三联书店、上海人民出版社，2002，第 453 页。

者，它们可能取代更严格的控制命令管制或者削弱即将实施的管制的强度，这里借助图说明其中的含义。

图6-1反映了一个企业的成本、收益都与企业的污染削减量相关；企业的成本和收益依赖于企业完成的污水排放削减总量。假定企业削减污水的边际成本是常数或增加的（见曲线 $Ci$）。因为企业削减污水技术上的回报以及企业在消费者中获得声誉回报均呈递减趋势，因而企业削减污水投入的边际收益总体也呈现递减趋势（见曲线 $Bi$）。假设政府有关水污染治理的公共管制目标即企业削减污水总量的目标已经确定（见曲线 $Qr$），并假设政府采取强制性手段，促使企业按照削减污水总量目标进行污水削减的服从成本比企业自身自愿性削减成本更高（见曲线 $Cr$）。

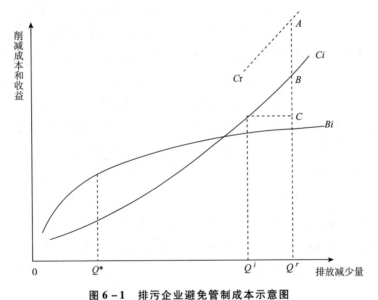

**图6-1　排污企业避免管制成本示意图**

资料来源：OECD. Voluntary Approaches for Enviromental Policy：An Assessment. OECD，1999。

当企业缺乏政府的管制威胁时，会以追求利润最大化为目标，在 $Q^*$ 点自愿进行污染物的削减，在这一点上企业实现最大净收益，即边际成本等于边际收益。当企业面对政府管制威胁时，企业自愿实施的污水削减水平依赖于政府管制威胁的水平。如果政府的威胁是完备的，企业将不得不削减 $Q^r$（政府要求的排放标准）。那么企业唯一的管制收益可能仅仅是由于更低的服从成本，这个收益由图中线段 $AB$ 表示。如果政府施加的威胁不是足够可信的，那么企业将削减 $Q^i$，从这个更低目标中节省的成本可看作企业获得的管制收益，由线段 $BC$ 表示。

这里可以区分企业减少的两种类型成本：一是如果企业要完成的环境目标比政府强制的更低，可以预期会降低污染削减成本（如图中的线段 $BC$），一个更低目标的管制收益意味着企业根据自身的具体情形已经成功影响了政策过程。二是如果企业能以更低的服从成本完成同样的目标，也可以预期降低污染削减成本（如图中的线段 $AB$）。降低服从成本的原因在于，与使用政府强制性命令相比，企业自愿削减污水可以留给行业更大的灵活性，让企业以它们自己的步伐并通过它们自己的方式达到污水削减的目标，这让企业可以考虑以前和已经计划的投资，有选择适合其特定情况的成本有效方案的自由。一般参与ISO14000的企业能够获得的管制收益为线段 $AB$ 或者线段 $BC$，最理想的时候则能够同时获得线段 $AB$ + 线段 $BC$ 的管制收益。[1]

### （三）创造新的竞争优势，获得经济收益

政府与企业间的环境协议能够为企业提供潜在的经济收益，这是因为：（1）成本节约带来的收益。政府通过制定资源和成本环境标准，要求企业对生产全过程进行有效控制，体现清洁生产的理念，从最初的项目设计到最终的产品及服务都考虑尽可能减少污染，节约资源和能源，有效地利用原材料和回收利用废物，达到生产效率的提高。将污染看作一种经济浪费的形式，通过一个更好的循环过程，或者更清洁和更有效技术的整合，在生产过程中最小化资源浪费，可导致显著的成本节约。这些节约将带来更低的能源消费，减少污染处理费用，实现生产成本的减少，企业还可能从中获得直接的财务收益。（2）产品差别化带来的收益。政府与企业间的环境协议，可以向市场中的消费者发送企业拥有一个合适的环境管理体系、服从一个高质量环境标准的信号，能够吸引绿色消费者。一旦知道企业的环境业绩，绿色消费者能够在购买商品时表达他们乐意为环境进行额外支付的意愿，高环境质量的产品将能够以更高的价格进行出售。这是

---

[1]　彭海珍等：《环境保护私人供给的经济学分析——基于一个俱乐部物品的模型》，《中国工业经济》2004 年第 5 期。

一个事实：在德国，大部分标有"蓝色天使"标签的产品比没有标签的替代产品更昂贵，即使消费者并不想为绿色产品进行额外支付，还可能存在一个绿色产品的差异化优势，在同样价格下，消费者会选择更绿的产品，从而增加更绿企业的市场份额。据《中青报》的一项调查，绝大多数人（94.4%）都会有意识地购买绿色食品或有机食品。绿色蔬菜、无磷洗衣粉等日用品已经成为很多家庭的首选。超过一半的家庭已经选用了节能节水型、低辐射低噪音型家电。对环保产品"根本不了解"的公众仅有3.6%。（3）通过让雇员涉及标准的设计和实施环境标准，可以潜在地提高人员操作的效率，降低环境事故的发生，带来管制惩罚成本的减少。此外，一些银行或保险公司可能乐意提供给这些与政府签订协议的环境标准企业特殊的利率或者费率，2006年国家环保总局出台的《企业环境等级评价条例》明确规定，连续三年被评为绿色等级的企业可享受优惠贷款的待遇。

## （四）依托声誉机制，提高企业知名度和美誉度

环境认证标志等政府与企业环境协议可以帮助企业提高声誉，参与ISO14000环境质量认证体系的企业向外界报告它们的环境影响，与利益相关者对话，有助于建立与利益相关者更强的关系和信任，获得组织运行的社会合法性，提高的声誉将让企业避免一些潜在的风险，从而给企业带来额外的收益；一个企业的支持者，除了股东、客户，还包括雇员和当地社区，他们对企业利润施加很强的影响，一个具有良好环境声誉的企业意味着它们会在环境问题上投入更多的关注，往往也更加关注提高雇员的健康和安全条件，从而有利于更容易地招募新的合乎条件的员工。当雇员察觉到他们公司在环境上的声誉很低时，雇员流动率、旷工率可能很高，相反，高声誉可能提高对雇员的激励和对雇主的信任，结果可能导致劳动生产率的提高。在当地社区中声誉的增加对矿产、化学等污染行业也是很重要的，在社区中的良好声誉意味着企业在当地的行为是合法的、道德的，可使企业能够更快地获得许可扩展它们现有工厂的生产能力或建立新的工厂。相反，不良声誉会阻碍企业随着其市场容量的增加安装新的生产能力，因为担心这些行为可能给社区带来更加严重的负面影响。此外，一个工厂的营运成本也会受到影响，当社区组织罢工和示威抵制一个企

业的不良行为时，将减少一个工厂获得雇员、供应商等的能力。当前环境声誉已经成为企业声誉建设的一个重要方面，在利益相关者中间的良好环境形象是企业获得竞争优势、提高竞争力的一个重要来源。

## 二　地方政府与排污企业伙伴治理的组织形式及其特点

伙伴即合作共事之意，也就是通过参与、协商、合作等集中多方力量，解决公共事务问题。政府与企业间的伙伴治理主要通过企业自愿性环境协议来实现。所谓自愿性环境协议是指企业、政府和（或）非营利性组织之间的一种非法定的协议，旨在改善环境质量或提高自然资源的有效利用。对于政府而言，这种协议是"来自污染企业或工业部门提高他们环境业绩的自愿承诺"，即也表明政府通过非强制性措施督促企业进行自我约束。尽管自愿性环境协议在各国有不同的名称，如又称为契约（covenant）、环境协议（EA）、自愿性协议（VA）或环境伙伴（EP）等，① 但按照依赖于政府当局影响的程度，企业自愿性环境协议分为三个类型。

### （一）单边协议

它是指在没有任何直接政府干预的情况下，企业（或行业）单方面采取的自主的环境保护行动，是环境的自我管制过程。企业自己设立环境改善计划，传达给其利益相关者，并设置目标、责任、执行和监督程序，企业可能同意利益相关者参与环境目标的确定，也可以将监督委派给第三方。单边协议的典型形式是环境 ISO14000 和环境标志制度。ISO14000 是国际标准化组织环境管理技术委员会（ISO/TC207）为保护全球环境，促进世界经济持续发展，针对全球工业、商业、政府部门、非营利性团体和其他用户制定的环境管理系列标准，是为组织（包括企业）提供的一体化环境管理规范，体现了产品生命周期的思想，即对产品"从摇篮到坟墓"的全过程控制。环境标志亦称绿色标志或生态标志，是由政府部门或公共、私人团体依据一定标准向有关厂家颁布的证书，证明其产品的生产使

---

① 曾思育：《环境管理与环境社会科学研究方法》，北京：清华大学出版社，2004，第 28 ~ 29 页。

用及处置过程全都符合环保要求，对环境无害或危害极少，同时有利于废弃物的再生利用和回收利用。

## （二）公共自愿计划

它是指政府当局决定治理污染的目标和达到这些目标的模式，设定要求企业自愿满足的特定标准或清洁技术，留给企业是否参与协议的选择。在这个计划中，明确规定了企业参与的条件、服从的规定、监督标准和结果的评价，以及 R&D 补贴、技术支持和来自生态标签使用提高的声誉等形式的经济或非经济利益。公共自愿计划的典型形式是清洁生产的审核，包括采用清洁能源、实施清洁生产过程和生产清洁产品三个内容。

## （三）谈判协议

它是存在于公共机构和行业之间的契约，意味着政府和企业在消除标准和执行进程上的积极谈判，两者之间存在讨价还价的过程。据 OECD 和世界银行的有关研究报告，发达国家具体法律的实施大多是政府与企业谈判和协商的结果。谈判的方式因国家制度和国情的不同而有较大的差异。在环境管理中美国政府和企业界之间虽然保留了传统的对抗关系，政府强调严格地按法律规定及程序办事，往往通过对抗性的法律程序，如对达不到环境要求的企业直接给予法律处罚和提起诉讼，实现环境控制目标，但是，美国的环境行政管理过程事实上也包含了政府同企业的谈判，如政府预先公布法规和标准，然后经政府、企业和各种社会压力集团的抗衡性政治和法律过程，即不断的争吵和讨价还价，对法规和标准进行修改和调整等。英国采取相当灵活、分散的方式，政府没有制定统一的标准，但企业的排污行为经常面临拥有很大权力且通晓技术和环境目标要求的检查官员的持续压力，促使企业接受政府的环保建议和环保标准；日本的体系是以"行政指导"为基础的，经常对企业进行非正式的忠告和咨询，对企业施加更加严格的要求。

上述三种组织形式中，单边协议实际上是一种自我管制，属于环境治理的完全私人供给，而后两者则是合作管制的形式，属于环境治理中政府与企业的联合供给。但无论如何，它们都有四个鲜明的特征：（1）自愿的，即非强制性参与，并且协议的各种目标都具有适度弹性。（2）基本目标是改善环境状况，包括控制大气、水资源、土地等的污染程度，进行自然资源管理和生物多样性的保护等。（3）基于某种形式的协议。既可以采取书面协议、谅解备忘录和意向书等"硬的"协议形式，也可以采取口头承诺等"软的"协议形式；无论哪种形式，都建立在一定的正式程序基础上，包括采取谈判、签订协议、设立共同目标、互助交流或评估等形式。（4）可以在各不相同的部门间进行协议签订。包括在企业与政府之间、企业与非营利性组织之间、政府和非营利性组织之间或者这三者之间进行。环境保护中政府与企业间的"公私伙伴关系不是依靠政府的权威，而是依靠合作网络的权威，最终目标就是通过政府、私人部门、第三部门对公共生活的合作管理，实现和推动公共利益的最大化，实现建立美好政府和美好社会的共同愿望"。①

## 三　地方政府与排污企业伙伴治理的政策导向

自 20 世纪 60 年代以来，发达国家大力推进政府与企业的伙伴治理，自愿协议正逐渐成为许多国家环境管制工具的重要组成部分，并取得了显著成效。1999 年 OECD 组织报道，在欧盟国家存在 300 个谈判协议，在日本有 30000 个地区污染控制协议，美国在联邦层次有 40 多个自愿环境计划，其他国家如新西兰、加拿大、澳大利亚等也开始实施自愿环境计划。目前我国在推进环境自愿性协议方面还只是处于起步阶段，推进政府与企业的伙伴治理需要采取一系列措施。

（一）加强舆论宣传导向，确立企业、伦理与环境相融合的新逻辑

通常多数人认为企业与伦理相冲突，企业为追求利润最大化往往难以兼顾伦理；企业发展与环境治理相矛盾，企业保护环境会增加生产成本，降低企业的价格竞争优势。然而，这一观点越来越受到世界贸易保护主义的挑战。在经济全球化的背景下，世界贸易和经济总体上是向着

---

① 党秀云：《公共治理的新策略：政府与第三部门的合作伙伴关系》，《中国行政管理》2007 年第 10 期。

绿色贸易和绿色经济的方向发展的；绿色贸易和绿色经济以可持续发展观为指导，影响着全球环境资源的优化配置，不断成为国际竞争力的重要因素。当前日美国家出于贸易保护主义的目的，凭借其环境保护的优势，利用世贸组织规则的例外条款，以保护生态环境和人体健康为由，设置绿色贸易壁垒，人为提高市场准入门槛，增加了绿色壁垒问题的复杂性。因此，企业追求的不应仅仅是利润这种单一的资本价值增值，而且应当包括环境价值，即要实现企业、伦理与环境三者的有机整合。发展绿色产品和绿色贸易，实现企业与环境的双赢，已成为提高我国企业国际竞争力的现实需要。

### （二）实行分类政策导向，分层次推进企业自愿性环境行动

我国各类企业在所有制基础、产权结构、资金实力、经营业绩等方面存在明显的差别，使企业在生态保护和环境保护领域表现出的社会责任感和自觉性千差万别。有的企业耗资上亿元资金兴建环境设施，有的企业则大肆超标排污，因此，分类指导，分层次推进企业自愿性环境行动是实现政府与企业伙伴治理的现实途径。按照环境保护主义的分类，企业开展环境治理、实施环境保护可分为四个层面：轻微绿色、市场绿色、利益相关者绿色和深刻绿色（表6-1）。[①] 对于所有的企业都应倡导推行以法律法规的要求为环境底线的轻微绿色；对于生产人们日常生活资料的企业应优先倡导以顾客导向为宗旨的市场绿色，例如在美国的超市中顾客更偏爱容易回收的物品；利益相关者绿色是市场绿色的延伸，要生产绿色、安全的产品，必然要求供应商进行绿色耕作、生产以提供绿色原料，从而带动整个产业链的环境保护；将深刻绿色纳入企业发展是企业自觉性环境保护的最高层次，当它尝试环保创新时，所做的努力可能会大幅度降低公司甚至投资者的底线，因而只有少数企业能做到。如2006年1月25日在美国环境保护署的倡导下，杜邦等8家美国公司同意于2015年前全面禁用"可疑致癌物"——全氟辛酸铵，这就是关注全人类健康的自愿性环境行动，也体现了企业

---

[①] 爱德华·弗里曼等：《环境保护主义与企业新逻辑》，苏勇、张慧译，北京：中国劳动社会保障出版社，2004，第14页。

在贯彻深刻绿色方面的战略。

表6-1　不同层次企业自愿性环境行动特征比较

| 企业自愿性环境行动 | 行为出发点 | 原则 | 竞争优势的源泉 | 适用范围 |
|---|---|---|---|---|
| 轻微绿色 | 政府政策法规 | 以法律法规的要求为行动底线 | 个性化措施；技术革新与发明 | 所有企业 |
| 市场绿色 | 以顾客重视环保为基础 | 以顾客导向为宗旨 | 重视顾客对环境保护的偏爱，生产环保型产品和服务 | 生产消费资料的企业 |
| 利益相关者绿色 | 部分或全体利益相关者的需求 | 以公司运作中各个层面都完全遵守环境保护原则为基准 | 带动利益相关者对于环境保护的偏爱 | 具有较强实力、带动力强的龙头企业 |
| 深刻绿色 | 关爱和保护人类共同的家园 | 以关爱地球方式建立与维持公司价值 | 良好的企业形象和社会声誉 | 少数企业 |

资料来源：根据《环境保护主义与企业新逻辑》的内容进行整理，该书作者为爱德华·弗里曼等，苏勇、张慧译，北京：中国劳动社会保障出版社，2004。

## （三）实施激励性优惠政策导向，引导企业参与自愿性环境治理

具有强制性特征、以命令和控制为主要手段的科层制，只能进行环境保护的末端治理，其主要目标在于遏制企业超标排污；而基于信任和自愿性的政府与企业伙伴治理机制则强调采取激励性措施，引导企业实施预防性环境保护。因此，我国的环境政策导向应由当前以约束性措施为主转变为激励约束相容的政策体系。对于自愿参加环境保护的企业，政府应当采取环保补贴、税率优惠、奖励等有效做法，从投资、税收、信贷等方面予以政策扶植，引导企业进行技术创新，改进工艺，提高环境保护的自觉性。同时针对当前"守法成本高、违法成本低"的不合理现象，应当进行政策创新，借助经济杠杆促使企业进行环境整治，如明确生态环境资源的资产属性，实行生态环境资源的有偿使用；按照适度高于环境治理成本的原则，提高排污收费征收标准；完善排污权（指标）的有偿转让机制，综合运用信贷、价格等经济手段，促进环境治理成本的内在化，真正体现

"污染者付费"的治理原则。

### （四）强化约束性政策导向，实施企业环境管理制度

实施企业环境管理制度，落实企业环境管理责任，是推进政府与企业伙伴治理的制度保障。所谓企业环境管理，是企业以管理工程和环境科学的理论为基础，运用技术、经济、法律、行政和教育等手段，对损害环境质量的生产经营活动加以限制，正确处理发展生产与保护环境的关系。有效的企业环境管理，应成为整个企业管理工作中不可缺少的组成部分，渗透在企业的计划管理、技术管理、生产管理、劳动管理、财务管理等诸项管理活动之中。企业环境管理最核心的内容包括环境管理体系、环境会计制度和环境规划等三个方面。当前要加快出台推动企业实施环境管理的相关法制，制定统一的企业环境会计制度，引导企业制定环境规划，将环境成本纳入企业生产成本，促使企业进行技术创新，引导企业从单纯的价格竞争优势转变为综合竞争优势；逐步推行企业环境信息披露制度，及时向社会披露公司活动对环境影响的相关信息，强化社会公众对企业环境治理的监督机制。

## 第二节 产业生态化演进中的企业间伙伴关系

20 世纪 80 年代以来，面对日益严峻的全球人口剧增、资源枯竭和环境破坏等现象，发达国家率先探索和实践循环经济理论，创新了环境治理机制。它们以建立生态产业园区为载体，以产业链生态化为导向，以关联企业间的信任和合作为基础，构建产业关联企业间的伙伴治理关系，实行企业间的物质、能量循环利用。Lowe and Warren 指出"生态产业园最本质的特征在于企业间的相互作用以及企业与自然环境的作用。对生态产业园主要的描述是系统、合作、互相作用、效率、资源与环境"。[①] 世界上最早的生态产业园（卡伦堡生态工业园）的成功经验就是基于企业间的相互依赖和信任，建立合作关系。由于关联企业之间产权明晰，且都是谋求最大经济效益，或减少废物处理费用，因此，企业的副产品都严格按合同要求

---

① 周文宗：《生态产业与产业生态学》，北京：化学工业出版社，2005，第 145 页。

保证质量，不存在宁愿自己企业少挣钱也让对方安全生产的做法。这是企业将长期目标与近期发展相结合，注重信誉谋求长期互惠互利的最佳选择。①清洁的水资源不仅是稀缺的自然资源，也是工农业生产必不可少的生产要素。然而，在现有的经济社会发展阶段，企业生产过程中的废污水排放是人类尚无法克服的技术难题。因此，遵循"减量化""再利用""再循环"的3R原则，引导企业尽可能地节约用水，减少废污水排放，提高水资源利用效率，是推进产业生态化的题中应有之义。

## 一　生态产业园区：企业间伙伴关系的组织载体

产业生态化是指产业的自然生态有机循环机理，即在自然系统的承载能力内，对特定地域空间内的产业系统、自然系统与社会系统进行耦合优化，实现充分利用资源，消除环境破坏，协调自然、社会与经济的持续发展。② 实施产业生态化，就是要求企业推广资源节约型生产技术，建立资源节约型的产业结构体系，减少对环境资源的破坏，倡导绿色环保消费。美国总统可持续发展委员会（PSCD）认为，在生态产业园中，商业企业应互相合作，而且与当地的社区合作，以实现有效的资源共享（信息、材料、水、能源、基础设施和天然生境），产生经济和环境质量效益，为商业企业和当地社区带来可平衡的人类资源。在清洁生产的基础上，运用生态经济原理，建立生态工业园和生态农业示范区，根据行业间的关联，通过物质、能量和信息集成，拉长产业链，使模式中的各个主体形成互补互动、共生共利的有机产业链网，是建立企业间共生网络和企业间水资源的中循环利用的组织形式。企业间共生是指不同企业之间的合作，通过这种合作，可共同提高企业的生存及获利能力，共生双方一般是偏利共生和互利共生。企业间共生系统至少包括三个方面的内容：（1）共生系统结构。产业共生系统结构是系统内所有共生单元及其共生关系的集合。产业共生单元指构成共生系统的基本物质生产和交换单位，即构成共生系统的各个企业，它们是形成共生体的基本物质条件。共生关系是指各个企业之间的

---

① 周宏春、刘燕华：《循环经济学》，北京：中国发展出版社，2005，第134页。
② 陈柳钦：《产业发展的集群化、融合化和生态化分析》，《华北电力大学学报》2006年第1期。

合作关系，既反映共生企业之间作用的方式，也反映作用的强度；既反映共生企业之间的物质信息交流关系，也反映共生企业之间的能量关系。（2）共生企业间的质参量兼容。质参量是指决定共生单元内在性质及其变化的因素，如单元模块的原料、产品及副产品排放等都是共生单元的重要质参量。在共生企业之间，质参量往往不是唯一的，而是一组，这一组质参量共同决定共生企业的内在性质。质参量的兼容就是指不同共生企业的质参量具有某种对应关系，如某一企业的副产品排放恰好是另一企业所需要的某种原料，这种质参量的兼容最有利于共生关系的建立。（3）共生效益。表现为共生企业之间的共生带来的经济效益的提高，以及资源消耗量和排污量的减少，从而实现对资源的节约和对环境的保护。

## 二 水资源循环中企业间伙伴关系的基本原则

产业生态化，就是以循环经济理念为指导，仿照自然界生态过程中的物质循环方式来规划产业生产系统。它追求的是系统内各生产过程从原料、中间产物、废物到产品的物质循环，达到资源、能源、投资的最优利用，实现循环经济。循环经济实质上是以资源的高效利用和循环利用为核心，以"减量化""再利用""再循环"为原则（简称"3R"原则），以低消耗、低排放、高效率为特征，符合可持续发展理念的经济增长模式，是对"大量生产、大量消费、大量废物"的传统经济增长模式的根本变革。它摒弃了传统增长模式"资源→产品→污染排放"单向流动的线性经济，通过把一个经济活动组织成一个"资源→产品→再生资源"的反馈式流程，最大限度地利用进入系统的物质和能量，提高资源利用率，最大限度地减少污染物的排放，提高经济运行质量和效益，从而使经济系统和自然生态系统的物质循环过程相互和谐，以促进资源的永续利用。循环经济作为可持续的经济增长模式，也是预防性环境治理的根本手段，循环经济要求最大限度地将废弃物转化为商品，降低废弃物的产生量和排放量，这个过程会相应减少污染治理投入和环境监管成本，起到保护环境的作用。

以循环经济理念创新流域生态环境治理机制，就是以生态产业链为中心，构建企业间的合作关系和伙伴治理机制，推行水资源一体化利用模式。主要包括三个层次：从企业层次，推进企业清洁生产，实现小循环，体现减量化原则；从企业间层次，推进企业间水资源交换利用，实现中循环，体现再利用原则；从社会层次，推进中水回用，实现大循环，体现资源化（或再循环）原则，从而提高水循环绩效（如图6-2）。

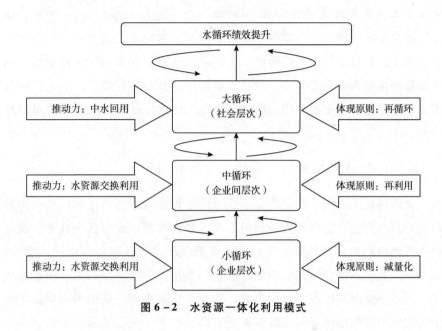

**图6-2 水资源一体化利用模式**

### （一）提高企业层次的水资源利用效率

我国年均水资源总量为28124亿立方米，居世界第六，但由于人口众多，地域辽阔，人均水量仅为2400立方米，相当于世界人均的25%，单位面积耕地水资源量仅为世界平均量的75%，都小于世界标准，而且水资源的时间和空间分布不均匀。随着我国经济的快速发展，工农业用水大幅度增长，不少企业用水超标严重。[①] 水资源供求矛盾更加突出，同时流域的水质污染也造成部分地区水质型缺水。2010年全国农业用水消耗量2342.0亿立方米，约占全国用水消耗总量3182.2亿立方米的73.6%。[②]

---

① 据笔者调查，不少企业水耗超过国家标准1倍以上，如福建省建阳明珠纸业有限公司机浆单位产品取水量140立方米/吨（国家规定40立方米/吨）；邵武中竹纸业有限公司机浆单位取水量150立方米/吨（国家规定110立方米/吨）；福建省佳丽家纺有限公司印染布单位取水量22.9立方米/百米（国家规定5.75立方米/百米）；福建凤竹纺织科技股份有限公司筒子色纱单位产品取水量90立方米/吨（国家规定30立方米/吨）。

② 中华人民共和国水利部：《2010年中国水资源公报》，2012。

2011年，全国农业灌溉用水有效利用系数为0.51，与发达国家的0.70~0.80相比，差距很大。2010年，我国万元工业增加值用水量为105立方米，是发达国家的2倍多；2010年，全国工业用水重复利用率约为60%，与世界先进水平的90%~95%相比，还有不小差距。[①] 因此，要按照清洁生产的理念，引导企业加强结构调整和技术改造力度，采用节水的先进工艺和技术，不断降低单位产品的水资源消耗量和污水排放量，尽可能做到零排放或无害排放，做到水资源利用减量化。例如，火电厂冷却用水经过降温后可再次使用，造纸、煤化工废水经过深度处理后也可循环使用。

### （二）推动产业园区水资源交换和再利用

所谓再利用原则，就是增加水资源的使用次数，尽可能多次或以多种形式使用水资源，提高水资源利用效率。要以生态产业园区为载体，建立以水资源再利用和再循环为重点的水资源循环经济体系。利用技术手段，推动不同企业或产业间的水资源再生循环利用，降低耗用水量和污水排放量。通过企业间层次的水系统形成，实现水资源在企业间的再利用。产业生态园区的废水集成可采用以下4条途径：（1）上游企业排放的废水作为生产原料供园区内外的其他企业使用。（2）废水级联使用。一个企业排出的水质较好的废水，如循环冷却水的排放部分，可用于邻近另一个企业对水质要求不高的环节，如烟尘治理。（3）废水集中回用。若干邻近企业共建水循环系统，对于若干企业产生的同样性质的废水，如硫酸废水，可先集中后再统一用到其他企业。（4）废水处理设施共享。对于有较大规模废水处理设施的企业，还可考虑对邻近企业的废水进行有偿处理，有助于缓解园区集中建设处理设施的压力。

### （三）废水资源化（或再循环）原则

再循环是指水资源在其使用价值发挥一次功能后能重新作为可以使用的资源。它分为两种情况：一是原级再循环，即废水被循环用作同样的用途，例如冷却用水经过降温后仍可作为冷却用水；二是次级再循环，即废

---

① 中华人民共和国统计局：《2010年国民经济和社会发展统计公报》，2011。

水被循环用作其他用途，例如工业废水经处理后用作生态环境用水。① 中水是国际公认的"城市第二水源"。所谓中水回收，是指城市污水或者生活用水经过物理、化学以及生物方法处理，达到规定的水质标准成为在一定范围内可再生回用的非饮用水，因其水质介于上水和下水之间被称为中水。经过处理后形成的中水，可用于厕所冲洗、园林灌溉、道路保洁、洗车、城市景观用水、地下水回灌、工业和农业用水等。目前各大流域城市的污水处理能力低，多数污水处理厂没有正常运行，生产效率低下，也造成没能真正实现中水的回收利用。考虑建立良性循环水生态系统的需要，应将中水回收利用纳入区域循环经济体系。据中国水利报相关数据，每日使用1万立方米的回用水，相当于建设1座400万立方米的水库。中水利用是实现污水资源化的有效途径，运作得好，可实现社会效益、环境效益、经济效益及资源效益四丰收。国内外的实践证明，大力发展小型的污水处理设施并进行中水回收利用是城市和城镇水资源持续利用的重要举措。②

## 三　基于水资源循环利用的企业间伙伴关系构建

即按照"企业节约用水—企业间水资源再利用—中水回收利用"三个层级，综合运用财税、投资、信贷、价格等政策手段，调节和影响市场主体的行为，构建流域水资源再利用和中水回收利用等环节的盈利模式，使市场条件下的水循环利用的各个生产环节有利可图，形成促进循环经济发展的自发机制和微观主体自觉节约资源及保护环境的运行机制。

### （一）建立企业间伙伴治理的利益保障机制

生态产业园是以企业间的信任和合作为基础的，而信任和合作的前提又在于利益共享和双（多）赢，这就要求每个合作项目对生态产业链上的企业而言在经济上都是有吸引力的，即项目应具备很好的商业意义；如果

---

① 张玉山、李继清、姜旭新：《水资源循环经济理论初探》，《安徽农业科学》2012年第36期。
② 潘增辉等：《利用小型污水处理设施和回水解决城镇水资源问题》，《南水北调科学技术》2005年第8期。

没有企业的核心商业机会，不论其环保性多么诱人，都很难被付诸实施。因为每个企业都独立评估其业务，尽力确保风险最小，不存在全系统绩效的综合评估。因此企业总会在回收与循环利用副产品及废物发生的费用，与购买新原料和简单处置废物发生费用之间进行权衡，如果废物的再利用和再循环缺乏经济效益，即使在技术上可行，企业也缺乏进行废物循环利用的动力。在资源日益枯竭和环境被严重破坏的情况下，加强绿色 GDP 和环境价值的评估，适度提高污水处理费征收标准，是保障企业进行废物循环利用的政策着力点。包括：合理确定再生水价格；足额征收污水垃圾处理费，专款专用于污水垃圾处理设施的建设、运营和维护；创造条件加快推行居民生活用水阶梯式水价制度；等等。通过政府价格政策的导向，形成合理的价格体系，使生态产业链上各个环节的企业进行水资源循环利用有利可图。

### （二）建立有利于水资源循环利用的技术支撑体系

按照共生网络的要求，引资补链，发展绿色企业和生态产业园。采取"政府为主导、企业为主体"的管理模式和运行机制，促进龙头企业及上下游产业链的修补、拓展和延伸。从产品生产延伸到废旧物品的回收处理和再生，同时拓展横向技术体系，将生产过程中产生的废弃物进行回收利用和无害化处理；技改时坚持环保设备与主体设备同时设计，同时施工，同时竣工投产，并大力采用无污染或少污染的新工艺、新设备；建立绿色技术体系和绿色营销体系，积极采取清洁生产技术，降低原料和能源的消耗，实现少投入、高产出、低污染；积极开发新能源（特别是生物能、太阳能等绿色能源），创新新型材料，发展绿色产业和绿色产品，努力实现从数量型效益为主向质量型效益为主转变。正如《我们共同的未来》一书中所指出的："工业必须认识到污染是一种浪费，是生产中的低效率现象。当工业界认识到污染是一种成本，而必须在他们的计划中加以考虑时，他们就会有动力去进行必要的投资改革工艺，从而提高效率，减少污染和废物。"

### （三）建立生态产业循环的风险防范机制

基于企业间伙伴治理而形成的生态产业链面临着各种风险，包括：

（1）信任风险。共生系统中某个环节上的企业如果由于经营业绩不佳而关闭，可能造成该链条上大批企业无法运作，甚至会使整个共生体瘫痪。因此，确保生态工业园系统的可靠性和安全性是实现企业伙伴治理的重要内容。（2）技术风险。在生态产业链中，前向企业的废物要成为后向企业原料，要求废物在数量上是充足的，而且必须是可分离的和有价值的；（3）可用资源供给性风险。由于一家企业的废物是另一家企业的原料，因而下游企业的产品产量必须依据上游企业的废物产量水平来确定，并且容易波动。因此，要实现废物的循环利用必须建立一套能确保生态产业链连续生产的安全机制。（4）信息扩散风险。企业间的相互链接可能造成一些专有技术发生扩散，竞争者易于模仿原企业，造成企业竞争力下降。

## 第三节　城镇污水处理的公私伙伴关系

随着国民经济的发展和城乡居民生活水平的提高，我国工农业生产和城镇居民生活污水排放量呈现快速上升趋势，并成为流域水污染加剧的重要根源。改变传统单纯由政府投资、建设和运行的治理模式，推进污水处理的市场化、产业化，积极引导民营资金进入环境保护行业，实现公私伙伴治理，是解决财政资金投入不足、污水处理设施老化严重和许多污水处理企业开工不足的重要途径。污水处理属于政府基本公共服务的重要内容。实行污水处理市场化，本质是在公共事务领域引入市场机制的问题。运用市场机制解决城镇水污染治理的重要手段，是实现公私伙伴关系。所谓公私伙伴关系，是指"公共和私营部门共同参与生产和提供物品和服务的任何安排"；①或者说"泛指政府和私营部门之间的任何协议"。② 公私伙伴关系是政府和私人部门之间的多样化安排，其结果是部分或传统上由政府承担的公共活动由私人部门承担，其本质是政府与私人企业间的委托代理关系。从公共选择和新公共管理的理论角度看，"没有任何逻辑理由证

---

① E. S. 萨瓦斯：《民营化与公私部门的伙伴关系》，北京：中国人民大学出版社，2001，第105页。

② E. S. 萨瓦斯：《民营化与公私部门的伙伴关系》，北京：中国人民大学出版社，2001，第81页。

明公共服务必须由政府官僚机构来提供，摆脱困境的最好出路是打破政府的垄断地位，建立公私机构之间的竞争"。① 公私伙伴关系作为一种创新形式，是公营企业和民营企业以产出效益和可持续发展为标准而确立的伙伴关系。它是一种在项目基础上建立的紧密合作关系，为完成某些公共基础设施建设，或在公共服务领域里提供其他服务而明确各自的权利和义务。

## 一 建立城镇污水处理公私伙伴关系的现实依据

### (一) 转变政府职能的应有之义

民营化理论先驱和主要倡导者萨瓦斯认为："服务提供或安排与服务生产之间的区别是明显且十分重要的。它是整个民营化概念的核心，是政府角色界定的基础。对许多集体产品来说，政府本质上是一个安排者或者提供者，是一种社会工具，用以决定什么应该通过集体去做，为谁而做，做到什么程度或者水平，怎样付费等问题。"② 至于服务的生产和提供，完全可以通过合同承包、补助、凭单、特许经营等形式由私营部门或者社会机构来完成。在传统的公共事业管理体制下，污水处理属于典型的公共服务行业，城市污水处理厂存在着"靠政府统管包办、靠政府投资建设和靠政府补贴营运"的状况，难以适应国民经济快速发展的需要。近年来，我国政府正在借鉴国外的成功经验，《国家计委关于加强国有基础设施权益转让管理的通知》，建设部颁发的《城市市政公用事业利用外资暂行决定》，国家发改委、财政部、建设部和国家环保总局颁发的《关于推进城镇污水、垃圾处理产业化发展的意见》，建设部颁发的《关于加快市政公用行业市场化进程的意见》，国务院颁发的《国务院关于投资体制改革的决定》，以及国家经贸委等部委发布的《关于加快发展环保产业的意见》等文件，都包含鼓励城镇污水处理市场化的政策措施，引导按照政事分开、政企分开、事企分开和管干分开的原则，推进污水处理产业化、市场化的发展，使污水处理企业真正成为符合现代企业制度要求的经营主体，同时建立符合市场经济发展要求的竞争机制和政府监管机制。

---

① 周志忍：《当代国外行政改革比较研究》，北京：国家行政学院出版社，1999，第4页。
② 周志忍：《当代国外行政改革比较研究》，北京：国家行政学院出版社，1999，第68页。

## （二）　实现环境公共服务有效供给的现实途径

污水处理行业可以分为管网铺设、污水处理经营两大部分。管网铺设具有纯公共产品特征，主要依靠政府通过规模化经营收回成本，即实行政府垄断，其经营管理具有固定资产投资规模大、经营报酬收益低、资金回收周期长等特点；污水处理具有私有产品特征，更适合采用竞争机制提高效率。近年来，我国污水处理事业取得了长足的进步，城市污水处理能力显著提升。截至 2011 年底，全国设市城市、县累计建成城镇污水处理厂 3135 座，污水处理能力达到 1.36 亿立方米/日。在 654 个设市城市中，已有 637 个城市建有污水处理厂，占设市城市总数的 97%。36 个大中城市（直辖市、省会城市和计划单列市）已建有污水处理厂 422 座，形成污水处理能力 4721 万立方米/日。然而，我国城市污水处理产业存在着结构性矛盾。一方面是长期依赖以政府财政投入为主导的投融资机制，污水处理行业资金投入不足，城镇污水日处理能力较低。2010 年，全国城镇供水总量为 713.9 亿立方米，① 废污水排放总量为 617.3 亿吨，② 废污水排放量约占城市供水量的 85%，但废污水处理率仅为 76.9%。③ 另一方面是由于管网配套设施不完善，部分城市污水处理设施产能闲置、利用率低。2012 年全国城镇污水处理厂运行负荷率只有 82.1%。大量城市污水未经有效收集处理就直接排放，使得原本具有美化景观作用的城市河渠与周边湖泊变成了天然污水渠。加快污水处理市场化是拓宽投融资渠道、实现投资多元化、解决财政投入不足、提升环境公共服务供给效率的现实途径。

## （三）　污水处理产业健康发展的普遍经验

20 世纪 80 年代以来，政府职能市场化、公共服务民营化等已成为发达市场经济国家的普通做法，其运作模式也已渐趋成熟，取得了显著的经济效益。如美国印第安纳州波利斯市污水处理厂采取合同外包方式，取得了显著的经济效益："成本节约了 44%；污水处理质量提高；雇员人数减

---

① 中华人民共和国住房和城乡建设部：《中国城镇供水状况公报（2006～2010）》，2012。
② 中华人民共和国环境保护部：《2010 年中国环境状况公报》，2011。
③ 中华人民共和国统计局：《2010 年国民经济和社会发展统计公报》，2011。

半；事故发生率是全国污水处理厂事故平均发生率的十分之一；虽然雇员民营化前后属同一工会，但雇员抱怨次数一年内由 38 次减少到 1 次。"①目前全国已开征污水处理费的城市收费标准普遍偏低，具有明显的公益性特征，加之污水集中处理率低，大多数污水处理企业经营收益远不足以弥补污水处理的成本，致使城市污水处理厂或长期亏损经营，成为政府的财政负担；或由于经费短缺，处理设施处于不良运行状态，造成国家的大量投资没有起到应有的环境治理效果。采取合同外包、特许经营权转让等公私伙伴关系形式，不仅能够降低公有企业规模，削减运行成本和提高质量，而且能够通过竞争的外在压力，促使企业进行技术革新，从而降低过于复杂的监管制度带来的监督成本和企业的运营成本，改善公共服务的竞争性和效率。

## 二 城镇污水处理公私伙伴关系的主要内容

### （一）公私伙伴关系的主体结构

在污水处理市场化的实践中，政府公共部门与市场力量之间不仅不存在责任与义务的分野，相反，二者的积极配合是公私伙伴关系的基础。埃利诺·奥斯特罗姆将传统的公共事务提供主体——政府，分离为两个相互依存的主体：组织者（或规划者）为政府或其他能代表公民需求的公共机构；生产者（或供给者）为由组织者选择的服务生产的供给者。这两个主体与公共服务的需求者（或享用者）即共同需求和享用某种公共服务的由个人组成的用户群体，共同构成了一个多元互动的运行框架。作为公共利益代表的规划者，尽可能地按照公共服务需求者的要求和标准，选择和安排生产者，让生产者和规划者一起协同生产，满足需求者的公共服务需求。

正是由于公共事务提供主体分离出两个相互依存的主体即规划者和生产者，公共服务的系统功能才能分解并由专业化的组织（生产者）来承担，实现了政府部门与私人部门之间的伙伴治理。这样，生产者对于公共

---

① E. S. 萨瓦斯：《民营化与公私部门的伙伴关系》，北京：中国人民大学出版社，2001，第188 页。

服务提供的责任不是规划、不是融资而是具体的操作生产，以达到需求者—规划者—生产者三者间的恰当匹配。生产者的多元化，以及公共服务提供者的多元化，是提供多种选择以达到三者间恰当匹配的条件。埃利诺·奥斯特罗姆将这种多选择性概括为多中心秩序及多中心论。其核心内容主要包括：（1）生产者是多中心的。作为提供公共服务的生产者，既可以是政府办的生产机构，也可以是专业化的社会公共机构，例如社区机构或者其他非营利性组织，甚至包括各类不同性质的私人企业。（2）规划者是多中心的。在多层治理框架下，地方政府和中央政府作为不同层级公共利益的代表，都可以承担规划者的角色，通过不同契约安排实行公私伙伴关系。（3）生产者和规划者之间的关系是多种类的。由于政府与私人企业在污水处理中的出资方式、权益比重不同，污水处理中的公私伙伴关系可以采取合同承包、特许经营、补贴等各种不同的形式。

### （二）公私伙伴关系的组织模式

不同的公私伙伴关系的组织模式，具有各自不同的制度优势和缺陷。在图6-3公私合作类型的连续体上，最左端是完全公营的模式，最右端是完全民营的模式。实行完全公营，由政府公共机构处理污水具有明显的制度优势，即可依据需要制定相应的政策支持系统，但存在着缺乏足够的资金、管理落后、效率低等劣势；民营机构从事污水处理产业化经营，具有资金相对充足、拥有先进管理模式与经验、灵活性强、具备较强的创新能力等优势，但也存在社会责任心弱、承担风险能力不足等劣势。公共民营伙伴关系可以取长补短，发挥公共机构和民营机构各自的优势，弥补对方的不足，可以极大提高城市水业发展的进程。①

公私伙伴关系的组织模式主要有：政府和私人合资共建模式、合同外包或托管模式、建设—运营—转让模式（BOT）、移交—运营—移交模式（TOT）、捆绑模式或供排水"一体化"模式、会员制模式等6种，不同的公私伙伴关系模式具有各自的特点和适用条件。因此，在污水处理市场化过程中，应因地制宜地采取不同的公私合作模式。例如，对新建污水处理

---

① Robinson C, et al. *Utility Regulation and Competition Policy*. Glasgow：Edward Elgar Publishing Limited，2002：69-95.

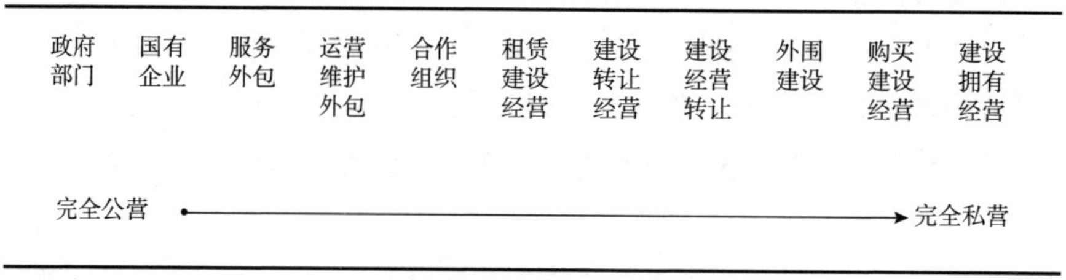

| 政府部门 | 国有企业 | 服务外包 | 运营维护外包 | 合作组织 | 租赁建设经营 | 建设转让经营 | 建设经营转让 | 外围建设 | 购买建设经营 | 建设拥有经营 |
|---|---|---|---|---|---|---|---|---|---|---|

完全公营 ━━━━━━━━━━━━━━━━━━━━━━━━━▶ 完全私营

**图 6 - 3  公私合作类型连续体**

厂项目，可以采用 BOT 等投融资方式；对国家为改善经济不发达地区的环境治理投入的国债项目，可以采取准 BOT 模式；对近期已建成的污水处理厂项目，采用 TOT 方式，有利于盘活存量资产，利用变现资金进一步加快新的污水处理厂建设；对早期已建成且不适合采用 TOT 投融资方式的污水处理项目，可采取委托运营模式；在给水缺口较大地区，可以采取供排水"一体化"模式；对于污水处理服务可以采取合同外包的形式。如表 6 - 2 所示。

**表 6 - 2  污水处理中公私伙伴关系的典型模型**

| 污水处理设施类型 | 适用的类型 |
|---|---|
| 新建污水处理设施 | 建设—运营—转让（BOT）、建设—运营—拥有—转让（BOOT） |
| | 建设—转让—运营（BTO） |
| | 建设—拥有—运营（BOO） |
| 对已建污水处理设施的扩建 | 租赁—建设—运营（LBO） |
| | 购买—建设—运营（BBO） |
| | 扩张后经营整体工程并转移（Warp—Around—Addition） |
| 已有污水处理设施 | 服务协议（Service Contract） |
| | 运营和维护协议（Operate and Maintenance Contract） |
| 污水处理服务 | 合同外包（Outsourcing Contract） |

## （三）公私伙伴关系的运行机制

在污水处理市场化实践中，公私伙伴关系展现了一种新公共服务的网络模式，不论采取哪种模式，它都具有三个网络主体——需求者、规划者和生产者；形成了三类网络服务功能——需求者的委托或授权功能，规划者的规划、融资安排功能和生产者实施生产保障质量和数量的功能；形成了无数个网络节点——不同的主体及同类主体中的不同个体的集合。三个网络主体发挥着三种网络服务功能，形成了公私伙伴关系的运行机制，主要包括三个内容；① （1）信息传递机制。需求者、规划者和生产者三方之间的相互关系是一个闭合的网络回路。信息传递的起点是公众对污水处理的公共服务需求，这种公共服务需求从需求方传递给规划方，再从规划方传递给生产方，生产方完成污水处理的公共服务功能，传递给需求主体，完成一次循环。在前环推进后环的多次往复循环中，形成总体激励机制。（2）互惠与共享机制。只有三个主体之间采取以互惠和共享为原则的交易模式，这个公共服务的网络生产才能持续运行。互惠和共享的交易模式是保障三方公共服务利益的机制，任何一方破坏规划，都会导致网络的某个链条断裂，从而使循环停止。（3）自治机制。相互信任且共享公共服务的人们能够选择某种方式实现自治，能够决定最适合提供他们所需要的公共服务的组织者，能够在公共服务的网络循环中增长他们的自治能力，这是构成公共服务网络模式起点的机制，也是这种模式实现的根本条件。自治是集体享用者们内部的运行机制，它的变化和自治能力的增长推动着公共服务提供制度的自主转化，向着三者互惠和共享的目标渐进。

## 三  城镇污水处理公私伙伴利益协调机制构建

污水处理行业管理具有政府多部门间伙伴合作和中央地方多层治理的特征，污水处理市场化中公私伙伴利益关系的协调，需要发挥地方政府主导性的协调功能：一方面它是公共利益的代表，制定规划应当符合社会公益的需求；另一方面它作为公共服务生产者的监督者，应从经济利益补偿、政治权利调整和法律规范等多层面建立公私利益协调机制。

---

① 中国社会科学院环境与发展研究中心：《中国环境与发展评论》，北京：社会科学文献出版社，2004，第 528 页。

### （一）建立私人资本投资污水处理行业的经济补偿机制

私人资本转移和投资的内在动力在于部门之间的利润率差异，私人资本总是从利润率低的部门转移到利润率高的部门，这是市场经济条件下利润平均化规律发生作用的必然结果。因此，政府可以按照略高于同期银行长期贷款利率的标准设立污水处理项目的最低投资回报率。(1) 适度调整污水处理费收费标准。污水处理费是城市供水价格的重要组成部分，城市供水价格的调整要优先将污水处理费的征收标准调整到满足城市污水处理厂建设和运营需要的水平。有条件的城市，污水处理费的调整可适当考虑污水管网的建设和运营费用，为加快城市污水处理产业化发展创造必要的前提和条件。因此，应适度提高污水处理费收费标准，保障私人资本投资污水处理行业获得合理的利润，真正推行污水处理的民营化和公私伙伴关系。(2) 完善行业鼓励性经济政策。发挥政府导向功能，充分运用财政贴息、投资补助、收取污染物处理费、水电费优惠、安排前期经费等优惠政策，吸引社会资金投资环保事业，可鼓励多种经济成分进入环保领域，加快规范城市污水处理工程项目的建设和运营管理。建设、物价、环保、财政、土地、体改等部门要加快制定污水处理项目建设、运营、拍卖抵押、资产重组、资金补助、收费管理、市场准入制度等方面的配套政策；并加强对优惠政策执行情况的检查监督，保证社会投资的合理回报，建立起与市场经济相适应的环保投融资和运营管理体制。

### （二）规范政府公共行政权力

当前全国统一、开放、竞争与有序的市场体系尚未建立，地方和行业保护主义依然盛行。例如，一些地方政府和部门不允许外地环保产品或者环境服务进入本地市场，采取各种方式限定、变相限定单位或个人只能经营、购买、使用本地生产的环保产品或者只能接受指定企业或者个人提供的环境服务；有些地方片面强调当地环境保护建设项目所需的设备和产品要在当地生产，造成低水平重复建设；在环境保护工程建设中回避招标和在招投标中弄虚作假等现象也普遍存在。因此，规范政府的公共行政权力，建立公开公平公正的市场竞争环境，打破行业垄断，引入市场竞争机制，将城市污水处理工程项目的建设内容、投资估算、项目建设运营管理方式、投资运营年限、污水处理指标要求和其他相关优惠政策、可能存在的风险等向社会公告，通过实行规范的招投标确定投资者或运营企业，是实行公私伙伴关系的现实路径。应放开环保基础设施产业市场准入，鼓励各种经济成分积极参与，采取一切有效措施加快环保基础设施建设，实现环保投资主体多元化、运营主体企业化、运行管理市场化，形成行为规范、运转协调、公正透明、廉洁高效的污水处理管理制度，形成权责明确、政企分开、产权明晰、管理科学的现代企业制度。

### （三）健全保障投资者利益的法律法规体系

自 2002 年建设部宣布逐步放开非国有经济进入城市市政公用行业的限制，各省市也纷纷出台经营性基础设施的投资政策措施后，城市污水处理设施投资运营成了民间资本、外资等各类投资商关注的重点领域。在发达国家，城市污水处理领域就一直以其投资回报稳定、风险小而备受资金雄厚的投资者青睐。在目前我国相关法律法规体系尚不完善的情况下，其经营过程中存在着巨大风险，包括业主变化、收费体系不健全以及各种政策的重大变化等。由于城市污水处理厂的投资具有投资金额巨大、投资回收周期长等特点，因此，投资者对风险的考虑是放在首位的。经营过程缺乏强有力的法律法规约束，使投资者感到风险难测，投资者权益得不到充分保障，是导致投资者裹足不前的重要原因。因此，完善相关的法律法规是推动污水处理市场化的重要保障。

## 第四节　政府与第三部门的伙伴合作关系

美国学者莱斯特·M. 萨拉蒙在他的开创性论文《非营利部门的兴起》中指出：所谓第三部门（The Third Sector），是指非政府、非市场的民间领域，它由非政府和非营利组织构成，是不同于政府控制、不同于市场营利组织的社会自组织。从范围上包括在民政部门注册的社会团体、基金会、民办非企业单位及未注册的草根组织等，它具有组织性、民间性、非营利性、自治性和志愿性等特征，其实质是"通过志愿提供公益"的 NGO 或NPO。第三部门不仅是实现社会公平、公正的调节器，也是代表公众参与公共事务的重要载体。当前我国流域治理过程中面临政府和市场"双失灵"的现象，引导第三部门参与流域治理，可以有效抑制上述两个领域的失灵造成的恶果，并把公众参与网络和互惠信任关系等"社会资本"引入流域治理过程。因此，完善政府、企业与第三部门之间的伙伴治理机制，对于克服单一科层治理机制的缺陷具有重要意义。

## 一 流域治理中第三部门参与的地位和作用

### （一）第三部门是流域生态公共服务自愿性供给的自主性组织

流域既是特殊的自然地理区域，又是区域生态公共服务的基本单元。流域水资源、水环境和水生态具有系统性、开放性、复杂性和不确定性等特征，因此，流域水资源开发过程中的生态环境保护，需要政府制定相应的激励约束相容的环保政策，需要企业在追求自身利润的同时承担环境保护等社会责任，也需要第三部门担当起生态公共服务自愿性供给的重要职能。在发达国家一些受益者联合组成的非营利性服务机构，在提供水资源服务以及保护水资源方面所具有的功能，超越了营利性的水服务企业和政府组织的管理机构；有些国家的公民还自发成立了由受益者自愿组成的水资源管理或监督委员会以及各种形式的协会，它们在筹集资金、维护工程、监督运行、提供服务、促进参与和维护公共利益等方面，都具有很高的效率。同时，一些专业性、技术性的非政府组织常常对促进水资源保护的技术革新、技术标准的制定、信息交流、水产业发展的项目设计以及环保措施的落实等都发挥了重要作用。基于妇女在保护食物、燃料和水方面的责任，她们往往对保护自然生态资源以实现可持续利用有更大的兴趣，因而 1992 年都柏林"水和环境国际会议"确立的"四条都柏林原则"强调，"妇女在水的供应、管理和保护方面起着中心作用"。[①] 美国"丝绸路"公司曾在菲律宾进行的一项垃圾处理技术转移，就得益于政府和妇女 NGO 之间的合作。这项技术运用可循环的能源，既能够消除当地牧场上牛和猪产生的垃圾，也可用于处理人类产生

---

① （加拿大）布鲁斯·米切尔：《资源与环境管理》，北京：商务印书馆，2004，第 381 页。

的污水，因此可以产生明显的经济效益和生态效益。在这一合作框架下双方实现了双赢：废物收集由 NGO 负责，投资者无须为收集废物而支付成本，可以获得更多的利润；当地居民和地方政府则可以享受更清洁的环境和获得更低价格的电力供给。

### （二）第三部门是代表公众参与流域综合开发决策的有效载体

一个愚昧错误的公共决策可能污染一条河流，危害一座城市，影响一个区域居民的健康，危害远比一般刑事犯罪严重。因此，决策科学化和民主化是降低流域治理风险的重要条件。"民主意味着参与。"① 公众可以通过环保社团等第三部门来表达自己的环境意识，维护公众自身的环境权益，进而参与、影响政府和企业的环境决策，努力实现联合国《21 世纪议程》提出的"在决策中把环境与发展综合起来"的目标。环保社团通过宣传环境科学知识和相关政策法规，并通过各种培训、公益事业性活动等，可吸引广大公众参与，并可通过公众参与来增强其维护公共利益的意识，唤起社会对环境问题的普遍关注，从而促进全社会增强环境意识。第三部门还可以建立公众参与渠道和激励机制，组织公众参与流域生态环境治理的公共决策过程、环境影响评估、环境监督等。此外，通过环保社团等第三部门，可以让国内外各种组织、团体和个人采取各种形式，参与环境保护活动，支持和促进环境保护事业的发展。这样社团可利用筹集的资金和物质建立一种激励机制，通过奖励和资助的形式，激励公众投身环境保护事业。

### （三）第三部门是流域水环境治理不可或缺的监督主体

发达国家的经验表明，社区范围内群众自发建立的环保组织对维护公众环境权益是非常有效的，它比分散的公众参与具有更强的谈判能力和决策话语权。它们常常会根据公共利益或集体长远利益的需要，对政府的资源开发行为和政策施加持续的、有影响的压力，尤其是对地方或部门保护

---

① Max Wolff, "Democracy Means Participation", *Journal of Educational Sociology*, Vol. 23, No. 3, 1949, pp. 129 – 134.

的资源开发和利用政策产生重大的压力。日益壮大的第三部门已成为一个重要的"压力集团",影响和制约政府决策过程,甚至能够矫正政府的错误决策。美国《清洁空气法》《清洁水法》等法案的通过以及联邦环境保护机构的成立,正是1970年4月环保NGO发起的运动直接推动的结果;德国的绿党也正是在环保运动中成长为影响政府社会经济决策重要的、独立的政治力量的。1994年我国在《中国21世纪议程》中强调:"团体和公众既需要参与有关环境与发展的决策过程,特别是参与那些可能影响到他们生活和工作的社区决策,也需要参与对决策执行的监督。"近年来,由于污染密集型项目开工可能危及群众健康而引发的福建厦门、江苏启东、四川什邡等群体性事件表明,随着我国公众环保意识的增强以及他们对政府监督能力的提升,公众和第三部门已日益成为影响地方政府决策的重要力量。

## 二 流域治理中第三部门参与的现状与问题

随着我国经济社会的发展、公众文化素质的提高以及民主政治进程的加快,人民群众的环保意识显著提高。我国的民间环保团体基于环境保护主义的理性,在认同政府环境保护政策目标的前提下,努力推进与政府企业间的伙伴治理。他们借助正规体制获取资源、开展活动,为国家环保事业建言献策、开展社会监督、维护公众环境权益等,取得了积极的成效。我国民间环保团体由于发展时间不长,基础尚不牢靠,存在自身独立性不强、管理制度不健全、人力资源不足等缺陷,因而难以像发达国家第三部门那样发挥应有的功能和作用。

### (一) 参与能力薄弱

目前我国各类环保民间组织有近3000家,按照地域可分为全国性环保社团、地方性环保社团及单位内部环保团体。根据社团宗旨任务分类,我国主要有行业协会、学术团体和基金会等。它们中主要由政府部门和大学生社团发起的环保组织占大多数,真正由民间人士发起成立的自下而上的草根型环保组织寥寥无几。与发达国家相比,我国环保民间组织存在着人均数量少、实力弱等缺点。据统计,国际上每万人拥有民间组织的数量,法国为 110 个，日本为 97 个，我国只有 2.1 个；我国民间组织的总支出约占 GDP 的 0.73%，远远低于发达国家 7% 的水平，也低于 4.6% 的世界平均水平。① 环保民间组织最普遍的资金来源是会费，其次是组织成员和企业捐赠、政府及主管单位拨款，大部分的环保民间组织没有固定的经费来源。由于数量少、规模小和资金不足，环保团体在流域治理中的作用有限，表现为对地方政府流域开发决策的影响不大、对企业排污行为的监督没有约束力，在维护公众环境权益上能力有限。

## （二）参与程度较低

建立政府与第三部门的伙伴合作关系，必须确定合乎需要且可行的公共参与程度或数量。阿姆斯滕将公众参与程度分为八种情况：政府操纵、指使、告知、协商、安慰、伙伴关系、依托权力和市民控制，参与方式分别代表从管理者到公众的权力再分配，反映了公众从"不参与"到"象征性参与"再到"权力实际的分配"的不同参与程度。② 目前虽然我国相关法规对公众和专家参与规划和建设项目环境影响评价的范围、程序、方式和公众意见的法律地位等均做出了明确规定，但由于公众和第三部门自身的参与意识和参与能力不够，没有意识到自己在公共政策中可以扮演的角色，或者即使有参与意识却因自身能力所限而游离于公共政策过程之外，或者有些第三部门即使参与了公共政策的制定或分析，但他们往往认为自己并不具有足够的影响力，甚至并不认为自己是一名政策过程的参与者，因此，在现实中，政府通常控制或主导流域综合开发的公共决策过程、重大建设项目的环境评估等经济活动，公众只处于被告知的地位，第三部门也只能发挥环保宣传教育的功能。以妇联组织为例，参与环保的切入点仅仅是"结合政府所念，社会所需，群众无知"的领域，做一些拾遗补阙的事情。2003 年新闻媒体、环保民间组织等联合行动发起的"怒江水电之争"，虽然影响了政府的决策过程，但也只是零星的个案。

---

① 傅新：《给民间组织营造更宽松的空间》，《中国青年报》2005 年 9 月 3 日。
② Arnstein S. 1969, A Ladder of Citizen Participation. *Journal of the American Institute of Planners* 35：pp. 216 – 224

### （三）参与监督效果有限

我国《环境保护法》和国务院有关法规中明确指出："一切单位和个人都有保护环境的义务，并有权对违法和破坏环境的单位和个人进行检举和控告。"国家在新颁布和修改的《水污染防治法》中进一步规定，"环境影响报告书中应当有建设项目所在地有关单位和居民的意见"。上述规定表明，政府主要将公众和第三部门参与的重点放在对环境违法行为的事后监督上，缺乏对经济决策事前参与的重视。虽然有关文件也强调了环境影响评价中的公众参与，然而，它是不完善的，因为建设项目只处于整个决策链（战略、政策、规划、计划、项目）的末端，所以建设项目环评只能补救小范围的环境损害，无法从源头上保护环境，也不能指导政策或规划的发展方向，更不能解决开发建设活动中产生的宏观影响、间接影响、二次影响及累积影响。在实践中，公众也主要是针对企业偷排行为、突发性流域水污染等环境污染行为，特别是在危害自身利益的时候才向有关部门报告，并争取获得经济赔偿。由于事后监督往往侧重于污染纠纷的处理，具有明显的滞后性，因此，鉴于环境破坏后果的严重性，公众参与事后监督只能在"亡羊补牢"、事后补救中发挥辅助作用。

## 三　流域治理中第三部门参与机制创新的路径

流域生态建设和环境保护是一个复杂的系统工程。采取多种方式，进行全过程、多层面的参与，努力提高自身的参与水平、能力和有效度，是流域治理中第三部门参与机制创新的价值导向。这就需要建立和健全第三部门的信息知情机制、利益表达机制、治理效益监督机制和环境公益诉讼机制，形成相互衔接、相互作用、相互促进和相互补充的有机整体，从而不断完善政府、企业与公众的伙伴治理机制。

### （一）流域环境与政策信息的知情机制

政府定期公开流域环境信息和政策动态，企业及时公开污染物排放的情况，既是第三部门参与环境治理的前提条件，也是公众享有参与权和民主程序的重要特征，是第三部门参与环境保护机制的基础环节。完善流域治理信息的知情机制，就是要建立起一整套制度，定期发布有关流域水资源、水环境方面的监测信息和科技标准，让公众可以及时获取政府部门所持有的环境信息和流域治理的决策动态，增加政府各职能部门的工作"透明度"；政府和企业向公众开放信息源并进行信息交流、反馈能提高公众对流域水污染项目的理解，进一步增进信任，而信任又将促进彼此之间更好的交流和合作，并使公众的注意力集中到对规划、建设项目的环境和经济影响的讨论上来，由此做出判断和决策。当前我国的环境信息大多为国家机密，公开程度非常低。每年公开的环境公报内容还比较单一，指标种类也比较少，不能全面反映某一区域的环境状况和变动趋势，而且多数环保信息专业性强，不便于公众理解，起不到公报应有的效果，对此应当加以改进。

### （二）流域开发治理决策的利益表达机制

在政府、企业与公众伙伴治理框架下，实现可持续发展的途径之一"就是要改变在政府和私有部门中传统的以专家为主的环境与资源管理形式，而转向集不同群体和公众的经验、知识和理解于一体的方法"。[①]我国目前实行流域管理和区域管理相结合的水资源管理体制，实质上是要求流域管理机构、地方政府在进行流域水资源开发和水环境管理等重大决策时，吸收上下游地方政府、用水主体及其他相关主体代表参与决策过程，兼顾流域上下游、左右岸以及各相关主体的利益，采取民主协商的合作式管理，协调各方利益，减少管理成本，促进社会公平。并且要进一步改进第三部门的参与程序，从当前不参与、象征性参与为主逐步过渡到权力的实际分配。例如，流域管理机构在涉及水资源宏观规划、总量供应计划、总量的区域配置、水资源税费的征收计划、重大建设项目投资的分配计划、管理政策和管理制度制定等方面的决策时，可依法建立由各方代表参加的联合决策机构，明确决策机构的地位和权限，规定决策的具体程序和决策的法律效力，真正建立联合性的公私伙伴关系。

---

① （加拿大）布鲁斯·米切尔：《资源与环境管理》，北京：商务印书馆，2004，第282页。

（三）流域开发治理过程的监督机制

当前我国的公众监督主要体现在对企业偷排污水的举报，缺乏对环境保护部门整个政策执行过程、执行效果的监督。完善流域开发治理过程的监督机制，即要明确公众对环境的监督权利和义务，并使这种权利能够得到实现。其主要目的是把环境问题纳入公众全方位、全过程的监督之下，确保公民的环境监督权。它主要包括公众在争取公共环境利益方面享有的平等的自由和影响力，公众对政府和企业做出的对环境状况构成现实或者潜在影响的政策和决策具有质询、异议的权利，以及公众对破坏环境者的检举和揭发的权利。例如英国《城镇规划法》规定：在颁发排污许可证之前，环境大臣要召开公开的地方调查会，有不同意见的人可以参加并发表意见。美国《清洁水法》规定：公民有权提出修改由环保局长或任何州根据本法制定的标准、计划与规划，环保局长及该州应为其创造条件并予以鼓励。公民参与这种管理的方式在西方主要是通过各种听证会。我国要借鉴发达国家的经验，要求管理机关不仅在规划、决策、执行管理中，与相关利益主体协商、合作，还要接受公众团体的参与，接受媒体、公众的监督，保障公众参与的权利和依法行使权利的效力；特别是在各项环境政策、法律法规的实施过程中，要随时听取公众意见，接受舆论监督，及时矫正错误的决策。

（四）流域环境公益的诉讼机制

公益诉讼是相对于私益诉讼而言的，后者是为保护个人权益进行的诉讼。仅限定特定的利害人可提起；而公益诉讼，是指原则上利害关系人以至任何人，均可对违反法律规定或主管机关核定的污染防治义务，包括私人企业、政府及其各部门在内的责任人提起民事诉讼，以环境行政机关的不作为为由提起行政诉讼。引进这种借民众对环境保护的关切而参与法律执行的制度，足以减少许多因执行不力造成的自力救济事件，将公众引向制度内参与环境保护。由于流域水污染等环境侵害具有公共性、不确定性等特征，因而在环境法中建立公益诉讼制度尤其重要。美国《清洁水法》赋予公民环境公益诉讼权利，可以对违法排污企业或未履行法定环保义务的主管机关向法院起诉，并敦促联邦环保局和各州积极执法，加强环境管理。环境公益诉讼制度使得美国环保主义者在法院的帮助下，拥有了能与企业、政府相抗衡的力量。迫于被诉讼的压力，政府环境主管部门会积极执法，企业也会采取相应的环保措施以避免环境纠纷。2006 年我国出台的《国务院关于加强环境保护的若干意见》明确指出，要逐步引入公益诉讼机制，为我国第三部门参与环境治理提供了更有力、更坚实的制度保障。

# 第七章

# 国外流域区际生态利益协调
# 机制的比较与借鉴

环境库兹涅茨曲线是通过一个国家或地区人均收入与环境污染指标之间的演变模拟刻画经济发展对环境污染的影响程度的。环境库兹涅茨曲线表明：随着经济发展和人均收入的增长，环境污染最初呈现不断加剧的趋势；当经济发展达到一定水平后，即到达某个临界点以后，环境污染程度会随经济发展逐渐减缓，环境质量得到改善。实践表明，一个国家或地区的经济增长与流域水污染程度也呈现倒 U 形关系。发达国家在工业化和城市化进程中，许多大江大河流域如英国的泰晤士河、美国的科罗拉多河、澳大利亚的墨累—达令河、日本的琵琶湖等都经历了先污染后治理，最终取得成效的曲线发展过程。自 18 世纪中期产业革命至 20 世纪初，工业化大生产和粗放型农业经营、矿山资源开发带来生态环境破坏不断加剧，但是由于各国流域水资源开发利用程度比较低，流域水环境污染并未引起人们足够的重视，各国流域水资源管理主要着眼于充分利用水资源的多功能性，强调流域水资源的综合开发利用。20 世纪 60 年代，工业文明所带来的流域生态环境破坏日益突出，并引发了严重的水资源危机。为此，美国、法国和英国等国家结合自己的国情对流域水资源管理体制机制进行了调整和优化，在强调流域水资源统一管理的基础上，探索构建了流域区（州）际生态利益协调机制。他山之石，可以攻玉。这里笔者运用典型分析方法，着重考察具有代表性的美国、法国、澳大利亚三个国家部分流域区际生态利益协调的体制与机制，总结它们在流域区际合作治理中的经验教训，并立足于我国的现实国情，为处理流域区际水资源分配、生态服务补偿和跨界水污染赔偿等提供可资借鉴的经验和启示。

# 第一节　美国流域区际生态利益协调机制

美国是世界上最发达的资本主义国家，实行自由市场经济体制和联邦制的政体结构。流域管理在美国已有几百年的历史，从州际生态利益协调的角度看，主要有三种组织机制：第一类是科罗拉多流域、萨斯奎哈纳流域、德拉华流域和俄亥俄流域等采取的准市场（准一体化）模式，它通过设立流域委员会，通过签订州际协议方式解决水权分配和水资源保护问题；第二类是卡茨基尔等区域性流域采取的市场化模式，它通过市场机制实现跨州的排污权交易、生态服务补偿等问题；第三类是田纳西河流域采取的内部一体化模式，它通过设立流域管理局，实现对流域水资源的统一管理。

## 一　科罗拉多流域州际水权自主型协调机制

### （一）科罗拉多流域概况

科罗拉多河（Colorado River）是横跨美国西北部、墨西哥西北部的国际性河流，发源于美国西部的落基山脉，由山顶冰川融化的雪水汇聚而成。干流全长 2333 公里，流域面积达 647000 平方公里，流域区范围包括美国西部 7 个州、墨西哥 2 个州以及 34 个印第安保留区。流域区 98% 的面积属于美国，其中 56% 为联邦所有，16.5% 为印第安保留区，8.5% 为各州拥有，19% 为个人所有。墨西哥境内的部分约占流域面积的 2%。以立佛里水文站为分界线，科罗拉多河分为上下两个区。科罗拉多河是美国西南部居民的生命线，承担着 3000 万人口的饮用水、350 万公顷的生产性农业灌溉用水、商业性河上娱乐项目和水力发电等多种用途，每年 1/3 的水量输送到流域以外的区域，如丹佛、盐湖城、洛杉矶、圣地亚哥等城市。而且，随着流域区内经济的发展和城市人口的增长，对水资源的需求量不断增加，流域水短缺问题日益严重。中下游地区每个州增加用水都会影响下游用水需求，水资源每一项新的用途都会影响到其他的用途，科罗拉多河成为美国水权纠纷最多，并且争议持续不断的河流。经过几十年的探索，该流域形成了以州际协议为载体、以水权分配为中心的自主型州际生态利益协调机制，它们在提高水资源利用效率的基础上，较好地解决了流域综合开发中的州际矛盾。正如曾有报道指出："没有一条河流能够像科罗拉多河那样，有限的水资源却支持着众多的用途，使每一滴水都按标分配的。多年来，河流如此高的利用率，使加州河段几乎断流。"

## （二）州际水权自主型协调机制

### 1. 通过州际契约协定合理分配水权

在美国的殖民时代，北美 13 州为了解决边界争端，就有签订州际协定的先例。直到 20 世纪 20 年代，州际协定才开始广泛应用于自然资源保护、刑事管辖权、公用事业管制、税收和州际审计等其他领域。1922 年科罗多流域各州政府为了合理使用水资源和解决用水争端，达成了具有历史意义的《科罗拉多河契约》，这是美国历史上第一个由三个以上成员参加的州际协定。该协定根据当时各州的实际用水需求量和将来的发展需求，对科罗拉多河水的使用权进行了首次州际分配。[①] 1948 年科罗拉多河流域上游的 5 个州共同签订了"科罗拉多上游契约"，根据契约规定建立了科罗拉多河上游委员会负责协调上游各州之间的水务，并对上游 92.5 亿立方米的水量份额进行了按比例分配。这为 1956 年签订在科罗拉多上游建设格林（GLEN）峡谷和其他工程的"科罗拉多河流蓄水工程协定"铺平了道路。由于下游的亚利桑那州认为其利益未在《契约》中得到应有的体现，因而没有按时批准《契约》，加之《契约》没有将水直接分到每个州，亚利桑那州还担心下游 3 个州分到的水权会被当时发展迅速的加州抢先占光。此后亚利桑那州多次将加州置于最高法院的被告席上。1963 年最高法院做出判决，将加州对科罗拉多河水的使用量限制在 54.296 亿立方米以内，亚利

---

① 该协议第 3 条明确了各州的水资源分配方案：每年 92.5 亿立方米的水分配给上下游地区作为"非营利的消费性使用"，同时另加 12.3 亿立方米的水分配给下游各区作为消费性使用。未分配的剩余水量中要优先考虑墨西哥。上游地区的州在连续十年中至少调剂 92.5 亿立方米给里弗瑞（LEE FERRY），最后指出，上游地区不能截水，下游地区禁止在民用和农业上不合理地使用水资源。但该契约并未解决州际水权矛盾，此后每一轮争端，在无法协商解决的情况下，都是靠联邦政府的司法干预来协商州际水权矛盾的。

桑那州限制在 34.552 亿立方米以内。[①] 80 年代根据各州签订的"濒临危险种类协定",在上游地区实施恢复生物的计划,在下游地区开展生物多样性保护计划。1992 年国会通过的"大峡谷保护协定"(GCPA)指出,格林(GLEN)大坝工程的运行对大峡谷国家公园和格林(GLENO)峡谷娱乐中心具有保护价值。近年来由于气候干旱,科罗拉多流域水量供给减少,而需求却不断增加,结果诱发了新的州际矛盾。位于内华达州南部的拉斯维加斯以邻近河流的地理之便,90% 的饮用水取自科罗拉多河。拉斯维加斯地区用水需求增长迅速,即便采取有效节水的措施,刚性用水需求量仍可能超出科罗拉多河的分水配额。因此,上下游 7 个州都希望签订一项新的协议,制订干旱年份科罗拉多河的供水计划,解决在河流水量减少、水库不能正常供水情况下的水权分配问题。但是各州应对干旱都有各自的打算。例如,亚利桑那州和内华达州已同意适当减少用水量,但两个州同时希望其他州也能减少水量配额。针对上游科罗拉多州提出"在干旱年份对休耕农民给予经济补偿、减少消耗性用水"的主张,亚利桑那州和内华达州则主张,可以通过人工增雨、采取节水措施甚至建设海水淡化工厂,增加淡水供给量。南内华达州还提出了备用水源方案,包括使用储存于拉斯维加斯峡谷的地下水,兴建输水管道从内华达乡村地区抽取地下水,以及使用维尔京河和姆迪河的水源等。可见,由于各州意见分歧严重,新一轮的水权重新分配,还需要各州的持续努力,乃至中央政府的介入,才能最终形成。

2. 通过州际协定明确水资源利用的优先次序

1922 年《河流法》就明确规定的一些优先领域,为科罗拉多河流域区各州的水资源分配提供了基本方向。(1)最优先的是给邻国墨西哥提供水资源。1944 年,美国与墨西哥签订协议,科罗拉多河每年向墨西哥提供 150 万英亩尺的水量。1973 年美国和墨西哥协商成立"MINUTE242 国际边界和水资源委员会",美国承诺向墨西哥提供的水资源每英里的盐分含量不超过帝国大坝含量的 115%(+30),1974 年美国国会通过"科罗拉多流域盐分含量控制协定",保证河水的含盐量维持或低于 1972 年的水平。

---

① 梁波、姜翔程:《水权与水权交易的制度分析——南加州科罗拉多河的水资源管理对我国的启示》,《水利经济》2006 年第 3 期。

（2）优先安排为"当前最完美权利"。1908 年联邦法院对印第安人的用水权利做出裁决：不论印第安人是否用水，印第安保留区都保留有用水的权利。水权按保护区灌溉面积计算。1963 年达成的《亚利桑那和新墨西哥协议》以及 1964 年最高法院出台的法令中，均进一步明确规定科罗拉多下游地区的印第安人部落按照"实际的灌溉面积"分配用水的指标。1964 年美国最高法院的法令中称，流域地区拥有永久居住土地的部落可以获得水资源的使用权，这些印第安人部落的水资源使用权为"当前最完美的权利"。（3）给下游地区提供消费性使用。消费性用水是指水库自然蒸发和河床的自然损失、民用和农业用水等。1922 年的科罗拉多协议指出：上游和下游流域水资源的分配是按照"收益型消费性使用"优先为基本原则的，上游不允许截水用于非消费性活动。（4）上游地区的消费性使用。1963 年的亚利桑那和加利福尼亚决议都是对消费性用途分配水量的。"含盐量控制协定"也是要保护消费性用水。为上游地区保护濒临危险鱼类而制定的"实施恢复工程"也是要进一步落实保护消费性用水优先的原则。（5）其他经济、非消费性用途。包括防洪、航运、农田灌溉和其他获利性使用，如水电、娱乐用途等。最后是非经济的、非消费性的用途（公益用途）。科罗拉多河水资源具有改善鱼类栖息环境的生态价值、促进将来经济发展的预期价值以及水资源消费的社区和文化价值。农业水资源使用的社会价值并不只局限在对经济作物的灌溉，还包括能够使农业灌溉区的社区集中在一起。[①] 1968 年的科罗拉多流域工程协定提出，开发户外娱乐、保护鱼类和野生动物应作为娱乐设施建设的重点。

3. 通过州际协定建立多层次的水权交易机制

科罗拉多河的水权交易机制包括三个层次的市场。州际市场、州内灌区间市场和个体间市场。目前发展比较成熟的是州内灌区间市场。科罗拉多河用水份额分到各州后，各州政府主要以州法律为依据进行水资源分配。目前除内华达州外，这些交易只要在本州内进行就可以满足需要。每个州根据各自的利益设定有关规定和交易程序，以便管理他们的水资源银行。在州域范围内，政府通常以一定区域为单元组成水区或灌

---

① 郭培章、宋群：《中外流域综合治理开发案例分析》，北京：中国计划出版社，2001，第 62 页。

区，并由当地居民直接选举成立一个非营性组织进行自我管理，他们用一个声音说话，旨在增强与政府及其水区讨价还价的实力。例如，加州南部成立较早的帝国灌区就获得了38.254亿立方米的水权，占加州科罗拉多河用水配额的70%。该灌区在联邦政府的资助下，修建了一条长140公里的全美运河，免费从科罗拉多河取水引入灌区。灌区组织负责维护全美运河和兴建所有的分支渠道，并将水分配给农民。其费用主要来自农民从帝国灌区取水的水费收入，价格为0.013美元/立方米，基本上能使灌区收支平衡。①

由于州际及其内部的水权分配是以当时的人口分布和用水需求为依据进行的，难以顾及各区域人口和产业发展变化等其他因素。为了满足区域之间新增水资源的需求，科罗拉多流域的各个州设立水资源银行，新增的消费性用水需求都通过市场机制进行水资源调剂。②例如，1991年加州历经5年的干旱后，州政府设立了加州水银行，并利用水银行进行救旱。政府利用地下蓄水层形成的大型蓄水库，在雨季将雨水或从远距离调来的地表水灌入地下，在干旱期水银行进入水市场，农民购入灌溉水、抽取地下水或从水库引用剩余水等，由水银行制定一个固定且高于买入水价的售水价，将水售给需水用户。加州境内的水权交易既有个体居民之间以水银行为中介的水权交易，也有水区之间的双边水权交易。由于加州水资源空间分布很不均衡和水权分配的刚性，帝国灌区水源充足，但南部地区洛杉矶和圣迭戈两个大城市随着人口增长而显得十分缺水，其本地水源只及其总供水量的5%~10%。为缓解水荒，洛杉矶提出帮助帝国灌区节水，使帝国灌区减少从科罗拉多河调水，帝国灌区则将节约的水权转让给洛杉矶的建议。经过谈判，双方签订协议，洛杉矶投资2.33亿美元，为帝国灌区的水渠加水泥防漏层，每年为帝国灌区节约1.357亿立方米的灌溉用水。在工程结束后的35年内，洛杉矶每年可从科罗拉多河调用1.357亿立方米的水。帝国灌区还与圣迭戈达成类似协议，由圣迭戈出资将从科罗拉多河引水到帝国灌区运河的河壁用水泥加

---

① 梁波、姜翔程：《水权与水权交易的制度分析——南加州科罗拉多河的水资源管理对我国的启示》，《水利经济》2006年第3期。

② 郭培章、宋群：《中外流域综合治理开发案例分析》，北京：中国计划出版社，2001，第74页。

固并进行防漏处理，圣迭戈将在今后75年中每年按规定从科罗拉多河调用一定量的水。① 加州境内的水资源交易机制优化了水资源的时空配置，具有明显的帕累托改善效果。

4. 以州际协定为载体建立利益相关者互动机制

流域水资源的综合开发利用、水量分配和水质变化，不仅涉及上下游横向政府间的利益，而且涉及中央与地方、政府与公众、当地印第安人部落等多个利益相关者。科罗拉多流域建立了由联邦政府、各州政府、流域内各部落和其他方面代表组成的流域委员会，逐步形成了以民主参与、协商方式为主的利益协调机制和多中心共同治理机制。各个利益相关者都扮演相应的角色。（1）联邦政府承担着水利工程投入者和州际纠纷协调者的角色。流域水资源具有公共产品的性质，美国联邦投资采取独资或与州政府共同投资的方式，在科罗拉多河流域修建了9个控制性工程，以推进具有准公共产品性质的水电梯度开发、防洪、脱盐工程、水生物保护等。联邦政府的大量资金投资，有效地引导了州级政府的财政投入，促进了流域水资源的综合开发利用。同时国会和联邦政府发挥自身的行政权威，作为州际水权纠纷的裁判者，较好地解决了州际水权的分配、调整，并使之法律化，成为最具有强制性和约束力的区际利益协商的依据。（2）州政府作为区域公共利益的代表，扮演着州际政府谈判者和州域水资源管理者的双重角色。科罗拉多河上游地区委员会是由上游的4个州组成的，其主要任务是为上游各州收集信息，进行信息沟通和交流，同时代表上游地区参与整个流域有关事项的讨论。另外，科罗拉多流域盐分控制论坛为协调各州之间以及州和联邦合作的平台。各州也采取不同方法处理州内与州际的水资源管理和协调问题。（3）第三部门和公众自觉参与流域治理。自主型水权协商机制的制度优势，就是使流域相关利益主体可以通过法律来维护自身的权益，在相互之间的制约和协调中有利于社会公共利益。例如，科罗拉多河上游的用水者使河流造成了无法忍受的污染，下游用水者可以通过法律来维护自己的利益，在这种相互的制约中流域水环境得到了有效保护。具体见表7-1的分析。

---

① 盛洪：《现代制度经济学》，北京：北京大学出版社，2003，第82~83页。

表 7-1　科罗拉多流域治理中的利益相关者分析

| 利益相关者 | 权利或责任 | 利益需求 | 利益获取方式 | 利益协调结果 |
|---|---|---|---|---|
| 联邦政府 | 承担水利工程的投入与管理；扮演流域治理的立法者和州际水权纠纷的裁判员 | 保留水利工程的所有权和管理权 | 通过立法、参与州际协调等方式 | 获取水力发电的税收 |
| 上下游州政府 | 按照联邦法规和州际协定，协商流域水权分配 | 争取更多联邦政府资金投入和更多消费性用水指标 | 在联邦政府主持下开展州际民主协商和水权交易 | 达成《科罗拉多河协议》等一系列协议，确定州际水资源分配方案 |
| 灌区组织和居民 | 自主管理灌区水务 | 向州政府争取更多的用水指标 | 通过投票等民主政治工具向州政府施压 | 开展水权交易，提高用水效率 |
| 印第安人部落 | 拥有永久的土地所有权，是流域生态的保护者 | 要求增加用水指标，确保所有部落得到水资源分配 | 通过投票等民主政治工具向州政府施压 | 按实际灌溉面积分配水资源 |
| 社会公众与第三部门 | 生态建设和环境保护的参与者 | 保护鱼、野生生物娱乐项目 | 上下游政府协定"濒临危险种类协定" | 上下游实施生态多样性保护计划 |

## 二　卡茨基尔流域州际水权市场型协调机制

卡茨基尔河（Catskills river）是美国东北部的一个区域性河流，发源于卡茨基尔山脉，上游主要分布在特拉华州，下游在纽约市流入大西洋。卡茨基尔河是纽约市 900 多万人口重要的饮用水来源地。1993 年美国环保局做出规定，要求所有取自地表水的城市供水，都要建立过滤净化设施，除非水质能达到相应要求。为此，纽约市政府进行了测算，建设新的过滤净化设施，预计总费用至少需要 63 亿美元，其中固定资产投资 60 亿～80 亿美元，每年设备运行费用 3 亿～5 亿美元。如果采取市场化的生态补偿方式，在 10 年内投入 10 亿～15 亿美元改善上游的土地利用方式，只要 85% 的农场加入该项目，水质同样可以达到要求。经过反复权衡比较，纽约市政府最后决定通过投资购买上游卡茨基尔流域和特拉华河流域的生态环境服务，并与上游特拉华州签订了卡茨基尔流域的清洁供水协议。在流域区际补偿标准和计价办法上，政府借助竞标机制并遵循责任主体自愿的原则，通过利益相关者之间的相互博弈来确定与各地自然和经济条件相适应的租金率，即基于市场化确定流域区际生态补偿标准。下游的纽约市出资帮助上游的农场主进行农场污染的治理，同时帮助改善他们的生产管理和经营。这些工作交由专业机构作为独立的第三方负责实施。纽约市水务局通过协商确定流域上下游水资源与水环境保护的责任与补偿标准，通过对用水主体征收附加税、发行纽约市公债及信托基金等方式筹集补偿资金；上游农场主则通过他们的联合组织"流域农业理事会"与纽约市水务局进行协商谈判和交易。实践证明，纽约市对流域生态环境服务付费项目所花费的费用，只有使用水净化处理厂这一替代方案费用的 1/8。在实施该生态环境服务付费项目之前 10 年，纽约市自来水的价格平均每年上涨14%。但该项目实施之后，纽约市自来水价格的上涨没有超过通货膨胀率（4%左右）。① 由于卡茨基尔流域上游生态环境得到有效保护和流域水资源自然过滤净化功能的作用，纽约成为美国仅有的 4 个饮用水足够纯净但尚未建设水质净化厂的主要城市之一。

美国是实行土地私有制的市场经济国家，卡茨基尔河上游大量的农场主在进行农业耕作时也伴随着相应的面源污染。运用市场机制方式进行流域上下游生态利益协调，符合美国的现实国情。美国在流域生态补偿等环境保护领域，始终坚持政府主导作用的同时，充分发挥了市场机制的调节功能。正如美国前总统布什曾指出的："只要有可能，我们相信应该运用市场机制，我们的政策应该与经济增长和所有国家的自由市场原则相适应。"② 因此，市场型（含准市场型）协调机制在美国区域性流域州际生态利益协调中具有广泛的适用空间。

美国根据《清洁空气法》的规定，自 1974 年开始实施以市场为基础的可交易大气排污指标制度，并在酸雨项目中取得了良好的经济和环境效益。美国的环境政策制定者借鉴大气交易的成功经验，在部分流域探索了

---

① Gouyon A. Rewarding the Upland Poor for Environmental Services: A Review of Initiatives from Developed Countries ［R］. Bogor. Indonesia: South - east Asia Regional Office, World A gro-forestry Centre（ICRAF）, 2003.

② 计金标：《生态税收论》，北京：中国税务出版社，2000，第 103 页。

水质交易政策。1996 年，美国颁布以流域为基础的排污交易项目开发的框架草案，2003 年发布《最终水质交易政策》，2004 年公布《水质交易评价手册》，其中《最终水质交易政策》已成为 21 世纪美国流域水污染控制的主导政策，为各级地方政府开发和执行水质交易项目提供了管理和技术上的指导。从各个流域水质交易的实际运作情况看，最普遍的形式是点源对点源以及点源对非点源的形式；而且水质交易项目的成功与否，与污染物的性质、污染源以及现行政策和组织制度、许可证项目的执行和设计等紧密相连。截至目前，美国水质交易项目也只有几十项，且成功的案例并不多，但它毕竟为流域水污染治理提供了新的思路。

## 三　田纳西流域一体化管理机制

### （一）田纳西流域概况

田纳西河（Tennessee River）是美国东南部俄亥俄河的最大支流，发源于阿巴拉契亚高地西坡，由霍尔斯顿河和弗伦奇布罗德河汇合而成。流经田纳西州和亚拉巴马州，于肯塔基州帕迪尤卡附近注入俄亥俄河。以霍尔斯顿河源头计，长约 1450 公里，流域面积 10.6 万平方公里，涉及美国 7 个州。上中游河谷狭窄，比降较大，多急流，水力资源丰富。下游河谷较开阔，从帕迪尤卡至弗洛伦斯之间的 450 千米河道，通航便利。在 20 世纪 30 年代实施田纳西河流域管理法之前，该河流淤沙沉积，许多矿产资源被盲目开采，土地沙化和风化日益严重，洪水经常泛滥成灾，疾病流行，田纳西盆地沦落为美国乡间贫民窟，当地居民人均收入不足 100 美元，仅为全国平均水平的 44%。1929 年的经济危机使该地区失业人口剧增、生态资源破坏更加严重。为保护田纳西河流域，罗斯福总统将治理和开发该河流作为新政的试点工程，通过建立独特的流域一体化管理模式，实现对流域内自然资源的综合开发，达到振兴和发展区域经济的目的。经过几十年的努力，田纳西流域的开发和管理取得了辉煌的成就，田纳西河流域已成为一个具有防洪、航运、发电、供水、养鱼、旅游等综合效益的水利网，根本改变了过去落后的面貌。一体化管理模式也因此成为流域管理的一个独特和成功的范例而为世界所瞩目。

### (二) 田纳西流域一体化管理的主要内容

1. 建立具有管理执法职能、权威的流域管理机构

根据美国国会通过的田纳西河流域管理局法案（简称 TVA 法），1933 年 5 月联邦政府设立了"政企合一"的田纳西流域管理局（TVA），它既是具有行政管理权力的联邦政府部一级机构，又是具有经营流域防洪、航运、发电、灌溉等综合开发功能的经济实体，代表联邦政府对流域实施统一管理和综合开发。流域管理局由三人组成的董事会领导。董事会对总统和国会负责。董事长和董事由总统提名，国会任命，任期五年。TVA 法要求董事会按照明确责任、提高效率的原则建立管理局的组织体系，董事会可根据需要任命经理及其他组织机构成员。流域管理局拥有一支包括规划、设计、施工、科研、生产、运营和管理等方面人才的专业队伍，人数在施工高潮时曾达到四万多人。

2. 授予流域管理局高度的行政管理权力

田纳西河流域管理在行政区与流域区的关系上，强调流域管理的统一性。该流域管理局拥有独立于甚至高于地方政府的自主权力。例如，TVA 有权为开发流域自然资源进行沿岸土地的征购，并以联邦政府机构名义进行管理；有权在田纳西河干支流上建设水库、大坝、水电站、航运设施等水利工程，以改善航运、供水、发电和控制洪水；有权将各类发电设施联网运行；有权销售电力；有权生产和销售农用肥料，进行植树造林，促进农业发展等；有权进行勘测和调查，制定流域内自然经济社会发展综合报告；有权跨越一般的政治程序，直接向总统和国会汇报；甚至有权根据全流域开发和管理的宗旨修正或废除与 TVA 法相冲突的地方法规等。TVA 法的这些重要规定，为对田纳西流域包括水资源在内的自然资源的有效开发和统一管理提供了制度保证。

3. 明确规定流域管理局综合开发的自主权

TVA 作为具有联邦政府机构权力的经营实体，依法负责管理整个流域的经济事务，负责对全流域的水利工程和环境治理进行统筹安排，该流域的 7 个州不得干涉。其经营目标以国土治理和地区经济的综合发展为导向，资金来源主要有联邦政府扶持、开发电力等赢利项目自我积累，以及发行债券等社会融资渠道。在流域水资源开发上，初期以解决航运、水电和防

洪等问题为主,后来逐步延伸拓展,目前已实现了航运、防洪、水电、水质、娱乐和土地利用等多个领域的综合开发,大大提升了流域水资源利用的效率和效益。TVA还大力发展火电、核电等能源产业,开办化肥厂、炼铝厂、示范农场、良种场和渔场等,促进了水利、电力、农业、林业、化肥等方面的综合开发和经营,促进了流域经济和资源保护的协调发展;同时也为流域区居民提供了大量的就业机会,促进了田纳西流域整体的经济发展和社会稳定,改变了该地区贫穷落后的面貌,使其成为美国比较富裕、经济充满活力的地区。

4. 设立具有咨询服务性质的地区资源管理理事会

根据TVA法和联邦咨询委员会法,流域管理局还设立了具有咨询性质的机构——地区资源管理理事会,目的是为流域开发相关利益者代表提供交流协商平台,对TVA的流域自然资源管理提供咨询性意见,促进地方参与流域管理。目前理事会成员约有20人,包括流域区内7个州的州长指派的代表,TVA电力系统的配电商代表,以及防洪、航运、游览和环境等受益方代表,理事会成员的构成体现了广泛性和权威性。"执行委员会"中主管河流系统调度和环境的执行副主席被指定为联邦政府的代表参加理事会。理事会每届任期2年,每年至少举行两次会议。对TVA的建议,理事会通过投票获多数即可予以确认,同时,也尊重少数的意见,他们的意见也被转达给TVA。每次会议的议程提前公告,并正规记录在案。公众可以列席会议。这种咨询机制对TVA的高度集中的行政决策起到了重要的参考和补充作用,有利于改善管理,也符合现代流域管理公众参与和协商的发展趋势。①

## (三) 田纳西流域一体化管理的绩效

美国是一个联邦制国家,地方政府拥有很大的自主权。为了减少田纳西流域综合开发中的州际冲突和矛盾,联邦政府采取了"一体化"科层机制代替了州际准市场机制,通过制定全面开发治理该河流的专门法律,设立专门的流域管理机构,授权流域管理机构制定长期的流域综合开发专门规划,实施对流域的统一管理和综合开发,其实质是采取法律、行政等科

---

① 谈国良、万军:《美国田纳西河的流域管理》,《中国水利》2002年第10期。

层制手段解决流域水资源开发中的外部性内在化问题，避免了水资源分散开发所带来的州际协商成本。正如威廉姆森认为的，当不确定性、交易频率和资产专用性等变量处于较高水平时，科层机制就是比较合适的选择：科层制在克服组织失效方面具有一系列潜在优势，这些优势体现在适应有限理性、机会主义、不确定性、小数目交易额等人的因素和环境因素方面。科层制之所以能够成为市场替代物，成为具有效率的管理制度，是因为其具有激励、控制和"内在结构优势"的属性。科层制最显著的优势是在科层制内部可用以强制实施的控制手段比市场更为灵活，当出现冲突时拥有一种比较有效的解决冲突的机制：通过自身的激励机制，减弱了冲突双方均不受对方控制的正常谈判的侵犯性态度倾向。因此，中央政府可以利用其强有力的组织效率，不断改善交通设施、生态环境等公共产品的有效供给，通过界定产权和制定规则等降低外部性和信息不对称程度，在一定程度上弥补"市场失灵"。然而，科层制的优势也受到组织规模和交易限度、运用激励和控制工具的有效性等因素的限制，用科层监督和激励制度的办法来解决团队的两难困境并不那么简单。由于科层制的组织规模、管理层级与管理成本呈现正比例关系，最终很可能导致"组织失效"；而且科层机制还强调组织的领导者素质、权威性、比较完善的组织结构与信息收集能力、完善的惩戒机制等，如果这些条件不具备，科层制的治理绩效会大打折扣。为了弥补科层制的缺陷，田纳西河流域管理局还设立了具有咨询服务性质的地区资源管理理事会，发挥民主协商机制，集思广益，努力提高决策科学化和民主化。然而，任何制度设计都不是完美无缺的，田纳西河流域管理局是一种类似"集权与统一"的管理模式，与美国的联邦制度和流域内各州的利益时常发生冲突，在实践中不可能把各方面的关系协调得很好，不可能全面同步考虑各种问题，也难免招致一些批评，甚至已有参议员提议废止《田纳西河流域法案》。一些环境学家也认为，流域管理局的不少措施失当，如发展火力发电站造成了空气污染，建造堤坝隔断了自由流淌的河水，建造核电站则是弊大于利等。但大多数人更多的是肯定田纳西河流域实行流域统一管理和综合开发所取得的重要成就和进步，认为其为全世界的流域水资源管理提供了可资借鉴的经验。

## 第二节　澳大利亚流域州际生态利益协调机制

20 世纪 80 年代，随着人口增长和经济社会发展，澳大利亚主要流域的水资源分配冲突、土地盐碱化、农田与湿地退化、河流健康下降、管理与协调等方面的问题日益凸显。为此，联邦政府探索建立州际政府民主协商机制来解决跨州的生态利益问题，并不断完善流域跨州的水权交易机制，发挥市场机制的调节功能，有效地提高了流域水资源的配置效率，成为世界上水权交易机制运作较为成功的国家之一。墨累—达令河流域既是澳大利亚最大的流域，也是通过州际自主协商实行流域综合管理和探索跨州水权交易机制的典型流域。这里仅以墨累—达令河流域为例，剖析澳大利亚流域区际生态利益协调的运行机制。

墨累—达令河流域位于澳大利亚的东南部，流域面积为 1061469 平方公里，约占澳大利亚国土总面积的 14%，南北长 1365 公里，东西宽 1250 公里，河流总长 3750 公里。流域水量非常小，全年径流总量不及亚马逊河径流量的 1%。该流域涉及新南威尔士州、维多利亚州、昆士兰州、南澳大利亚州和首都直辖区 5 个行政区。

### 一　以州际协议形式实行流域协商管理

澳大利亚是根植于自由主义政治文化，实行联邦制的资本主义国家。该国联邦宪法规定：各州、直辖区均对辖区内流域的土地、水资源享有自治权。跨州的流域水资源开发和环境保护需要联邦政府及各州的协调一致和共同努力。在联邦制的框架内，协商民主自然而然地成为分担义务、分享权利、协调行为的一种重要手段。[1] 早在 1915 年，澳大利亚联邦政府就和新南威尔士州、维多利亚州、南澳大利亚州等 3 个州政府共同签署了墨累河水协议，在此后的 70 多年中，虽然该协议被多次修改，但一直是州

---

[1] 尤明清：《墨累—达令流域水资源管理机制简评》，载 2003 年中国法学会环境资源法学研究会年会论文集，第 205 页。

际水权协商的指导性文件，依据协议成立的墨累河委员会始终承担着流域水资源分配和调控的职能。1967～1968 年，墨累河流域出现了近 20 年中最为严重的干旱，加之经济发展和人口剧增带动的水资源消耗，造成流域水质恶化和土壤盐碱化加剧，迫切需要扩大墨累河委员会的职权，加强州际政府间的协商和合作。1987 年 10 月原缔约四方政府又缔结了墨累—达令流域协议，但执行时间不长，1992 年修订了一份崭新的墨累—达令流域协议，并完全取代了墨累河水协议，新协议于 1993 年被缔约各方通过并成为各州法案，1996 年昆士兰州正式成为签约方，1998 年首都直辖区以签订备忘录的形式加入了该协议，从而使新协议成为墨累—达令流域各州都接受、具有法律效力的协作文本，为流域水资源分配和州际利益冲突的解决提供了制度性框架。

新协议还创造性地提出了"墨累—达令流域行动"，包含两大主题：一是依据协议，统筹缔约各州水资源的共享与分配；二是制订方案与政策，推进流域水资源管理一体化的进程。其实质是要厘清流域统一管理与行政区管理的权责利：各州将水资源管理、土地和环境管理等部分行政权力让渡给流域管理机构，并将之作为缔约各方展开协商、实现流域资源统一管理的基础。该行动旨在通过"促进和协调行之有效的计划和管理活动，以实现对墨累—达令流域的水、土地以及环境资源的公平、富有效率并且可持续发展的利用"。[①] 为了加强协议的执行力和有效性，协议还规定了流域委员会在缔约方怠于履行职责时可采取的救济程序：立即照会部长理事会及各个缔约方，有权要求他们依照协议，完成规定工程或拨款；或者授权某一缔约方政府代为履行违约方政府的一切职责，并获得委员会授权下的相关收益。

## 二 设立跨州的流域管理机构

20 世纪 80 年代之前，流域内各州政府对水资源进行分散管理，很难从流域整体角度来考虑水资源的合理利用，而不均衡的水资源供给状况进

---

① Murray – Darling Basin Commission. The Murray – Darling Basin Agreement［EB/OL］. http：//www. mdba. gov. au/about/governance/agreement. htm/2004 – 12 – 07.

一步激化了流域内各州之间的抽水竞赛。1992 年，生效的新协议按照决策与执行相分离的原则，创设流域州际协商管理的组织框架，成立了流域部级理事会、流域委员会和社区咨询委员会 3 个机构组成的墨累—达令流域管理机构。三个机构分工明确，相互衔接，互相配合，较好地体现了州际民主协商的全面性和权威性。（1）流域部级理事会是墨累—达令河流域管理的最高决策机构，通常由联邦政府和流域内 4 州政府负责土地、水及环境的部长等 12 名成员组成，主要职责是为流域内的自然资源管理制定政策。不过，每年至少召开一次的流域部级理事会会议只是一个政治论坛，流域部级理事会虽有权对该流域的整体性问题做出决定，但其决议需要全票通过。在实践中由于党派利益冲突和政见的分歧，各州之间缺乏真正有效的合作，也很难达成任何协议。（2）社区咨询委员会是部级理事会的咨询协调机构，通常由相关 4 个州、12 个地方流域机构和 4 个特殊利益群体的代表共 21 人组成，主要职能是负责广泛收集意见，开展调查研究，提供决策咨询服务和信息的交流、发布等。重点负责流域委员会和社区之间的双向沟通，旨在"确保社区有效参与以解决流域内的水土资源和环境问题"。（3）流域委员会是部级理事会的执行机构。它的成员由相关 4 个州政府中负责土地、水利及环境的高级公务员担任，既代表经济利益，又代表环境利益。该委员会由一个独立的总经理负责，通常由持中立态度的大学教授担任，委员会的主要职责是执行墨累—达令流域部级理事会关于自然资源管理的决定。具体包括：分配流域水资源；向部级理事会就流域自然资源管理提供咨询意见；实施资源管理策略，包括提供资金和框架性文件；等等。[1] 2009 年墨累—达令流域委员会还被赋予了编制综合性流域规划的新任务。

## 三　实施政府与社区的伙伴合作机制

墨累—达令流域管理，不仅建立了州际政府之间的合作机制，而且构建起了政府与社区的伙伴合作关系，推动公众参与流域治理。它们制定和

---

[1]　Don Blackmore：《墨累—达令河流域管理的关键：汇流区域一体化管理》，《中国水利》2003 年第 11 期。

实施了"墨累—达令流域行动""自然资源管理战略"和"土地关爱与社区参与"等 3 个项目。参与"墨累—达令流域行动"的合作伙伴都深刻认识到,建立政府与社区、公众的伙伴合作机制会取得比单个政府行动更大的成就,因而,他们承诺愿意为流域的自然资源管理共同工作。其核心是分享流域水资源,但合作伙伴保护这些共享资源需要一种全流域管理方式,即考虑包括土地、水和其他环境资源在内的自然系统的相互关系。①1987 年澳大利亚联邦政府启动实施的土地关爱计划,是该国公众参与流域管理的典范,该项目最大特点是"扎根基层",以社区为单位,引导广大农民参与。联邦政府通过国家自然信托基金提供稳定的资金援助,支持社区开展生态恢复工作;在全国已设立 4000 多个农民土地关爱小组。1990年,墨累—达令流域部级理事会针对流域健康下降问题,启动了"自然资源管理战略"。该战略以流域综合管理和建立社区与政府的伙伴关系为基础,带动了流域自然资源管理方式的重大变革。以该项目为载体,社区咨询委员会收集到了更大范围的利益相关者的意见,并在流域治理政策制定过程中加以考虑,更好地实现了决策的科学化和民主化。

## 四 探索跨州的水权交易机制

澳大利亚境内沙漠化面积广阔,河网稀疏,多季节性和短流程河流,人均水资源相对较少所造成的水资源总量、结构和时空等多维度矛盾随着经济发展而日益突出。20 世纪 70 年代末,澳大利亚政府水资源管理的政策重点由提供水利基础设施转向鼓励高效和可持续用水。为了提高水资源利用效率,政府面临行政化和市场化两种不同的路径选择,然而,通过行政命令方式将低效用水户的用水转给高效用水户,有侵犯农户水权、损害农民利益之嫌,于是政府逐步将市场机制引进了水资源的再分配。墨累—达令流域的南澳大利亚州是澳大利亚最早进行水权市场交易且运作比较成功的行政区域。该州水权市场包括地表水市场和地下水市场两部分,交易主体主要为农业用水主体,而不像美国的水市场是由工业和城市用水户主导的水权市场,水市场交易空间范围也呈扩大趋势。1983 年,南澳大利亚

---

① 于秀波:《澳大利亚墨累—达令流域管理的经验》,《江西科学》2003 年第 9 期。

州率先在墨累河沿岸开展了水权交易试点，当时只允许私人引水者之间进行水权转让。次年，州政府制定条例将工业和旅游、环境用水也列入可转让水权范围。1989年，在政府灌区内开始推行水权交易。1995年州政府开始给政府灌区的管理机构发放用水许可证，从而推动了不同的政府灌区之间、政府灌区与私人引水者之间的水交易。1996年，新颁布的《水资源法》明确规定了可交易水权，在取水许可证中赋予水的所有权，正式切断了水和土地的联系，这都为水权市场运行提供了产权制度保障。

随着水权市场规模和空间范围的扩大，水权交易的市场结构也由私人间的双边市场向政府主导的开放性市场演进。私人双边市场是交易双方通过纯粹的古典契约的方式实现买卖双方之间交换的市场，开放的水权交易市场则通过第三方规制结构实现交易过程。政府设立专门的机构作为企业之间排污权交易的中介组织，中介组织承担着服务、沟通、公证、监督等职能，其地理区位、人力资源、物理资产及经营过程中可能形成的良好信誉等都具有很强的资产专用性，其收益也依赖于它支持的专门交易。在资产专用性和交易不确定性一定的条件下，专用性资产投资是否能够得到补偿甚至增值，取决于交易发生的频率，而要增加交易的频率，降低内部不确定性所引起的交易费用则成为问题的关键。第三方规制的市场治理结构属于市场制度相对完善的开放式交易体系，它具有产权关系明晰、交易规则明确等特点。

澳大利亚水权交易市场不仅包括取水权市场，还包括排盐许可证交易机制。澳大利亚新南威尔士州由于地下水位升高，大片地区土地盐化、土壤植被退化。为此新南威尔士州政府制定了"河水出境盐度总量控制"计划，并成立环境服务投资基金会，实施"排盐许可证"交易制度。该基金会充当减盐信用交易所的作用，从减排盐分的农场主那里购买"减盐"信用，并采用拍卖的形式出售。排盐许可证交易机制鼓励有条件的农场主采取措施（如植树）减少盐度而获得收入，并遏制企业和农场主的排盐行为。

目前澳大利亚水权交易市场已突破州域范围，形成了跨州的水权交易机制，努力实现在全流域范围提高水资源利用效率，改善流域水资源的盐碱化程度（见图7-1）。

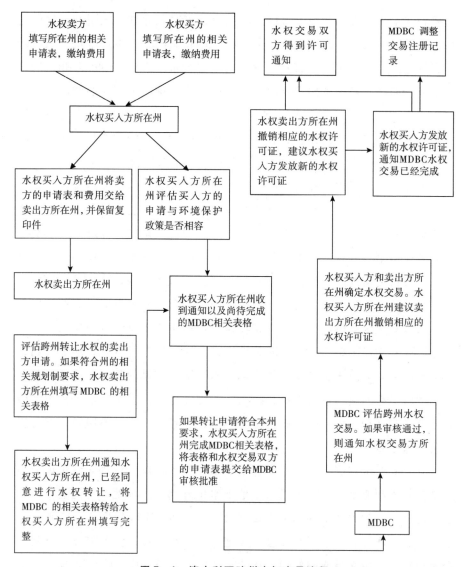

图7-1 澳大利亚跨州水权交易流程

资料来源：Young, M., Hatton, D. et al., 2000：34。

# 第三节 法国流域区际生态利益协调机制

法国在历史上曾经实行以行政区为基础的流域水资源管理体制。随着工业化和城市化的快速发展，流域水污染、水短缺等水危机开始显现，由此引发的经济、社会、生态和环境等问题趋于复杂化。20 世纪 60 年代，法国政府立足本国国情着手对流域水资源管理体制、政策和法律进行调整和优化。1964 年颁布的《水法》是法国政府变革流域管理体制的法律基础，据此逐步建立了以流域为基础的解决水问题的管理机制，并强化了全社会对水污染治理的责任和阶段性目标。此后，法国政府继续对《水法》进行不断修改、补充与完善，1992 年颁布的新《水法》正式确立了法国水资源管理的四项原则，为以自然水文流域为单元实行水资源综合管理体制确定了基本框架。目前法国的流域管理系统已日臻完善，逐渐显现出其卓越性和有效性，被誉为世界上比较好的水资源管理系统。笔者认为，法国流域管理体制更适合被描述为纵向多层治理和横向伙伴治理的网络型体制。从纵向府际关系看，建立了以流域为单元的多层级治理结构，清晰划分了不同层级管理机构的事权和财权，并且每个层级都设立流域委员会，形成了利益相关者的民主协商机制；从政府—企业关系看，注重发挥市场机制的调节功能，运用经济杠杆调节水资源利益关系，形成了"以水养水"良性循环的格局。

## 一　建立以流域为单元的多层级治理结构

法国水管理的成功之处主要在于他们遵循自然流域（大水文单元）规律设置流域水管理机构。1964 年《水法》颁布后，法国将全国按河流水系分成六大流域区，并在此基础上形成了国家—流域—地区—市镇等四级水资源与水环境管理机构为责任主体，大区和省级机构为辅助的涉水管理行政体制，以及相配套的事权、财权纵向分工体系。从组织架构看，分别成立了国家水资源委员会—流域委员会—地方委员会等三个水务立法咨询机构。在国家层级上，水资源委员会（又称国家"水议会"）负责制定国家水政策的发展方向；起草和批准水资源法规、规章或白皮书；向公众提供水资源法律政策方面的咨询以及取水排水授权和水质管理等方面的协调工作。国土环境和可持续发展部作为中央政府具体负责水务和环境管理工作的机构，主要职责是依据欧盟水框架目标，制定水资源政策以及法律法规，实施国家水质和水环境保护，监督水资源管理；在具体涉水事务的管理上，还须依靠公共工程部、农业部、卫生部、工业部以及渔业高级理事会等职能部门派出机构的协助。① 在流域层级上，设立了 6 个流域管理机构（流域委员会、流域管理局），作为中央政府的派出机构。流域管理机构实行决策与执行相对分离的行政分工模式。流域委员会相当于流域区内的"水议会"，是流域水利问题的立法和咨询机构，主要职能是制订发布水管理政策、批准流域规划、审查工程投资预算、监督项目的实施等。流域管理局是流域委员会的执行机构，承担技术和水务融资等工作，主要职能是准备和实施流域委员会制定的政策，以便推动流域内各方应采取的共同行动，达到水资源的供需平衡、水质达标，保护和增加水源以及防洪等目的。在地区层级，针对支流流域，成立地方水委员会，主要职能是负责起草、修正支流流域水资源的开发与管理方案，更为详细地确定水资源的使用目标，并监督执行。在地方层级，由市镇负责，主要承担饮用水提供、废水处理以及水行业的微观监管等事务。

## 二 形成水资源利益相关者的民主协商机制

法国《水法》体现的水资源管理原则之一是"水政策的成功实施要求各个层次的有关用户共同协商与积极参与"，因而在国家—流域—地区三个层级涉水委员会中，都包含着政府、企业和第三部门的民主协商机制。国家水资源委员会是由民选的参众两院议员、社会经济界及用水户协会选出的人员及代表组成的。流域委员会和流域管理局由地方三级（市镇、省、大区）选出的代表以及社会经济界及用水户协会的代表组成，并包括国家有关政府部门的官员。流域委员会为非常设机构，每年召开 1~2 次会议，就水资源重大问题进行民主协商和决议。流域管理局作为常设的执行机构，由国家环境部委派局长，领导成员中的地方代表及用水户代表（所占比例约为 2/3）从流域委员会成员中选举产生，组成流域管理局的董事会，协调用水户与开发商之间的冲突。董事会的组成成员为：用水户和专业协会的代表、地方官员代表、中央政府有关部门代表以及来自流域管理局的职工代表 1 名。地方水委员会主要由地方选出的代表（占 50%）、用水户和政府官员组成。市镇政府解决涉水事务时，非常注重发挥社区的功

---

① 王海等：《法国水资源流域管理情况简介》，《水利发展研究》2003 年第 8 期。

能和作用。流域委员会具有高度的独立性和权威性，不论是地方行政当局，还是环境部和财政部，都不得干涉流域委员会的决定。流域管理局则是流域区内居民、工业企业、农场主和行政当局为改善水源状态、饮用水质量、构筑水环境景观等进行协商的平台，尽管它的某些活动要受环境部的制约，但它在法律上是财务独立的公共机构。《水法》明确规定流域水资源开发管理规划必须由流域委员会来制定，一旦获批通过，即成为流域区内上下游政府和企业从事水资源开发利用保护的重要水政策和纲领性文件。一切水事活动均需依法办事，且社会各界都能严格遵守，若有越权或违法行为发生，可通过法律手段予以纠正或处罚。

## 三 实行流域水资源综合管理

法国的水资源管理系统，不是把水当作简单的自然物，而是把水当作水的汇集系统的整体；以流域为单元，而不是以行政区为单元进行管理，实行水量、水质、水工程和水处理等综合管理，这是法国流域水资源管理的特色与成功的标志。即将一个汇水区及其所有相关河流作为一个复杂的物理、化学、地质学、生物学和社会法律的系统，把地面水和地下水作为统一实体实施管理。[①] 流域管理局不仅管理地表水，也管理地下水；既从数量上管，又从质量上管，充分考虑流域生态系统的平衡，以实现水资源的可持续利用和区域社会经济的协调发展。流域委员会还通过民主协调，制定流域水资源开发与管理的总体规划，确定流域水质、水量目标以及相应的措施。由于法国流域水资源相对丰富，流域区际生态利益协调的目标导向在于确保行政区际的水质达标，流域区内的地方政府侧重于资产管理，直接对辖区内的水环境和水质负责。流域机构并不直接参与水污染与水环境的治理，主要从资源管理角度进行水量控制与调节，通过制定和检测河流水质标准等途径，依托行政与经济手段，将收取费、税金的大部分以补助和贷款方式提供给地方政府，用于水资源开发、污染防治、水质改进、人员培训等项目，同时根据地方政府的绩效进一步确定流域机构资助

---

① 袁弘任等：《水资源保护及其立法》，北京：中国水利水电出版社，2002，第 125 页。

金额的强度和方向，在流域尺度上实现了水量与水质的统一管理。[①]

## 四　注重利用经济杠杆调节利益关系

法国以流域为单元进行水资源统一管理，是以立法为基础、以多层级的事权财权纵向分工为特征的多层治理结构。在政府与企业关系上，按照"谁污染谁付费、谁用水谁付费"的原则，运用经济杠杆调节水资源经济利益关系。流域管理局作为国家公共服务部门，负责落实流域委员会制定的水资源收费政策，向各个水资源使用者收缴用水费和污染费两种费用。用水费主要用于从数量上管理水资源；污染费主要用于工程建设和管理运行，努力改善水源质量，以满足流域委员会制定的要求。各个公共供水工程的水资源收费标准由流域管理局与流域委员会商议后对外公布，并要求与计划中各供水工程的优先次序相一致。"以水养水"措施不仅为流域水环境治理提供了资金来源，而且增强了企业和居民的环保意识。法国政府还通过特许经营权转让的方式，授权罗纳河公司进行流域水电、航运、养殖等的滚动开发与综合利用，将罗纳河流域治理成了世界上少有的美丽、富饶之地，该模式也成为世界公认的流域综合开发与管理的成功范例。法国还注重政府引导的市场运作方式，推动小流域市场化生态补偿机制的实施。20世纪80年代，依赖于清洁水源的毕雷（Perrier）矿泉水公司，为保护水质购买了保护当地水资源的生态补偿，公司向位于流域腹地的奶牛场提供补偿。20世纪90年代早期，公司与当地农民进一步协商，要求采取限制杀虫剂使用、减少水土流失等措施改善水质，为此，公司又向每个农场支付了15万美元/年的生态补偿费用，在比较敏感、脆弱的渗透区培育森林，资助农民建立现代化设施，鼓励农民采用有机农业技术来保护水源。在补偿过程中，政府也支付了20%的生态补偿费用。运用经济杠杆调节上下游生态利益关系，既促进了公司业绩的发展，又改善了当地生态环境，实现了经济发展和环境保护的双赢。这一案例因而成为法国市场化流域生态补偿的典型。

---

① 傅涛、杜鹏、钟丽锦：《法国流域水管理特点及其对中国现有体制的借鉴》，《水资源保护》2010年第5期。

# 第四节　国外流域区际生态利益协调机制的经验与启示

上述美、澳、法三个国家虽然在政治体制、经济发展水平和文化传统等方面存在差异，但是它们都基于适应性管理的原则，努力探索建立符合各国国情和水资源特性的流域管理体制。在区际生态利益协调机制上，也各有各的特色。例如，在美国众多流域中，实行一体化管理体制的田纳西河流域只是一个特例，其他流域的区际生态利益协调主要采取市场型或自主型协商机制；澳大利亚墨累—达令河流域主要采取民主协议机制解决州际生态利益协调问题，同时积极探索水权交易机制，努力提高水资源配置效率；法国流域管理体制更趋于网络型治理结构，流域省际合作都基于政府间民主协商机制。同时，各国基于流域共同的自然和经济特性，都强调以流域为基础，以水资源管理为中心，注重水资源统一管理，注重民主协商机制、注重经济杠杆的调节功能等，这些共同的经验和做法都值得我们学习。

## 一　国外流域区际生态利益协调机制的基本经验

### （一）突出以流域为单元，建立水资源管理体制和协调机制

以流域为单元对河流与水资源进行综合开发与管理，合理地组织、布局生产力，建立工业区、城市群和产业带，促进流域经济持续健康发展，是世界上许多国家流域治理的普遍经验，并已成为一种世界性的趋势和成功模式。这既是水文地理和生态科学发展及应用的结果，也是综合利用和开发水资源、发挥其最大经济效益的客观需要。为了加强流域水环境治理的力度，保障流域综合治理规划目标的实现，发达国家经过长期的实践和探索，逐步建立了以流域为主体、符合流域水资源特性的水污染治理体制和协调机制。一方面是建立以流域水资源综合管理为主要职责的流域机构。如美国田纳西河流域管理局直接隶属于国会，它既具有统一规划、开发、利用和保护流域内各种自然资源的广泛权限，又是高度自治、财务独

立的法人机构；法国塞纳河流域管理局直接隶属国家环境部管理，经费由国家财政支持，其主要职责是代表国家环境部进行监管和协调；澳大利亚的墨累—达令河流域设置了流域部级理事会、流域委员会和社区咨询委员会 3 个分工明确的流域机构；加拿大为治理圣劳伦斯河跨省界流域污染问题，由国家环境部设立了圣劳伦斯河管理中心，进行直接监管；等等。尽管各国流域机构存在明显的职能差异和不同的隶属关系，但它们都是基于流域统一治理原则建立的，具有较高的权威性、独立性和行政执法权。另一方面是在流域统一治理的基础上，加强政府各部门和流域区内各地方政府间的协作，建立了有效的协调机制。美国田纳西河流域即使实行一体化管理，也设立了由各方利益代表参加的地区资源管理理事会，以协调州际生态利益矛盾。联邦政府还倡导在其他流域设立以"协调联邦与州、州之间、地方和非政府之间规划"为主要职责的流域委员会。如俄亥俄河流域就建立了一个由委员会（27 人组成）领导的跨区治理机构，这个机构是在8 个州之间（它们都受俄亥俄河流域污染的影响）达成协议的结果。其预算资金通过各行政区议会的拨款获得，这一协定下产生的执行局在实施委员会政策和环境保护规制时充当了协调机构。[①] 法国在塞纳河流域的治理过程中，建立了由环境部、农业部、交通部、卫生部等有关部门组成的水资源管理委员会，以制定流域综合治理政策和协调部门之间、地方政府之间的工作；加拿大在圣劳伦斯河流域治理中，由环境部牵头负责，建立了由农业部、经济发展部、海洋渔业部、交通部等多部门参加以及企业、社区共同参与的工作机制，形成了统一规划、分部门实施、执法部门负责监督检查的管理体系；欧洲各国为治理跨国界流域莱茵河，成立了莱茵河防治污染委员会，商议对策，互通信息，协调流域治理的各国行动，并建立了完善的污水处理和监测体系。

## （二）注重水资源统一管理，建立综合开发机制

发达国家的流域开发治理大都经历了几十年乃至上百年的过程。对流域的水能资源开发利用程度较高，如美国全国平均近 40%、法国为 95%、

---

① 关于美国各州之间如何协调环境管理的问题，参见 BG Rabe, Fragmentation and Intergration in State Environmental Management, Washington DC：Conservation Foundation, 1986。

英国为 90%、加拿大为 47%、瑞典为 65% 等。流域开发由单项开发向综合治理开发发展；由被动的治理向主动的水资源利用和管理发展；由短期治理开发向长期战略性开发发展；由注重自然条件的改善向更加注重生态保护和人口、资源与环境协调发展。流域战略规划，都体现了对水资源综合开发利用的长期性、战略性和综合性特点。[1] 世界各国的流域管理模式不尽相同，一般是根据本国的具体情况或历史沿革的不同而形成或选择较为适合本国条件的管理模式。但近年来越来越多的国家趋向于对流域内的自然资源实行综合管理的模式。它们以水资源和土地资源为开发主线，通过综合开发，实现流域水污染的有效防治。美国田纳西河流域的开发，也始终以水资源和土地资源的统一为基础，以工业、农业、城镇和生态环境为目标，建立自然、经济和社会协调体系。20 世纪 30 年代田纳西流域曾是水土流失严重、洪涝灾害频繁、交通不便和水污染严重的地区。流域管理局成立后，一方面致力于土地资源的综合整治利用，成立示范农场，教育和引导农民植树造林、改变耕作方法、使用化肥、改良土壤等来防止水土流失，增加农业产量；另一方面致力于水资源的综合治理和开发，水利、交通、电力等的发展，流域建有 60 多座具有防洪、航运、发电等多目标、彼此相互联系的水坝体系，基本上控制了洪水灾害，减少了洪水带来的经济损失，促进了农林牧业的发展，同时疏浚了河道，使田纳西河诺克斯维尔以下全程常年通航，并通过俄亥俄河及密西西比河与美国 21 个州的内陆水运系统相连接，促进了工农商业的发展与对外联系，实现了流域经济和生态的协调发展。法国的水资源管理系统，强调以流域为单元，实行水量、水质、水工程和水处理等的综合管理，取得了显著的治理绩效。欧洲多瑙河流域环境开发的主要内容包括：区域开发、污染治理、工业布局、交通与城镇建设等多方面的综合协调发展。澳大利亚的墨累—达令河流域治理的战略框架，具体涉及：农业、土地资源、地下水、动植物、河流和河岸环境、水质和水分配、水利用效率、河岸地区、文化遗产及旅游和娱乐管理等 11 项，这些内容不但实现了墨累河与达令河的统一管理，而且将生态平衡和环境的内容也作为重点纳入了流域开发管理之中。

---

[1]　郭培章、宋群：《中外流域综合治理开发案例分析》，北京：中国计划出版社，2001，第 13 页。

### （三）采取激励约束相容的政策体系，建立政府企业伙伴治理

发达国家在流域水污染治理实践中，形成了以行政命令为主、市场机制和自愿性环境协议为辅的污染治理的政策体系。自愿性环境协议已成为政府企业伙伴治理的重要形式。1964 年，日本的一家公司与当地政府达成了一项环境保护协议以保持低水平污染物排放，由此产生了第一个自愿性环境协议，此后自愿性环境协议（VEA）逐步成为政府与排污企业伙伴治理的有效形式。在日本 VEA 都是在地方政府、企业和非营利组织间达成的，且发展迅速，仅 1992 ~ 1993 年日本地方政府和商业部门就达成了超过 2000 项的自愿性环境协议，现已有 37 个行业和 138 个贸易协会参加了志愿协议。美国、欧洲、加拿大和澳大利亚等国家和地区也纷纷在国家层次上推行 VEA，如美国佛罗里达州"保护我们的湿地工程"，荷兰政府与化工企业签订的旨在减少气候变化、降低水污染等协议，这些自愿性环境协议推动了政府与排污企业的伙伴治理。经合组织中已有 12 个国家提出了 300 多种环境"志愿协议"，德国工业界自 20 世纪 70 年代以来已经缔结并成功实施了大约 80 项志愿协议，加拿大工业已经确认了 90 多个志愿协议，并正在演变为一种以污染预防为重点的更精细的思路。这些协议绝大多数是在高污染性产业中缔结的，协议内容涉及水污染、废物管理等。OECD 组织专家曾对发达国家自愿性环境协议的契约有效性、经济有效性方面的问题进行了长时间的跟踪研究，结果表明：尽管各国实施自愿性协议取得的效果不尽相同，但它确实能够增强企业和消费者关于达到环境目标的能动性和责任，促使企业更多地参与排放量减少活动，促使环境政策手段更好地适应可持续发展的要求。而且，由于环境自愿性协议是政府与企业共同协商的结果，这种建立在双方信任、合作基础之上的协议，不仅可以极大地发挥企业的主体作用，强化企业的主动参与意识和从事环境保护的能动性和责任感，而且这种双赢的利益追求，能够大大激发当事人双方参与自愿协议的积极性，提高协议的履行率及环境保护的成功率。[①] 因此，环境志愿协议的管理模式，是可持续意义下环境治理的一种新的有效举措，对于我国的流域水污染治理具有重要

---

① 王琪、何广顺：《海洋环境治理的政策选择》，《海洋通报》2004 年第 3 期。

的借鉴意义。

## （四）注重运用经济杠杆，调节各种生态利益关系

由于环境治理工程投资大、利润回收时间长，在没有政府帮助的条件下，私人资本一般很难也不愿投资和经营公共环境设施。因此，发达国家在流域水污染治理中，都在财政、信贷、税收等资金和技术方面给予扶持，积极推动污水处理的产业化、市场化，推动公私伙伴关系的达成。美国联邦政府鼓励各州建立"水污染控制周转基金"，用于实施有关水污染控制方面的环境管理计划，以便达到联邦或各州确定的环境目标与达标期限。凡是污水处理管理计划得到良好实施的城市公共污水处理厂，只要采用联邦环保局认定的"最佳实用处理技术"，均可向联邦环保局申请补助。私营污水处理厂可以建立收费制度，即向接受污水处理服务的有关个人或企业组织收取一定的费用，以支付设施运行与维修支出，并可以从中获得一定的利润，鼓励私人投资经营污水处理产业。泰晤士河从 1858 年起已进行了近 150 年的治理，耗资巨大，治理费用为 300 亿至 380 亿英镑，仅 1958～1974 年的污水处理工程投资就达 5000 万英镑，1990～2000 年间，在伦敦地区的投资超过 65 亿美元。① 资金主要来自供水收费和上市公司股票及市场集资、融资等方面。墨西哥的莱尔马—查帕拉流域，污水处理率低，流域污染严重，因此，国家在贷款及后期开发利用上以降低税率等优惠条件来吸引私人企业主投资于流域治理，从而使排入莱尔马—查帕拉河的污水量减少了 65%。② 日本政府在流域水管理方面的资金投入额度也很大，2001 年的资金投入额为 23956 亿日元，占当年政府一般会计预算支出的 3.0%。③ 此外，自 20 世纪 80 年代后，运用基金会的组织方式对流域进行管理是实践证明有效的经济手段。基金会将筹集到的费用、捐款和政府的投入主要用于建设具有生态意义的工程，对流域资金的投入提供了更有效的保证。

① 郭焕庭：《国外流域水污染治理经验及对我们的启示》，《环境保护》2001 年第 8 期。
② 费尔南多：《墨西哥国家水法——探索水资源管理和开发的新路子》，参见 http: www. waterinfo. net. cn/ newsdisplay/ newsdisplay. 46366. htm。
③ 林家彬：《日本水资源管理体系及借鉴》，参见 http: www. shp. com. cn/zhwx/ showcontent. 4315. htm。

**（五）注重流域治理决策的科学化与民主化，形成了社会共同治理机制**

由于河湖流域的综合开发涉及各个方面，不仅是流域本身，而且涉及生态、环境、动植物、气象、水利工程以及经济、社会、人口等诸多方面，因而对流域综合开发与资源利用进行科学论证的要求也日趋提高。许多国家在制定流域总体规划和确定工程项目时，日益重视"智囊团"的作用，以保证战略决策不失误或少失误，使流域工程建立在科学论证的基础上。如美国在开发密西西比河过程中，陆军工程团就十分注意同有关高等院校、科研机构和企业集团的科研力量进行合作，并建立了科学实验机构。澳大利亚墨累—达令河流域委员会建立了 20 多个特别工作组，聘请来自政府部门、大学、私营企业及社区组织的关于自然资源管理及研究的专家，以便将最先进的技术方法和经验运用到流域管理中去。墨西哥则充分利用墨西哥水利技术学院在开发和转让有关水的有效利用和水质保护方面的技术，为国家水资源委员会及其他机构提供技术方面的服务。[①]

此外，许多国家还相当重视民主协商和公众参与，并将其作为流域管理的关键因素。流域管理参加者往往由专属流域机构、流域区内政府、流域区内拥有土地的集体和居民及其他代表组成，如法国的流域委员会中，国家和专家代表、选民代表及用户代表各占 1/3，被称为"水务议会"，用水户组织已成为该国用水改革的主要力量。在澳大利亚，TCM 作为流域管理的目标，已深入人心。TCM 就是"Total Catchment Management"，意思是"全流域管理"，它强调公众与政府一起努力，以协调合作的方法，形成自然资源持续利用的最佳管理。居民可以组成团体（如关注水利组织）一起解决共同的地方问题，或派代表参加具有更广泛流域利益的流域管理委员会。其中 1987 年开始实施的以社区民众的广泛直接参与为根本的土地关爱计划"Land Care Program"是公众参与流域管理的一个典范。在美国，《清洁水法》明确规定了公众在政府实施 NPDES（国家污染物排放清除系统）各个阶段所拥有的权利：制定有关 NPDES 的规则时必须通知公众并接受公众审查；在审批 NPDES 许可证时组织公众听证会；被许可人的监测

---

① 何大伟等：《我国实施流域水资源与水环境一体化管理构想》，《中国人口·资源与环境》2000 年第 10 期。

记录、排污报告等文件属于公共文件，公众有权审查。此外，《清洁水法》还规定了公民诉讼条款，规定除了一些法定的限制，任何人均拥有对违反《清洁水法》者向联邦地方法院提起民事诉讼的权利。这些都为流域水污染防治提供了广泛的民众基础。

## 二 国外流域区际生态利益协调机制的主要启示

随着我国工业化、城镇化和农业现代化的快速演进，区域经济增长和社会发展中的流域水资源安全问题已越来越突出，水污染、水短缺和水浪费三种现象并存，已成为制约国民经济发展和社会和谐进步的重要瓶颈。流域是特殊的自然地理区域，又是经济社会发展的重要单元，我国流域众多，不同流域的集水面积、人口规模和经济发展水平存在明显差异。构建我国流域区际生态利益协调机制，必须立足于我国工业化中后期重化工业加快发展和环境治理压力日益增大的现实国情，借鉴发达国家的成功经验，紧密结合各个流域的自然生态属性、经济社会发展水平、区域产业结构以及经济政治体制等复杂因素，循序渐进地稳步开展，不断完善流域治理机制。

### (一) 设置流域管理机构，承担流域统一管理职能

国外的流域管理，大都设立了统一的流域管理机构。这些管理机构尽管在具体的组织形式、构成、规模和层次上有所不同，但它们共同的职能都是对江河流域水资源的治理、开发和利用进行统一管理。管理的内容包括制定规划、颁布流域管理条例或法令、制定优惠政策等；参与流域管理决策的人员通常包括政府官员、技术专家、企业和农场主等利益相关者，充分体现了流域管理的综合性、长期性和相对稳定性。流域管理机构也成为流域州际政府水资源分配、生态服务补偿以及水权交易谈判协商的平台。例如，法国政府以流域为单元，分层级设立流域管理机构，通过不同层级的流域委员会，建立利益相关者民主协商机制，值得我国借鉴。目前我国流域管理体制碎片化特征明显。国家一级流域虽然设立了流域管理机构，但权威性不足，二级和三级流域大多没有设立流域管理机构，流域水资源统一管理实质上演化成行政区的分包治理体制。因此，以流域为单

元，分层级建立权威的流域管理机构，按照流域统一管理的要求建立流域水资源和水环境的统一治理机构，完善地方政府各部门、流域上下游行政区际等的协调与合作机制，是我国流域管理体制改革的必然方向。

## （二）采取多种利益协调机制，促进区际生态利益和谐

从国外的实际情况看，各个国家的流域区际生态利益协调机制呈现出多样化、复杂化的特征。美国的田纳西河流域实行内部一体化的科层型协调机制，卡茨基尔流域实行准市场的州际生态补偿机制，科罗拉多流域实行俱乐部协商机制。从整体看，法国和澳大利亚两国流域区际生态利益协调机制属于网络型协调机制，包括纵向多层治理结构和横向政府、企业间的伙伴治理结构，在框架下又包含开放式发达的水权市场体系。当前我国流域区际生态利益协调机制主要以命令控制式的科层型协调机制为主，存在着部门分割、条块分割、块块分割等矛盾。在科层型协调机制基础上引入网络机制，是我国流域区际生态利益协调机制创新的目标模式。从纵向府际关系看，要由以行政区为单元的行政分包治理体制转变为以流域为单元的多层治理体制，分层级建立权威的流域管理机构，分层级制定和实施流域综合开发规划、分层级统筹经济社会与环境协调发展、分层级协调流域经济与环境区际纠纷等；从横向府际关系看，应围绕流域水资源分配、生态补偿和水污染赔偿等区际利益关系，引入市场化、准市场化的协商机制。我国流域自然地理条件千差万别，空间面积大小不一，在某些区域性流域，应建立和完善流域区际取水权、排污权市场交易机制，促进流域区际生态利益协调和流域自然经济社会的可持续发展。

## （三）探索灵活多样的形式，引导企业和公众参与流域治理

从国外的实践经验看，政府引导企业和社会公众参与流域生态治理，不仅仅限于决策过程的民主参与，而且包括运用价格、税收、信贷和基金信托等方式，引导企业参与生态治理和环境保护。例如，20世纪80年代美国科罗拉多流域的管理机制中就引入了信托基金方式。基金成立的指导思想是流域生态保护的公益性用途不能完全依靠联邦政府和私人企业的投入，而要依靠社会和公众的共同支持。基金的董事包括用水各方的代表，基金主要来源于流域水资源经济性用途的税收，包括电力的税收、供水的

收费和娱乐性用途的收费等，基金经费主要用于流域生态的公益性用途，包括为鱼类提供好的生存环境、建设和运营用于鱼类保护的设施、建设具有生态意义的工程和计算出生态价值保护需要的水量等。① 当前，我国注重流域水资源经济性用途的开发和利用，相对忽视流域水环境公益性用途的保护，造成流域生态环境趋于恶化。因此，不仅要提高公众环境意识，健全公众举报制度和公众听证制度，依法保护公众的环境知情权，引导公众参与建设项目的战略环境评价，而且要引导企业和公众进行绿色生产和绿色消费，用实际行动参与流域水环境防治过程。同时，要发挥政策引导作用，采取 BOT、TOT 等融资方式，鼓励民间资本投入流域水环境保护项目，逐步实行专业化运行、市场化运作和企业化管理，推进经营性环保项目的产业化进程，实现区域经济与环境保护的协调发展。

---

① 郭培章、宋群：《中外流域综合治理开发案例分析》，北京：中国计划出版社，2001，第 18 页。

# 第八章

# 我国流域区际生态利益协调
# 机制构建：以闽江为例

闽江流域既是福建省第一大流域，又是海西区经济增长的重要单元。改革开放以来，随着福建工业化、城镇化和农业现代化的快速发展，粗放型经济发展方式所带来的闽江流域跨行政区水污染、流域水资源无序开发等区际生态利益失衡问题日益凸显。这不仅与福建工业化中期的经济发展阶段以及粗放型经济增长模式密切相连，而且也与闽江流域碎片化的管理体制密不可分。福建是全国生态建设和环境保护的先进省份，又是我国改革开放的前沿阵地，加之省域范围内水系具有相对独立性，理应成为探索流域管理体制改革的先行先试区域。因此，笔者试图以闽江流域作为典型案例，剖析碎片化流域管理体制下流域区际生态利益失衡的表现，探索流域区际生态利益网络型协调机制构建的总体思路，从典型案例分析中展望我国流域生态网络治理机制的前景。

## 第一节　闽江流域管理碎片化体制与
## 区际生态利益失衡

闽江位于我国东南部，是以福建省行政区域为主体的区域性流域，也是福建省第一大河、福建人民的母亲河。它发源于福建、江西交界的建宁县均口乡，由沙溪、建溪、富屯溪等支流和闽江干流组成，主干流长 559公里，常年径流量 621 亿立方米，与黄河流域水量相近，占全国第七位；

其中上游沙溪在三明境内,建溪、富屯溪两条支流发源于南平市,闽江干流自雄江以下,流经福州市辖区,由长乐出海。闽江流域面积约60992平方公里,约占福建全省陆域面积的一半,流经38个县、市(含浙江省庆元、龙泉两县),流域人口约占福建全省人口的35%,经济总量约占全省的38%,是福建省重要的经济发展区域,在全省经济、社会和环境的可持续发展中占有十分重要的地位。闽江流域始终是福建经济增长和社会发展中极为重要的水资源屏障,保障闽江流域水环境安全,就是保护福建人民的生命线,对于福建省乃至海峡西岸经济区建设意义重大。

## 一 闽江流域管理体制及其碎片化特征

根据我国《水法》的规定,国家对水资源实行统一管理,具体表现为流域管理与行政区域管理相结合的管理体制。闽江流域作为以福建为主体的区域性流域,福建省各级政府承担着流域水资源管理的行政责任,并形成了省级政府对流域进行统一管理和各市地行政区分包治理相结合的运行体制。目前闽江流域尚未设立统一的流域管理机构,省级政府对闽江流域的管理实行水资源与水环境分割管理的模式。水资源管理以水行政主管部门的统一管理为主线,涉及福建省水利厅,各市地、县(区)级水利局,水库,河道,闸坝工程管理单位以及闽江流域规划开发办公室等单位。早在1982年7月,福建就成立了闽江流域规划开发委员会及其办公室,对闽江流域的国土资源进行了重新综合规划。1989年由于机构调整,闽江流域规划开发委员会被撤销,保留其副厅级的办公室,由福建省发展和计划委员会代管,并由闽江流域规划开发管理办公室统一负责闽江流域水资源综合规划的编制、检查和督促等工作。水环境管理以环境保护行政管理部门统一管理为主线,涉及各级发展改革、林业、水利、农业、交通、旅游、林业、国土、畜牧、渔政、建设等部门。“九五”以来,福建省启动了重点流域水环境综合整治项目,并成立流域水环境综合治理领导小组,由分管环保工作的副省长任组长、省环保局履行省闽江流域水环境综合整治领导小组办公室的职责,负责牵头组织制定规划计划,开展项目检查,进行情况通报,加强环境监测。省直各有关部门负责职责范围内相关工作的监督实施以及省级补助资金项目的立项和监督管理。流域区内的各个行政区政府——三明、南平和福州 3 市地及其下辖的县市区，实行由行政首长负责、以环境保护部门为主体、多部门分工协作的治理体制，负责本辖区环境整治任务的落实和治理项目的实施。经过多年的努力，闽江流域水环境整治工程取得明显成效，近年来流域水质改善明显，根据《福建省环境状况公报》，2003~2010 年，闽江流域达到和优于Ⅲ类水质的比例由 85.5%上升到 99.1%，闽江流域水域功能达标率由 90% 上升到 99.4%。

目前，闽江流域实行流域管理与区域管理相结合的水资源管理体制，符合流域水资源的自然特性和行政管理的现实省情，有助于发挥流域和区域管理的优势，有利于实现水资源的可持续利用。但是，我国长期实行的多部门参与的多层次管理体制，主要由水利部负责水资源管理，管理的各项具体内容分割给各个部门负责；管理层次和范围基本按行政级别和区域划分，形成部门分割、地区分割的局面，在水资源管理中呈现出碎片化的体制性特征。（1）条块分割。目前实行流域管理和区域管理相结合的体制。由于福建尚未设立权威的闽江流域管理机构，流域管理体制实质上已演化为行政区分包管理的体制，使流域统一管理流于形式。20 世纪 80 年代中期，我国逐渐推行了区域分权的行政管理体制，使行政区的立法权、行政权等得到很大增强，这虽然为我国地方经济的发展创造了制度条件，但同时也引发了各行政区对辖区自然资源的碎片化控制。地方政府掌握取水许可的审批权，多个行业主管部门掌握流域水资源的配置权，形成了区域和行业在水资源管理、开发、利用等方面的决策分散化状况，客观上造成与流域统一管理原则相违背的水功能的分割管理和不同形态的水资源分割管理的局面。（2）部门分割。分类管理的制度刚性仍未消除，体制协调性差。公共部门利益化特征明显，甚至出现企业化的苗头，导致各部门善于趋利避害，有利的事争着管，无利的事没有人管。例如，水利部门虽然是水行政主管部门，却不能在行业（农业用水、工业用水、城市生活、水力发电、生态用水等）、地区之间进行协调、平衡和最终决策，使水资源的完整性被人为破坏，地表水、地下水、空中水难以优化配置，生活用水、生产用水、生态用水无法统筹规划，合理的水价机制无法形成，水质管理与水量管理相分离，河道管理和水资源的保护无法衔接。不同水管机构职能交叉，加剧了制度体系的内部冲突，加之缺乏强有力的监督机制，最终导致水资源管理和配置的长期低效，使各种保护主义、机会主义有了可乘之机，加剧了水资源危机。[①] （3）地区分割。由于流域水资源国有产权制度残缺，行政区际对于流域水资源综合开发的责权利模糊不清。流域上下游地方政府为追求当地经济增长，常常发挥地理和区位优势，未经协商和批准就擅自动手先干、多干损害邻区利益的"擦边球"工程，引发了各种争水利让水害的行政区际矛盾；有的地方政府对排污企业未采取有效管制措施，放任排污，导致下游地区居民生活用水受到严重污染，经济损失重大。近年来不合理的水电梯级开发改变了流域的自然属性，对生态环境的影响日益凸显。据统计，闽江流域大中型水电站达到29座，还有大量无序开发的小水电站；过度和不合理的水电开发使自然急流变为人工平湖，河流流速变缓，自净能力降低，污染物淤积，水质变差，库区富营养化程度加剧，出现水葫芦疯长现象。大部分小水电站没有办理环评和环保审批手续，还有一些既未列入规划也未经相关部门审批就擅自建设。此外，大部分水电站没有按要求保证必要的最小下泄流量，下游生态环境用水得不到保障，破坏了正常的水生生态系统。

## 二　闽江流域区际生态利益失衡的主要表现

与我国北方的黄河等流域相比，闽江流域流程短，水量充裕，水资源足够满足上下游行政区经济社会发展的需求；闽江流域水质总体较好，行政区交界断面水质达标率很高，因此，闽江流域上下游行政区生态利益失衡，既不表现为水资源分配的利益争夺，也不是跨界水污染赔偿问题，而表现为上下游行政区在流域水生态、水环境和水安全等方面的责利权模糊不清。

### （一）上游地区承担着流域生态和环境保护的艰巨责任

闽江上游的南平、三明两个地级市，既是闽江流域的源头、海西的绿色生态腹地和重要的生态功能区，又是福建经济欠发达的山区地市，同时下辖若干个原中央苏区县；闽江干流下游流经的福州市，既是福建省会中

---

① 刘秀娟、马永青等：《白洋淀流域新型水资源管理体制构想》，《水利发展研究》2012 年第 1 期。

心城市，又是经济相对发达的区域。闽江流域上下游行政区的经济发展水平、财政实力存在明显差距，却在闽江流域生态建设和环境保护方面承担着极不相称的责任。2011 年福州、三明和南平的 GDP 分别为 3705 亿元、1231.17 亿元和 800 亿元，人均 GDP 分别为 57363 元、45142 元和 25487 元，同年福州 GDP 分别是三明的 3 倍和南平的 4.63 倍，福州人均 GDP 分别是三明的 1.27 倍和南平的 2.25 倍。福州是经济发达地区，又是闽江流域生态建设和环境保护的受益区，目前还正在规划实施北水南引工程，将闽江水引入平潭实验区等。而南平、三明两地市是福建欠发达地区，却承担着闽江流域生态和环境保护的艰巨责任。因此，我国实施的区域主体功能区划客观上也加剧了闽江上下游区域经济社会发展的不平衡。由于上游地区地方财政有限，难以保证对流域水污染治理的经费投入，有的地方政府不仅不能对环保事业进行足额投入，甚至将排污费挪作他用，致使工业企业规模普遍偏小，工艺设备比较落后，企业技术改造资金投入不足，排泄物处理技术水平较低，一些企业的污染治理设施未能正常稳定运行，污染物不能稳定达标排放。虽然省市政府不定期开展严查环境违法行为专项行动，严肃查处了一批违法排污企业，但仍有一些企业存在擅自停运治理设施、私设暗管、偷排漏排的违法现象。生活污水排放和污水管网不配套、污水收集率不高，造成污水处理率偏低。生活垃圾未经处理随意倾倒、堆集现象还比较普遍。乡镇垃圾无害化处理试点未达到预期效果，流域内已建成的生活垃圾处理场均不同程度存在外排渗滤液和地下水超标等现象，闽江流域上游地区承担着流域生态和环境保护的艰巨责任。

### （二）上游地区经济社会发展权受到限制

闽江上游三明和南平两地市的人民群众，在革命战争时期，英勇善战，不怕牺牲，为新中国的诞生作出了巨大贡献；在和平发展时期，他们又为保护闽江流域生态环境而牺牲了部分经济发展权。南平是福建经济发展水平和人均收入最低的地级市，为保障河流中下游地区健康的生态环境和正常的使用功能，不仅要投入大量资金，植树造林、加强城市污水处理设施建设等，还要根据《闽江水环境保护规划》的要求，严禁建设耗水量大和水污染严重的项目。林业是闽江上游的最大优势产业，但是，生态公益林禁止砍伐和商品林限制砍伐政策，使个体农民营林收入降低，甚至不得不转产转业谋求生计。畜牧业是南平市的优势特色之一，近年来，地方政府为提高农民收入积极扶持发展，实施畜禽良种工程、生猪良种工程等惠农政策，畜牧养殖业发展迅猛。但是，随着畜牧业规模的发展壮大，畜禽养殖污染也日益突出，成为闽江流域面源污染的最主要污染源。为保护闽江流域水环境，省级政府又不得不对闽江上游规模化养殖污染进行限期整治。在工业方面，南平市结合"一控双达标"实施新一轮产业发展战略，取缔关停了近百家污染严重的小纸厂和一批小印染、小制革等"15 小"企业，淘汰了十几家小化肥厂，整治了一批工艺设备落后的企业。因此，当前闽江上游地区作为欠发达地区，由于受限于产业技术水平和产业发展空间，经济发展与环境保护的矛盾与冲突十分明显，这必将影响上游地区的经济社会发展、财政收入和居民生活水平的提高。只有加快经济发展方式转变，调整和优化经济结构，大力发展绿色经济、低碳经济和循环经济，才是闽江上游地区经济发展的主攻方向。

### （三）上游地区生态服务价值难以获得补偿

闽江上游的三明和南平两个行政区内植被丰富，森林覆盖率高，自然生态条件良好，生产大量优质的生态产品。独特的自然地理和生态环境孕育了丰富的气候资源、生物资源、矿产资源和水资源，闽江流域生态系统在气候调节、水源涵养、水土保持、生物多样性保护、生态隔离净化以及防洪抗旱等方面具有重要功能，发挥着关键作用。据有关专家测算，闽江流域的森林生态系统在涵养水源、保护生物多样性、固碳释氧、净化大气环境、保育土壤、森林游憩、积累营养物质、沿海防护林等 8 项服务功能上总价值超过 7000 亿元。闽江上游地区虽然可以通过优质的农林产品销售获得经济收益，但它同时蕴含的巨大的生态系统服务价值难以通过市场化进行补偿。生态保护和环境建设是一种公共性很强的物品，由于外部性的存在，闽江流域上游地区生态保护效益的价值不能完全通过市场来实现，保护成本也无法通过产品价格等市场机制在受益地区之间进行合理的分配。因此，建立流域区际生态利益协调机制，通过生态受益者对生态建设者的合理补偿，实现生态利益在地区间的合理分配，是区域经济社会发展的重要内容。否则，这种流域区际生态利益失衡必将引起上游居民生存发展的需要与流域自然生态保护之间的矛盾和冲突，进而引发城乡差别、工农差别、区域发展失衡、生态经济失调等一系列社会问题。①

## 三 构建闽江流域区际生态利益协调机制的现实意义

### （一） 创建全国生态文明示范区的客观要求

生态利益协调包括人与自然、人与人之间两种不同性质的利益协调。建立流域区际生态受益补偿、受害赔偿机制，协调不同区域生态利益主体间的关系，归根到底是要改善人与自然的关系，促进人与自然和谐相处。福建是全国森林覆盖率最高的省份，也是全国生态建设的先进省份。闽江流域生态建设又是福建建设"生态省"的重点区域，并已成为历届省委、省政府的重要民生工程。2000 年，时任福建省省长的习近平同志提出建设生态省的构想；2002 年，福建省被列为生态省建设试点；2004 年 12 月福建省委、省政府颁发《福建生态省建设总体规划纲要》，进一步明确提出，要建立生态环境补偿机制，重点在水污染治理、林业生态、土地使用等方面，试行生态受益地区、受益者向生态保护区、流域上游地区和生态项目建设者提供经济补偿的办法，探索实行受益地区对保护地区的水环境补偿制度。2006 年 2 月，国务院又提出建立闽江源国家级自然保护区，要求进一步发挥自然保护区在涵养水源、保持水土、调节气候、维持生态系统良性循环等方面的重要作用，更加突出建立闽江水环境补偿机制的重要性。2010 年，省人大常委会颁布《关于促进生态文明建设的决定》。2011年，省第九次党代会提出"建设更加优美更加和谐更加幸福的福建"，《福建生态省建设"十二五"规划》实施。2013 年福建省提出创建全国生态文明示范区的设想，建议国务院研究出台支持福建深入实施生态省战略的政策意见，在国土空间开发布局、能源资源节约、生态环境保护、生态文明制度建设等方面加大指导和支持力度。因此，妥善处理闽江流

---

① 张金泉：《生态补偿机制与区域协调发展》，《兰州大学学报》（社会科学版）2007 年第 3 期。

域区际生态利益关系，是促进福建生态省建设，创建全国生态文明示范区的应有之义。

## （二）确保闽江流域水生态安全的积极举措

早在 20 世纪 80 年代初，福建省政府就提出对闽江流域进行综合规划开发与治理。1983 年国家计委批准了《闽江流域规划任务书》，要求在保护资源的前提下，搞好闽江的综合规划开发。90 年代初，对闽江水环境保护的力度仍不足，导致"八五"期间闽江水质严重恶化。1995 年 10 月，福建省政府在南平市召开闽江流域水环境综合整治动员会，从此拉开了闽江流域水环境综合整治工作的序幕。近几年来福建省政府还采取了包括行政首长环保目标责任制考核、环境"一票否决"制等多种行政措施，强化闽江上下游水环境保护，但是现行的水污染物控制法令只规定了单一企业各种污染源的排放标准，没有规定排入环境中的污染物总量控制标准，也没有考虑流域水环境的净化和容纳能力。"十二五"以来，中央政府要求各行政区逐步削减二氧化硫、化学需氧量、氨氮和氮氧 4 个污染物指标，这只能促使工业企业削减点源污染，点多、面广的农业面源污染仍然难以监测和控制。目前工业点源污染已得到有效治理，农业面源污染仍较为突出，畜禽养殖污染、化肥农药过度施放和淡水养殖过密等问题仍然存在；闽江流域干流断面水质达标率较高，但部分支流水质超标严重。这样各行政区内虽然工业点源污染物排放达到了国家规定的标准，但行政区内污染物排放的总量仍然会超过环境所能"容纳"的总量，造成闽江流域跨行政区的水环境污染，不仅表现为大量的、经常性的因水资源过度开发、利用或水土流失以及农村面源污染而造成的跨行政区界水质超标排放，而且表现突发性、扩散性、严重的水污染事件。坚持公平、公正、合理的原则，采取积极性、预防性的流域区际生态受益补偿激励机制，通过下游地区对上游地区、开发地区对保护地区、受益地区对受损地区的利益补偿，对于维持流域上下游行政区生态建设"义务与权益"的平衡和促进区域经济社会协调发展等都具有重要意义，同时也会促使上游地区政府强化环境管理，积极落实环境保护的行政责任制。

### （三） 实现闽江流域城乡区域协调发展的重要途径

党的十七大报告提出，缩小区域发展差距必须注重实现基本公共服务均等化、引导生产要素跨区域合理流动。闽江上下游区域经济社会发展差距是自然、历史、经济等因素综合作用的结果，具有一定的客观必然性，因此，加强山区与沿海的区域协作，统筹闽江上下游城乡区域协调发展必然是一个长期渐进的过程。城乡区域协调发展是相对的，也是有条件的。闽江上下游经济社会发展所依赖的资源禀赋、基础设施、主体功能区划等因素的差异，有的如基础设施状况是可以改变的，有的特别是自然条件是难以改变的，因此要使上下游经济社会发展总量大体相等是不现实的。所以，缩小闽江流域区域发展差距不能只注重人均经济总量，还要注重不同区域的人民生活水平。首先注重缩小上下游区域间基本公共服务的差距，实现基本公共服务均等化，使闽江上下游区域城乡的人民生活水平的差距不断缩小，是比较切合实际的要求。建立闽江流域生态利益协调机制，要以闽江上游的生态服务补偿作为突破口，多渠道筹集生态补偿资金，加强上游地区生态建设和环境保护的基础设施建设，推进产业结构的调整和优化，积极发展绿色生态产业和新兴产业，培育新的经济增长点，促进人口、资源与环境的协调发展。

## 第二节　闽江流域区际生态利益协调机制的探索及其缺陷

我国正处于体制转轨时期，反映供求关系变化的自然资源价格体系尚未建立，市场机制难以在区际生态资源配置中发挥基础性作用。经过 10 多年的探索和实践，在闽江流域区际生态利益关系上，逐步形成了以省级政府为协调主体、以生态服务补偿为协调重点、以行政命令为协调手段的科层型协调机制，有效地促进了区际生态利益的相对均衡，实现了闽江上游的生态建设和环境保护。但毕竟区际生态利益协调是一项复杂的系统工程，目前尚处于探索阶段，存在着协调机制单一、协调内容不全面、协调制度不健全等诸多问题。

## 一　闽江流域区际生态利益协调的政策脉络

1998 年长江水灾爆发后，中央政府开始实施天然林保护工程和退耕还林还草工程，通过财政转移支付方式，对长江上游、西部地区等实施垂直性的生态补偿，引导当地政府和农民加强生态环境保护。2002 年后，中央和省两级政府分别按照 75 元/公顷的国家级标准，对闽江上游的南平、三明等林区下拨森林生态效益补助资金。2003 年，福建省选择了 10 个水库开展水源地水土保持生态建设试点，从水费收入中按比例提取生态建设经费，建立水源地生态补偿机制。2004 年 12 月出台的《福建生态省建设总体规划纲要》提出：要试行生态受益地区、受益者向生态保护区、流域上游地区和生态项目建设者提供经济补偿的办法，探索实行受益地区对保护地区的区际生态补偿制度。2005 ~ 2010 年，省政府出资 3000 万元/年，闽江流域下游福州市出资 1000 万元/年，闽江中上游三明市、南平市各出资 500 万元/年，共同筹集闽江水环境整治专项资金 5000 万元/年。目前省级财政出资已达 1 亿元/年，福州市出资 4000 万元/年，三明市、南平市各继续出资 500 万元/年，闽江流域水环境综合整治专项资金已达到 1.5 亿元/年。[①]

2007 年 2 月，福建省委常委会专题研究并通过了《福建省江河下游地区对上游地区森林生态效益补偿方案》（见表 8 - 1），要求在中央森林生态效益补助标准 75 元/公顷的基础上，下游按照 30 元/公顷的标准向上游支付森林生态效益补助资金，从而使生态公益林补偿标准提高到 105 元/公顷，近年来中央和省级下拨到南平、三明的森林效益补助资金逐步增加，2010 年达到 182 元/公顷。2008 年，国家环保部将福建省闽江、九龙江流域等地区列为首批生态环境补偿试点地区。2009 年，国家环保部批复了福建省环保局提出的《九龙江、闽江流域综合治理试点工作方案》，正式将福建省九龙江、闽江流域环境综合治理列为国家流域治理试点项目。这些文件的出台标志着福建正积极探索和实践流域生态补偿机制，旨在建立一种能调整相关主体环境利益及其经济利益的分配关系、激励生态保护行为的有效制度安排。

---

① 《建立流域生态补偿机制　保护我们共同的家园》，《福建日报》2013 年 6 月 5 日。

表 8 - 1　2003～2010 年闽江上游（南平市）森林生态受益补偿资金

单位：万公顷，万元

| 年份 | 生态公益林补助面积 | 中央政府森林生态效益补助资金 | 福建省政府森林生态效益补助资金 | 福州市（闽江下游）森林生态效益补助资金 | 南平市森林管护总费用 |
|---|---|---|---|---|---|
| 2003 | 47.65 | 1543.7 | 415.84 | — | 1959.54 |
| 2004 | 43.33 | 1642.5 | 638.2 | — | 2280.7 |
| 2005 | 43.92 | 1642.5 | 873.5 | — | 2516 |
| 2006 | 48.02 | 2352.85 | 1253.84 | — | 3606.69 |
| 2007 | 48.52 | 2327.77 | 2949.36 | 1455.48 | 6732.61 |
| 2008 | 47.68 | 2342.69 | 2808.53 | 1430.5 | 6581.72 |
| 2009 | 47.68 | 2410.25 | 2826.92 | 1430.5 | 6667.67 |
| 2010 | 48.29 | 5020.66 | 3754.98 | 1448.74 | 10214.38 |

注：其中南平市辖区内的武夷山自然保护区 83.5 万亩和国有林场 25.3 万亩，合计 108.8 万亩的补偿资金都留在省厅，不在上述表格统计范围之内。

## 二　闽江流域区际生态利益协调机制的特点

### （一）形成了省级政府主导的科层型协调机制

（1）实行闽江流域水环境综合整治联席会议制度。设立闽江水环境综合治理领导小组，定期召开闽江水环境综合整治联席会议，形成以分管副省长为组长、环保部门为主体、相关职能部门配合的运行体制，省环保局认真履行省闽江流域水环境综合整治领导小组办公室的职责，负责牵头组织制定规划计划，开展项目检查，进行情况通报，加强环境监测。省直各有关部门负责职责范围内相关工作的监督实施以及省级补助资金项目的立项和监督管理。农业部门负责编制养殖业发展和污染治理规划，牵头组织开展畜禽养殖业污染治理。发展改革、建设部门负责推进城市污水处理厂、垃圾无害化处理场、乡镇垃圾处理场建设以及城市内河整治。经贸部门负责关闭"五小"企业，实施清洁生产工程。水利部门负责组织开展防洪工程建设和水土流失治理工作，清理水葫芦、小水电。国土资源部门会同有关部门组织矿点整顿和"青山挂白"治理。林业部门负责组织实施生态林保护与建设工程。海洋渔业部门负责对网箱养殖污染治理进行监督管理。科技部门负责组织开展有关闽江流域整治的科技攻关。财政部门负责落实整治经费并对专项资金使用情况进行监督检查。各市、县(区)政府负责本辖区整治任务的落实和治理项目的实施。目前福建省政府没有突破闽江流域水资源保护和水环境防治的分割体制,但它依靠自身的行政权威,通过机制创新,明确了涉水部门和各行政区政府的责权利,较好地实现了科层体制下的"碎片化"缝合。

(2)强化行政分包的责任考核机制。福建省政府依托省环境保护委员会对设区市环境治理目标责任进行任务分解和年度考核;并在实施设区市市长环保目标责任考核、市县(区)政府环保年度考核,建立环保约谈告诫制度的同时,建立闽江流域整治工作考核通报制度,将年度水质情况、整治任务完成情况与当地政府环保实绩考核和次年环保专项资金补助挂钩。[①]

(3)推动流域区际合作。福建省政府在强化各设区市环境目标责任考核的同时,积极推动闽江流域上下游行政合作,由相关市地每年组织召开一次"闽东北经济协作区市委书记市长联席会议",围绕区域内的闽江、敖江等生态环境保护和建设等多领域开展合作,初步形成了公共资源共同治理的机制。

### (二) 建立多元化的生态补偿资金筹集机制

从补偿主体和客体之间的关系看,政府主导型流域生态补偿可以划分为上下级政府之间的垂直补偿、上下游政府之间的横向补偿、涉水受益行业的区域内部补偿以及民间组织捐赠等自愿性补偿。目前闽江流域已初步形成了以中央和省级政府垂直补偿为主、横向补偿和区域内部补偿为辅的多元化生态补偿资金筹集机制。其中,中央和省级政府的森林生态效益补助资金主要用于生态公益林管护,并按照公益林面积大小下拨给各个县区。省级政府水环境整治专项资金重点用于畜禽养殖业污染治理、农村垃圾处理、水源保护、农村面源污染整治示范工程、工业污染防治及污染源在线监测监控设施建设等8大工程的建设。中央、省里和福州市的生态补

---

① 黄东风等:《闽江、九龙江等流域生态补偿机制的建立与实践》,《农业环境科学学报》2010年增刊。

偿资金还要求三明、南平配套投资，2005 年就带动了三明、南平 2 市 1.53 亿元和 1.07 亿元的水污染治理资金的投入，分别占两市流域环境治理投入的 14.0% 和 18.9%，在一定程度上弥补了资金缺口。[①] 具体情况如图 8－1 所示。

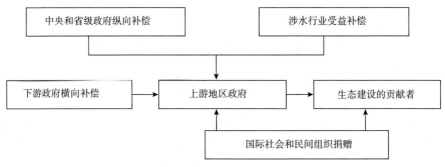

**图 8－1　闽江流域生态补偿主体结构示意图**

### （三）形成企业参与环境保护的政策机制

推进闽江流域区际生态利益协调，不仅需要处理不同层级政府和上下游政府之间的关系，而且需要处理好政府与企业、市场的关系，采取强制性的行政手段和激励性的经济手段相结合的方式，推进闽江上游经济发展方式的转型和升级。"十五"以来，闽江上游的三明和南平市政府调整工业结构，改善工业布局，对污染密集型企业实行"关停并转"等处理；推进企业技术改造，全面实施排污许可证制度，严格控制排污总量；同时通过财政补贴和企业自筹结合，鼓励企业发展清洁生产，发展循环经济，包括，三明市建立了沙溪沿岸虚拟生态工业园，探索工业循环经济模式，南平市针对规模化养殖污染严重现状，开展农业循环经济试点，建立延平区炉下镇循环经济实验区和光泽循环经济生态产业链。在闽江流域干流、支流沿岸建设一批生态农业示范村，积极建设生态农业精品工程。重点推广以沼气为纽带、"猪（牛）—沼—果（草）"结合、物质多层次循环利用的"丘陵山地综合开发""庭院生态经济综合利用""农业有机废物综合

---

[①]　丛澜：《福建省建立流域生态补偿机制的实践与思考》，《泛珠三角流域生态补偿研讨会会议资料》，2007。

利用""果园套种经济绿肥"等生态农业开发模式,旨在从源头减少农业面源污染,实现流域水污染的预防性治理。

福建省政府在闽江流域建立了以生态补偿为重点的区际生态利益协调机制,多渠道筹集资金,对上游地区生态保护的贡献者、生态保护的受损者和减少生态破坏者实施经济补偿,有效地保护了生态贡献区政府和林民的合法权益,提高了他们参与生态环境保护的积极性,为福建创建全国生态文明示范区奠定了坚实基础。目前福建生态公益林面积已达 5.3 万公顷,疏林地和灌木林地转变为有林地,林分平均郁密度由原来的 0.42 上升到 0.51,单位面积蓄积量从 4.42 立方米上升到 5.24 立方米,森林质量稳步提高,灾害性破坏明显减少,水土流失得到有效遏制,闽江干流水质得到不断改善,生物多样性和野生动物栖息地得到有效保护,原来生态环境脆弱地段的森林植被也得到一定程度的恢复。[①]

### 三　闽江流域区际生态利益协调机制的缺陷

闽江流域是以福建省为主体的区域性流域,流域区内主要包括三明、南平和福州 3 个设区市,由福建省政府牵头,协调相关涉水部门和各设区市,建立了权责分明的分工机制和考核机制,在全国首创试行上下游生态补偿机制等,充分体现了科层型机制较高的行政效率,但单一的科层机制也同时隐含着诸多缺陷。

### (一) 科层型协调机制作用空间有限

在现行的法律框架下,碎片化的流域管理体制难以突破,地区和部门本位主义制约着行政协调的效率。目前仍然缺少跨省份、跨市县、跨流域、跨部门的协调机制,解决省份、市县、上下游和行业之间的生态环境补偿问题还存在许多困难。政府命令控制手段对工业点污染治理有效,但难以解决点多面广的农村面源污染问题。与个体农民之

---

① 李兆清:《福建在全国首创流域生态补偿机制》,http://xmecc.smexm.gov.cn/2007 – 8/200783092805.htm。

间缺乏有效的中介协调机制，个体农民参与农业面源污染治理的积极性不高。

## （二）市场机制和民主协调机制尚未建立

府际纵向和横向利益关系主要通过行政方式来协调，相互间缺乏民主协商机制；区际生态利益协调的对象主要限于政府之间，尚未建立有效的公众参与机制；纵向生态补偿标准主要根据中央和省级财力来确定，横向生态补偿标准由省级政府以行政协调方式确定，补偿标准不够科学合理；绿色国民经济核算体系和环境审计体系尚未建立，区域环境变化对相邻地区经济和社会财富增长的影响和作用还不能清晰地揭示和表达，流域区际生态行政化补偿机制缺乏科学依据和准确计算。

## （三）区际生态利益协调内容不完整

目前闽江流域区际生态利益协调是围绕上游地区生态服务补偿而展开的，只明确了下游福州对上游三明、南平两个设区市的补偿义务，尚未涉及行政交界断面水质超标的惩罚机制、跨行政区界水污染赔偿机制以及流域水资源开发的生态恢复补偿机制等，水电开发企业、矿产资源开发企业等在流域生态补偿中的地位和作用尚不明确。

## （四）区际生态利益协调制度不健全

目前我国的环境资源管理体制是以行政区为单元，按行业、分要素管理的，行政区内部的环境资源管理中经常出现不同资源法之间的矛盾和冲突；而在跨行政区环境资源关系方面，目前则缺乏统一的法规。浙江、福建等少数省份只是出台了关于流域上下游生态补偿的地方性法规或文件，国家尚未出台关于生态补偿资金筹集、管理、使用、评估以及跨界水污染赔偿的规范权威的制度。

## 第三节 闽江流域区际生态利益网络型
## 机制构建的思路与对策

当前,闽江流域以福建省政府为中心构建的科层型区际生态利益协调机制,是以纵向和横向财政转移支付为依托,以水环境综合整治工程为载体,以工业点源污染治理为重点,以明确不同层级政府及其各部门责权利为保障的运行体系。然而,流域生态建设和环境保护,不仅需要政府间及其各部门间的合作,而且需要政府与政府,政府与企业(农户)、第三部门的伙伴合作。因此,需要在闽江流域区际生态利益科层型协调机制中逐步引入网络型机制,实现传统科层治理机制和网络治理机制的有机融合,才能有效提高流域水资源治理的效率、效益和效果。

从全国范围看,长江、黄河等大江大河流域面积广,涉及诸多省区市,任何流域体制机制的改革创新,都面临着巨大的制度成本。福建既是东南沿海经济发达的省份,是我国改革开放的前沿阵地,也是全国生态建设和环境保护的先进省份,理应成为探索流域管理体制改革的先行先试区域。(1)体制机制创新的制度性成本较低。福建水系具有相对独立性,福建省重点流域"六江二溪"的主体部分均在本省境内。闽江是跨县不跨省的区域性河流,其上游三大支流和下游干流均分布在福建省境内,流域治理的成本分摊和外部效应均在省域行政区范围内,省级政府具有足够权威,可以推动流域内府际纵向和横向矛盾的协调。(2)体制机制创新有先行基础。1996 年以来福建省政府实施了三期闽江水环境综合整治工程,初步形成了跨地区、跨部门的流域治理协作机制,并在全国较早地试行了流域上下游生态补偿政策和森林生态受益补偿政策。2008 年国家环保部将闽江、九龙江流域等地区列为首批生态环境补偿试点地区,2009 年又将闽江、九龙江流域环境综合治理列为国家流域治理试点项目。(3)机制创新纳入省委决策视野。未来五年福建将"全面推进生态补偿制度,完善跨流域、跨区域、跨隶属的生态协同保护机制,建立环境保护以奖代补制度,调动利益相关地域和条块分属单位共同保护生态环境的积极性"。① 这就为构建闽江流域网络治理机制提供了现实基础、必要性和可行性。根据闽江流域的自然经济社会特性，流域生态网络型治理机制的重点是：建立流域统一管理和综合开发的体制机制；建立以流域区际生态受益补偿和跨界水污染赔偿为重点、上下游责权利对等的区际政府伙伴治理机制；建立激励约束相容的政策体系，完善政府和企业、农户的伙伴治理机制。如图 8 - 2 如示。

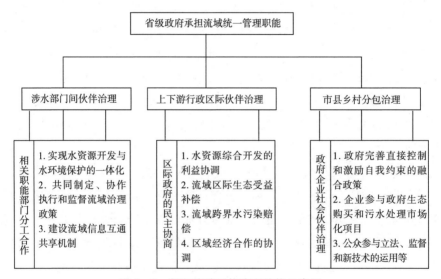

**图 8 - 2　闽江流域网络治理结构示意图**

## 一　完善流域管理和行政区管理的运行机制

### （一）强化流域水资源统一管理

针对闽江流域碎片化的体制弊端，要彻底改变目前区域管理"腿长"、流域管理"腿短"的现状，加快建立全流域水资源统一管理的体制机制，包括统一规划、统一管理、统一实施、统一考核，实施以流域管理为主

① 《中共福建省委关于闽"十二五"规划的建议》，《福建日报》2010 年 11 月 23 日。

导、区域管理为辅助的管理体制。①

1. 建立科学合理的流域协调机构

目前福建设立了闽江流域水环境综合治理领导小组,实行闽江流域水环境综合整治联席会议制度;设立了省级环境保护委员会,统筹、协调和考核 9 个设区市的环境治理目标责任,这是现行体制下省级政府行政工作协调的常规模式,没有触及部门和地区职能交叉、"九龙治水"的体制性缺陷。因此,组建权威高效的流域管理机构是推进和落实闽江流域区际协商管理的关键。建议福建在闽江流域试行建立流域管理机构,调整和优化涉水部门间的职能分工,主要有两种思路:一是设立综合性流域管理机构(闽江流域管理局)。针对当前水资源和水环境分开治理的格局,设立综合性流域管理机构,将闽江水资源的开发利用与能源、原材料的开发利用,环境保护,维持生态平衡等方面结合起来,统一规划,实现流域水资源管理和水污染治理的一体化,改变条块分割的管理方式。二是成立闽江流域管理委员会。组建由省级政府涉水职能部门、设区市政府、流域用水企业代表、专家和公众代表参加的闽江流域协调委员会,由省级政府分管环境、水利的副省长兼任委员会主任,并下设办事机构。该委员会的主要职能是负责制定、指导执行流域综合开发规划并检查监督其执行效果,促进流域水资源保护和水污染防治中涉水部门的分工合作,协调解决流域行政区际生态矛盾等。从制度变迁成本的比较分析看,第二种思路成本较低,且更符合我国现在的国情和福建的实际。

2. 制定权威的科学可行的流域综合规划

流域是一个复杂的自然经济社会系统,如果没有一个系统、权威、中长期的流域综合性规划宏观指导、控制、协调各地各部门的发展关系,往往会受地方的、部门的、短期的经济利益驱动,忽视长远的经济、环境和社会整体利益,影响流域自然经济社会的持续发展。1985 年福建省人大常委会通过了《福建省闽江流域水资源保护条例(试行)》、2005 年福建省环境保护厅制定了《闽江流域水环境保护规划》,这些文件对于指导近期工作具有重要意义,但均缺乏全面性、系统性和战略性的规划,组织多学

① 赵来军:《我国湖泊流域跨行政区水环境协同管理研究——以太湖流域为例》,上海:复旦大学出版社,2009,第 108 页。

科专家对闽江流域进行全面调研，制定《闽江流域综合治理与开发规划》，从战略高度系统地研究整个流域的生态环境状况，阐释闽江流域水资源综合开发、水环境保护、流域生态公益林保护，明确产业发展的方向、主导产业类型和区域产业布局、沿岸小城镇建设等重点内容，使流域综合计划成为指导流域水资源开发和水环境保护的纲领性文件，成为制定流域专业规划和各区域国民经济社会发展规划的根本依据，会促进流域经济向整体化方向发展，促进流域内城乡区域经济社会的协调发展。

3. 制定《闽江流域综合管理条例》

体制决定机制，而体制又是依据相关法规设立的。正如德国学者赫尔穆特·沃尔曼所指出的：制度是关键，各种制度提供了根本的制度框架，在这一框架内，政治和政策得以发生和发展。① 发达国家以流域为单元、水资源综合管理的体制都是基于长期的探索，通过法律不断调整、修订而确立的。1968 年欧洲议会通过的《欧洲水宪章》，提出水资源管理应以自然流域为基础，而不应以政治和行政的管理为主，流域应设立适当的水资源管理机构。法国根据 1964 年《水法》建立了全国范围的流域管理体制；美国 1965 年的《水资源规划法》要求建立新型的流域机构；英国在 1973 年和 1989 年两次调整了流域管理的体制。尽管各个国家流域机构的性质、职能和管理方法有所差别，但总体趋势是以流域为单元对河流与水资源进行综合开发与管理。当前我国流域管理的体制、法规呈现出碎片化特征。水环境保护法规体系不健全，相关法律立法有空白，甚至相关法规之间相互矛盾，缺乏执法手段和程序。这不仅根源于传统计划经济体制，同时也与我国现行部门立法的惯性分不开。因此，应按照以流域为单元、水资源统一管理的要求，打破部门立法维护部门利益的思维，加快《水法》等流域管理体制相关法规的调整和修订，建立流域水资源和水环境的统一治理机构，完善地方政府各部门、流域上下游行政区际等的协调与合作机制。闽江是以福建为主体的区域性流域，根据国家有关法律，结合福建实际，制定《闽江流域综合管理条例》应主要包括有关流域综合开发的管理体制和管

---

① 〔德〕赫尔穆特·沃尔曼：《比较英德公共部门改革》，王锋等译，北京：北京大学出版社，2004，第 1 页。

理机构，有关流域协调的经济政策、社会政策、环境政策、技术政策等相关政策的机制和程序等内容。当前我国缺乏从源头控制农业面源污染的限定性生产技术标准，缺少针对农业面源污染进行综合防治的环境经济政策；原则性规定多，配套性细则规定少，可操作性不强，责任追究机制不完善。以流域为单元进行立法，加强农业面源污染防治是发达国家的普遍经验。基于福建水系的相对独立性，建议制定《福建省流域农业面源污染防治条例》，加快建立健全农业生态环境管理法律法规体系，完善农业环保执法监督监察机制，并尽快制定农业生态环境保护管理办法及防治农业面源污染实施方案。

（二）建立流域多层治理的组织体系

以行政区节能减排总量控制和行政区际水质达标为考核内容的行政首长环境责任制，初步形成了垂直、单向的行政分包治理格局，有效遏制了闽江流域水污染加剧的势头，但是区域经济发展与环境保护的矛盾依然突出：闽江流域小支流监管乏力，部分河段污染严重；上游规模化畜禽养殖污染和农业面源污染突出；沿岸城市生活污水处理率低；企业偷排、超排和突发性污染事故时有发生；下游地区政府治理非法采沙乏力；等等。可以借鉴江苏、河南等省的经验，推进闽江"河长"责任制，建立激励约束相容、双向互动的市县乡村多层治理机制，将环境监督范围延伸到全流域。全流域"河长"由分管副省长担任，闽江流经的各市、县（区）、镇、村分别设立市、县（区）、镇、村四级"河长"，这些自上而下的"河长"实现对区域内河流的"无缝覆盖"，强化对全流域水质达标监管的责任。当前要加快建立乡镇和行政村（社区）的环保体系，在乡镇设立环保站，在行政村（社区）参照"六大员"制度设立环保专员。既要规范不同层级政府间的环保目标责任考核制度，推动经济发展方式转变，确保实现上级政府下达的节能减排目标；同时又要完善"以奖促治""以奖代补"和"以奖代投"等激励性政策，引导各级政府推进城乡环境连片综合整治。

（三）建立流域区际环境治理考核的技术支撑体系

规范闽江流域行政多层治理的考核体系，需要构建和完善覆盖全流域的水质水量监测体系，完善流域区各级行政区交接断面水量水质自动监控系统。2002 年 1 月，福建省质量技术监督局与福建省环境保护局联合发布了《闽江水污染物排放总量控制标准》（DB35/321 - 2001），规定了流域内各市、县辖区河段的 8 种水污染物排放总量控制限值、流域各河段执行的排放标准和交接断面位置（交接断面是指流经相邻行政区域边界处的河流水质监测断面）。目前闽江流域设区城市与设区城市之间、县（市）与县（市）之间均设立交接断面，各行政区环境管理的重要交接断面水质监测由设区城市环境监测站负责，设区城市间交接断面的水质监测由下游设区城市监测站负责，如果发生争执，则由福建省环境监测中心站负责。这些都为闽江流域行政区际权责利的划分提供了技术支撑和保障。当然，这种以环境保护部门牵头的水环境信息尚不够充分，应当加强与水利部门、林业部门等多部门的合作机制，建立全流域水量水质信息共享平台，增加跨行政区水质超标自动预警、报警功能，提升水资源监督执法能力。

## 二 建立和完善流域区际伙伴治理机制

建立和完善激励约束相容的上下游生态受益补偿和跨界水污染赔偿机制，是推进闽江流域区际伙伴治理机制的核心内容。由于这两项内容在第五章第三、第四节已有详细论述，这里着重基于伙伴治理视角，围绕规范和完善闽江流域生态受益补偿机制进行探索。当前闽江流域上下游水环境补偿激励机制的基本框架要以科学发展观为指导，遵循公平性原则、发展原则和可操作性原则，着重从制度上解决"谁补偿谁""补偿多少"和"怎么补偿"三个基本问题，即要明确流域生态补偿主客体及其责权利，合理确定流域生态补偿标准和计价办法并规范流域生态补偿资金运营过程，进一步完善"成本分担、比例补偿、双重激励、项目带动"的上下游水环境激励约束机制，实现生态补偿体系"科学化、规范化、市场化和法制化"的目标。

### （一）明确流域区际生态补偿主客体及其责权利

当前闽江流域 36 个县市之间在水资源开发利用和水环境保护方面权责

模糊不清，谁先占用，谁就拥有使用权，各行政区经常未经协商和批准就擅自动手先干、多干损害邻区利益的"擦边球"工程，引发了各种争水利让水害的行政区际矛盾。因此，在流域生态保护中表现出主体间环境利益与经济利益的严重不协调，即受益者无偿占有环境利益，保护者得不到应有的经济回报，缺乏保护的经济激励；破坏者未能承担破坏环境的责任和成本，受害者得不到应有的经济补偿，责任人丧失保护的经济压力。这种权责利关系的扭曲使生态环境保护的成果在城乡、地区以及不同收入群体间的分配极不合理，不仅增加了流域生态保护的难度，而且加剧了城乡和地区间发展的不平衡和不协调，影响到社会福利在不同群体间的公平分配，威胁着不同地区和不同人群间的和谐发展。

按照权利义务一致和区际公平的法理学原则，明确界定流域生态补偿主体与客体，即解决"谁补偿谁"的问题，明确哪些地区、行业和群体是流域生态治理的受益地区和受益主体，哪些地区、行业和群体是流域生态治理和保护的贡献地区和受损主体，哪些地区、行业和群体是流域生态破坏的主体和赔偿主体。由于流域生态功能的外部效应具有公益性以及生态服务消费中的非竞争性和非排他性，上游地区实施生态环境建设，整个干流经过地区的一切用水主体包括居民、涉水企业等作为生态受益主体应成为补偿主体；流域上游地区对生态保护作出贡献者和减少生态破坏者，如退耕还林的农民、关停并转的污染企业等都应当成为补偿客体。由于上下游补偿主体客体的分散性和利益关系的复杂性，流域区际生态补偿通常由作为区域公共利益代表的上下游政府进行协商，当然，下游政府可以从生态受益行业、受益企业和受益群体中筹集生态补偿资金；上游政府也必须将生态保护补偿资金分发给生态建设的贡献者和减少生态破坏者，或直接用于投资生态项目。

当前我国的环境治理实行行政区分包治理模式，并通过签订环境保护行政首长责任书来强化落实。按照《环境保护法》第16条规定，"地方各级人民政府，应当对辖区的环境质量负责，采取措施改善环境质量"。因此，作为辖区社会公共利益代表的上下游政府理所当然地成为流域区际生态保护补偿的主客体。明确流域上下游生态补偿主客体的责权利，就是要从全流域生态环境保护和经济社会发展的实际出发，科学划定流域水域、陆域的生态功能区，明确各行政单元交接断面水质与水资源量的要求。应依据水环境功能区划，明确交接断面的水质类别、评价项目、评价方法、监测频次、监测规范、质量保证及信息公开方式；并依据水资源量的周年动态，明确上下游的水资源通量和行政区际交界断面的水质、水量达标要求。在上游地区较好地履行了"使辖区产业符合功能区划定位、保障流出断面水质达标及水资源量"的义务的前提下，辖区如属生态保育区，或虽不属保育区但限制开发、禁止开发区域比例较大，导致产业发展和环境容量受到限制，上游地区就有要求下游获取生态补偿的权利。相反如果上游地区产业发展不符合功能区划定位、流出断面水质不达标、水资源量未能保证，则应承担生态赔偿的责任。①

## （二）合理确定流域生态补偿标准和计价办法

合理确定流域生态补偿标准和计价办法，即要解决"补偿多少"的问题，既是实施生态受益补偿的前提，也是实现流域区际生态利益公正、公平协调的难点和关键环节。上级政府垂直补偿，是通过政府财政的积累再分配替代具有外部性的生态资源的市场资金积累机制，确保在市场失灵的条件下，生态效益在财政机制支持下能满足人们不断增长的对资源的非物质效益产出的需求，如中央和省两级政府下拨的闽江流域森林生态效益补助，其补偿金额主要取决于经济增长实力、财政收支状况、官员的重视程度等诸多因素。行政区域内部补偿，是指按照"开发者保护、保护者受益、受益者补偿、破坏者赔偿"的原则，环境管理部门向流域生态受益者、受益行业和群体征收生态建设补偿费，向流域生态破坏行业、企业和经营者征收生态破坏补偿费，如排污费等，其征收标准主要根据生态恢复成本来确定。

行政区际横向补偿，上下游之间生态受益补偿和跨界水污染赔偿，是流域生态补偿标准确定的难点。目前学术界存在着效益补偿论、价值补偿论和成本补偿论三种明显不同的意见，②其中价值补偿论又由于价值理论基础不同，形成两种不同的价值补偿观点：有人主张以马克思劳动价值理

① 刘国才：《流域生态补偿的目标及建立生态补偿机制的途径》，《人民日报》2006 年 11 月 10 日。

② 杨光梅、李文华、闵庆文：《基于生态系统服务价值评估进行生态补偿研究的探讨》，《生态经济学报》2006 年第 3 期。

论为指导,按照生产过程中消耗的劳动和物化劳动进行补偿;有人主张以西方效用价值论为指导,按照生态系统服务的功能价值来进行补偿,具体可以采用条件价值评估方法（CVM）。基于上述意见和观点,笔者认为,生态价值和生态效益是两个截然不同的概念,以生态效益作为补偿依据,就好比把使用杀虫剂后增产粮食的价值作为杀虫剂的价值一样,是极不合理的。按照生产过程中消耗的劳动量进行补偿,虽然可以对新增的劳动投入量进行比较客观、公正的测算,但是由于流域的生态系统是人们长期投入、精心保护累积形成的,业已存在几十年的生态存量所含的物化劳动难以核算。以生态系统服务功能价值为依据进行补偿,虽然国际上普遍推广并为我国生态学界日渐接受,但目前我国尚未建立权威的环境价值评价体系和绿色 GDP 核算体系,难以充分揭示上游生态治理对相邻地区经济和社会财富增长的影响与作用,生态补偿标准还缺乏科学依据,以生态价值为基础进行市场化区际补偿方式在现阶段仍然难以推行。基于生态资源的国有性质以及生态产品的特性,在生态建设产权模糊和生态产品市场交易发育不成熟的条件下,面对经济高速增长带来的生态环境迅速恶化的局面,以上游地区生态建设投入成本为分摊基础,按照中下游地区获益大小、环境支付意愿和经济总体实力等综合因素确定合理的分摊率,在相关行政区之间进行成本分摊,将是一种更现实的选择。

笔者曾分别运用生态重建成本分摊法和条件价值评估方法,进行过成本补偿标准和生态效益补偿标准的测算。以闽江下游福州市补偿上游南平市为例,运用生态重建成本分摊法,测算出 2006 年福州市应向南平市支付的生态补偿金额为 1201.4 万元,应在省政府规定的每年 500 万元基础上追加 701.4 万元。南平市既是生态贡献区,又是生态受益区,应负担部分生态治理成本 2080.1 万元（详见附录一）。自 2007 年开始,福州市政府按照 30 元/公顷的标准向南平市支付森林生态效益补助资金。此后,每年福州市政府补偿南平市的生态补偿资金近 2000 万,因此,已达到了生态重建成本分摊法所测算的补偿标准。

运用条件价值评估方法（CVM）对闽江下游福州城市居民生态支付意愿开展调查,分析结果表明:65.63% 的居民对改善闽江流域生态环境具有支付意愿,福州城市居民每年的支付意愿 WTP 介于 38286 万 ~ 42599 万元之间。如果以上游两地市生态建设的机会成本作为补偿资金的分配依据,经测算，南平市和三明市因生态建设而产生的机会成本分别为1442202万元和954299.5万元，生态补偿资金在两地的分配比例应为1.5∶1。根据上述计算的居民支付意愿区间，2006年南平和三明获得的补偿区间应分别为22972万～25559万元、15314万～17040万元。因此，从长远看，闽江流域区际生态受益补偿标准应当是介于成本和效益补偿标准之间，随着海西经济的发展，城乡居民收入水平和生态支付意愿也会不断增加，闽江下游福州市补偿上游南平市的标准应当在1201.4万～22972万元的幅度范围内逐步提高（详见附录二）。

闽江流域跨界水污染的经济补偿应当区分两种不同情况的赔偿。一是经常性的行政区交界水质超标补偿，补偿的主客体分别为上下游行政区政府，上下游政府之间的经济补偿数额主要以间接成本即治理污染成本为标准。按照间接损失进行赔偿，具有明显的优势：赔偿标准测算较准确；赔偿金额相对公平，便于各方接受；具有普遍推广价值。二是突发性跨界水污染经济赔偿，除了上下游政府之间的经济补偿外，还包括民间主体之间的赔偿，即上游排污企业对受害主体如企业、居民的赔偿，赔偿应以直接经济损失为依据；我国将逐步强制推行企业环境责任保险制，为跨界水污染经济赔偿提供新的思路。

### （三）规范流域生态补偿资金的运营机制

规范生态服务补偿资金的运营机制，即完善政府部门间的协作机制，规范生态服务补偿资金管理，解决"资金从哪里来、到哪里去"的问题，包括补偿资金的筹集、转移支付、使用与管理等内容。当前发改委、经贸、财政、林业、国土资源等部门对生态补偿都有独立的程序和方法，这种多部门独自筹资、多头管理和分散使用生态补偿资金的现状，不利于生态资金利用效率的提高。基于区域性自然生态系统的整体性特征，可以考虑将生态补偿资金集中管理、统一使用，建立相适应的公共财政运行机制。（1）多渠道筹集生态服务补偿资金。目前我国许多生态受益明显的行业或部门，如水利水电、城市供水、森林旅游、石化等行业未能承担应有的成本，一直无偿享受生态贡献区的环境服务。根据生态服务的公共产品特性，并借鉴发达国家的成功经验，我国要逐步建立以政府购买为主的生态服务付费机制。提高政府的生态购买能力，需要进一步完善水、土地、矿产、森林、环境等各种资源费的征收使用管理办法，加大各项资源费使用中用于生态服务补偿的比重；适度提高水资源和排污收费价格，或者通过开征生态补偿费（税）等方式，从生态受益主体、行业和群体中筹集补偿资金；建立起社会各界、受益各方参与的多元化、多层次、多渠道的生态环境基金投融资体系。（2）建立规范的补偿资金分配和监管机制。生态补偿资金实行专款专用，主要用于改善生态环境、恢复生态脆弱地区的植被、退耕还林、替代能源以及发展污染密集度低的替代产业等项目。以生态公益林为例，应明确生态公益林补偿直接补给森林经营者，林地补偿费、安置补助费补给林地经营者，林木补偿直接补偿给林木所有者，不得以任何形式变相分配。审计部门也要加强基金使用情况的审计和监督，保证补偿资金在各级财政的监督下封闭运行，做到分级管理，不挤占、不平调、不挪用。（3）建立补偿资金使用的效益评价机制。明确生态环境绩效评估的概念、实施范围、步骤、主体、操作规程、指标体系、监督制衡以及结果运用等内容，建立适应不同主体功能区划要求、差异化的区域生态服务补偿政策的绩效评价体系；将区域生态环境绩效评价纳入地方政府政绩考核的范围，完善生态服务供给的政府领导带动机制、政绩考评机制和责任追究制度。

## 三　建立农业面源污染治理的伙伴合作机制

自20世纪90年代以来，福建省组织实施了多期闽江流域水环境综合整治工程，虽然流域上下游中心城市和工业点源污染得到有效治理，但是遍及城乡的农业面源污染呈现加剧趋势，表现出污染范围广、污染源种类多和污染危害大等特点，农业面源污染已成为"十二五"期间闽江流域水环境综合整治的重点和难点。本小节将"三圈"理论引入农业面源污染治理的分析框架，剖析闽江流域农业面源污染治理决策面临的制约因素，探讨基于政府与农户伙伴治理的政策思路。

### （一）闽江流域农业面源污染治理决策的分析框架

1. 莫尔的经典"三圈"理论

"三圈"理论是由哈佛大学马克·莫尔教授在1995年出版的《创造公

共价值：政府战略管理》一书中最早提出的。该理论是关于领导者战略管理的一种分析工具，它以"价值""能力"和"支持"三个要素及其相互关系为框架，对公共政策的制定和执行进行相机分析。主要观点是：政府制定任何公共政策或实施战略计划时，必须坚持价值、能力与支持三个因素相互统一的原则，如图8-3所示：三个圆圈分别代表价值、能力与支持。价值（V）是指公共利益的最大化，它是公共决策最根本的要求。努力创造公共利益的最大化，是任何公共决策的根本出发点和落脚点。任何政策方案的目标是否或能否体现公共价值，是政府制定政策方案的最重要诉求。能力（C）是指政策方案的实施与执行中的约束条件，达到政策目标的人力、财力、技术、设施、权利、空间、知识、信息等条件是否具备。无论是公共政策的制定还是执行，都离不开对该组织能力因素的考量，只有公共价值，缺乏组织能力，政策目标也无法实现，因此，组织的资源能力是保证政策目标能够实现的基础条件。支持（S）是指利益相关者对公共政策的态度与意见如何。在充分考虑相关者利益要求的前提下争取他们的支持，既是公共决策的难点，也是政府开展工作的重点。任何成功的决策和政策的制定，都是决策者基于价值圈、能力圈和支持圈三要素进行考量并追求其结构性平衡的结果。

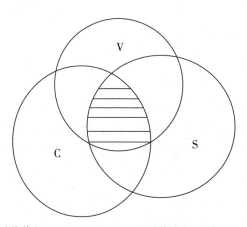

V: value（价值）　　　C: capability（能力）　　　S: support（支持）

**图8-3　"三圈"理论示意图**

政府制定和实施的任何公共政策，都可能包含着价值、能力和支持等"三圈"的不同组合。如果公共政策缺乏公共价值，那么它只是代表少数

人的利益,它的实施过程将可能给公共利益带来严重损害;如果政策方案
或计划项目只有公共价值,但没有实施能力和公众支持,那只能是政府的
"愿景"和梦想;如果公共政策具备价值、能力和支持三个条件,那么政
府就可以放心去做,然而这只是一个理想状态;大多数的公共决策是具有
公共价值,但目前尚无能力或者尚未得到相关者支持,这就要求政府官员
提升自身的领导力,开展工作创新,"将新的尚不受欢迎的现实,呈现给
个人、组织或整个社会,让他们认可,并成功地适应新的现实"。①

2. "三圈"理论适用于农业面源污染治理的决策分析

农业面源污染,是指在农业生产中,由于化肥、农药、农膜、饲料、
兽药等化学制品使用不当,以及对农作物秸秆、畜禽尿粪、农村生活污
水、生活垃圾等农业(或农村)废弃物处理不当或不及时,而造成的对农
村生态环境的污染。与城市生活垃圾污染、工业点源污染相比,它具有
"点多、面广、源杂、分散隐蔽、不易监测、难以量化"等特点。欧美发
达国家经过上百年的努力,工业点源污染已得到有效控制,农业面源污染
成为目前绝对的主要污染物。1990 年美国面源污染占污染总量的 2/3,其
中农业面源污染占面源污染总量的 68% ~ 83%,氮、磷营养元素是农业面
源污染的主要污染物质。② 丹麦 270 条河流中 94% 的氮负荷、52% 的磷负
荷来自农业面源污染。③ 发达国家的环境整治既有较强的政府执行能力,
又有广泛的公众支持力度,它们通过制定环境法规、发展替代技术、实施
补贴等政策措施以及生物工程技术等手段,建立了相对完善的农业面源污
染治理机制,取得了明显的治理效果。以美国为例,1990 ~ 2006 年农业面
源污染面积就减少了 65%。④ 当然,由于受到各国(地区)政治经济体
制、经济发展水平、农业产业结构以及自然地理条件等诸多因素的影响,
不同流域的农业面源污染治理决策面临着价值、能力和支持等"三圈"的
不同组合。近年来,我国长江、珠江等大江大河流域以及福建闽江、九龙
江等区域性流域的农业面源污染日益突出,农业面源污染治理虽然具有明

---

① 曹俊德:《"三圈"理论的核心思想及决策方法论意义》,《国家行政学院学报》2010 年第
7 期。
② 卞辑部:《美国如何治理农业面源污染》,《北京农业》2009 年第 1 期。
③ 王宗明、张柏:《农业非点源污染国内外研究进展》,《中国农业通报》2007 年第 9 期。
④ 卞辑部:《美国如何治理农业面源污染》,《北京农业》2009 年第 1 期。

显的公共价值，但它明显受制于地方政府有限的资源能力以及粮食安全、农民增收等现阶段更重要的民生需求，农业面源污染治理面临着制度、技术、组织等多个相互矛盾的制约因素。因此，加强农业面源污染防治，既是加快农业发展方式转变的根本要求，又是区域环境管理中需要政府着力破解的重要课题。

## （二）闽江流域农业面源污染治理决策的"三圈"组合

### 1. 农业面源污染治理具有明显的公共价值

20 世纪 90 年代以来，福建的农业产业结构逐步由过去"以粮为纲"的单一结构向农林牧渔并举的多元结构转变，具体表现为种植业比重下降和养殖业比重上升、粮食比重下降和经济作物比重上升。1990～2010 年福建"肉猪年出栏数"由 766.46 万头上升到 1963.31 万头，"粮食种植面积"由 274.59 万公顷下降到 123.23 万公顷，经济作物由 66.54 万公顷上升到 103.86 万公顷。[①] 同期单位耕地面积化肥和农药施放量以及畜禽污染物排放均大幅度增加。闽江上游的三明和南平两个市是福建现代农业比较发达的地区，规模化、集约化的种植业和养殖业发展在提高农产品附加值和改善农民收入状况的同时，也加剧了闽江流域的面源污染程度。可见，流域农业面源污染问题，实质是农业产业结构升级与环境保护之间的矛盾和冲突的集中表现。据测算，闽江流域畜禽养殖污染负荷约占全流域的 60%，畜禽养殖废水的化学需氧量和氨氮排放量分别约为流域工业废水排放量的 5.7 倍和 7.5 倍；闽江下游福州市郊 16 种蔬菜的硝酸盐含量超标严重，已达到世界卫生组织规定上限的 2.76 倍。[②] 农业面源污染所产生的化肥农药、重金属残留物等有害物质一旦进入水体，会直接殃及水生生物，某些有毒物质还可能通过食物链的密集作用使处于食物链高位的人或畜中毒。因此，流域农业面源污染不仅会危及流域生态安全，而且影响着特色优势农产品外贸出口的竞争力，影响着消费市场的食品安全和人民群众的健康福祉。加强农业面源污染综合防治已刻不容缓，既是福建生态省建设的重要内容，又是维护人民群众健康的大事，具有重要的公共

---

① 根据 1990～2011 年福建省统计年鉴整理所得。
② 邱孝煊、黄东风、蔡顺香：《福州蔬菜污染及污染源调查和治理研究》，《福建农业学报》2009 年第 1 期。

价值。

### 2. 农业面源污染治理的执行能力有限

我国现行环境政策主要是针对工业点源治理设计的，各级政府主要采用"命令—控制"性的行政手段、排污收费等约束性的经济手段和强制性的法律手段，向企业提出具体的污染物排放控制标准，或者命令其采用以减少污染物排放量为目的的生产技术标准，从而达到直接或间接限制污染物排放，改善流域生态环境的目的。但是，这种"命令—强制"性的环境治理范式往往针对的是那些具体的、可以用指标量化的环境问题以及点源污染，对于点多面广的农村面源污染治理效果并不明显。当前地方政府开展农业面源污染治理侧重于采取生物防治等工程技术手段，相对忽视农民参与治理的激励性政策体系的构建，农民参与治污的积极性不高。同时，碎片化的行政管理体制也严重影响了农业面源污染治理的政策执行力。农业污染防治工作涉及环保、农业、畜牧、林业、国土、水利等多个部门，各部门职能交叉重叠、存在空白，缺乏统筹协调，难以监管到位；各个部门之间谁也无权命令或指挥、协调别的机构，部门间责任权利边界模糊导致经常出现沟通不畅、协作不力、相互推诿与扯皮的现象。县、乡（镇）、行政村基层环保能力十分薄弱，绝大部分乡（镇）和行政村没有专门的环保机构和队伍，农业面源污染"无人管、无力管"的现象普遍。

### 3. 农业面源污染治理中的农户支持度低

农户经营行为短期化是导致农业面源污染的微观根源。农民是理性的，"全世界的农民在处理成本、报酬和风险时是进行计算的经济人。在他们小的、个人的、分配资源的领域中，他们是微调企业家，调谐做得如此微妙以致许多专家未能看出他们如何有效率"。[①] 面对完全竞争的农产品市场结构，个体农户只能被动地接受市场价格，为了追求个人收益的最大化，他们只能通过增加化肥农药施放量以提高农产品数量，同时尽量地将生态环境治理成本外部化。加上大量的农村青壮年劳动力已转移到城市就业，以老人、妇女和小孩组成的"386199"部队成为闽江上游南平、三

---

① W. 舒尔茨：《穷人经济学》，载王宏昌编译《诺贝尔经济学奖金获得者讲演集（1959～1981 年）》，北京：中国经济出版社，1986，第 20 页。

明等部分农村地区农业生产经营的主力军，许多农民文化素质和环保意识较低，没有掌握好正确的、环境友好型田间管理技术，在缺乏农业技术辅导的情况下，主要根据往年经验过度施放化肥农药，个体农民大量利用化肥和农药，既能获得较高的产品和经营收益，又能从繁重的劳动中解脱出来，减少劳作的艰辛。"高度依赖化肥农药"不仅是农民的理性选择，而且已成为他们的一种生产方式和生活习惯。[①]

### （三）闽江流域农业面源污染治理中农户参与意愿调查

#### 1. 调查问卷设计和受访农户的基本情况

调查问卷结合了闽江流域地区的生产生活以及社会经济的现状，（1）引言，了解了闽江流域面源污染治理的重要性，为问卷调查做必要的信息铺垫。（2）受访者的家庭信息，通过对受访者家庭中核心劳动力的年龄、家庭成员的教育程度以及家庭收入等方面的了解，分析农户对流域面源污染治理意愿的影响因素。（3）核心部分，询问农户对于生态破坏情况的认识，询问农户意愿中的流域面源污染治理的责任主体，询问农户对于生态供给措施的意愿倾向，并请农户选择希望政府提供的补贴额度的大小，通过此部分相关信息的计算，获得受访农户对闽江流域的流域面源污染治理的意愿。

调查小组采用随机抽样问卷调查法，向闽江流域干流流经的三明、南平、福州等三个行政区域的农户发放了 400 份问卷，三明市 100 张、南平市 150 张、福州市 150 张。回收了有效问卷 337 份，有效率达 84.25%（无效原因：或未填写完整，或选项填写矛盾）。在调查的农户中，从事种植业的有 300 户，从事规模化养殖的有 37 户。

如表 8 - 2 所示，受访农户家庭具有以下特点：（1）核心劳动力学历以初中、高中为主。具有小学学历者为 92 人，占 27.3%；具有初中学历者 117 人，占 34.72%；具有高中（中专）学历者 88 人，占 26.11%；具有大专学历者 28 人，占 8.31%；具有本科及以上学历者 12 人，占 3.56%。（2）核心劳动力年龄呈现老龄化趋势。受访农户家庭核心劳动力

---

① 饶静、纪晓婷：《微观视角下我国农业面源污染治理困境分析》，《农业技术经济》2011 年第 12 期。

为 50 岁以上的有 108 人，占 32.04%；而 30 岁以下的只有 38 人，占 11.28%。总体而言，核心劳动力的年龄越高，受教育程度越低。50 岁以上的核心劳动力主要以初中、小学学历，以传统农业生产经营方式为主；30 岁以下的核心劳动力普遍学历较高，注重新知识、新技术的运用，农业专业化程度较高。我们还调查了受访者的家庭年收入以及家庭收入中非农收入所占百分比。通过了解受访者的基本情况来分析不同家庭背景的农户参与流域面源污染治理的意愿。

表 8 – 2　受访农户家庭基本情况

单位:%

| 变　　量 | 变量属性 | 比　　例 |
|---|---|---|
| 核心劳动力学历 | 小学 | 27.3 |
| | 初中 | 34.72 |
| | 高中（中专） | 26.11 |
| | 大专 | 8.31 |
| | 大学本科或以上 | 3.56 |
| 核心劳动力年龄 | 18~30 岁 | 11.28 |
| | 31~50 岁 | 56.67 |
| | 50 岁以上 | 32.04 |

2. 问卷调查结果分析

（1）农户环保认知意识较强，但环保责任意识偏弱。

流域水体污染是农业面源污染的重要表现。据调查，闽江流域中上游和下游分别有 65.71% 和 80% 的农户表示关心闽江流域水污染问题；对于生活区周围的水质是否存在污染的问题，闽江中上游 57.14% 的农户认为周围水存在污染，而下游则高达 100%。由此可见，闽江流域农户普遍具有基本的环保认知意识。同时，问卷调查分析也表明，闽江流域上下游的农户对于环保的认知意识和能力存在差异。由于水污染本身具有流动性，闽江中上游地区的水体受污染程度低于下游地区，而农户缺乏对整条闽江流域水环境的认识，导致了闽江中上游地区的部分农户并未意识到一些生产行为会对闽江水域造成污染。而下游农户的正常生产生活受农业污染的影响要大于上游农户，因此下游农户对水污染的认识以及环保意识总体强于上游农户。

　　受访农户虽然具有较高的环保认知意识，但是，由于长期形成的落后生产和生活方式，以及谋求生存的外在压力和追求收入增长的内在动力，受访农户普遍表现出环保公共责任意识薄弱。据调查，大多受访农户将环境保护责任看作政府应当承担的职能。受访农户有 51.63% 认为农业面源污染治理完全是政府责任，有 34.12% 认为农业面源污染治理主要是政府责任，农户承担次要责任，很少有受访农户认同农业面源污染治理应以农户为主或完全由农户来承担责任（图 8-4）。农户的环境公共责任意识薄弱，导致了他们行为上的机会主义。近年来，福建省采取行政手段强行拆除不达标的规模化养殖场，由于养殖户转产转业难度大，养殖场被强拆之后很多养殖户都选择搬到别处去偷偷搭建新的养殖场所，继续保持原有的生产生活方式。农户随意丢弃薄膜、化肥农药器皿等现象屡见不鲜。

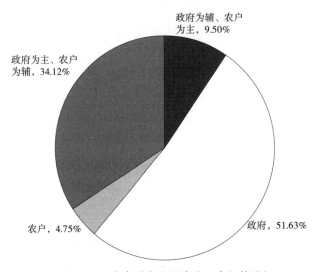

**图 8-4　农户对农业污染治理责任的认知**

　　（2）农户参与环保治理意愿较强，普遍接受政府技术援助补贴。

　　政府提供的绿色补贴通常采取现金补贴、技术援助补贴、有机肥价格补贴、实施尾水标准补贴等 4 种方式。据调查，进行规模化畜禽养殖的 24 户农户中，有 29.17% 的农户希望政府能够采取增加投入进行综合治理的方式来进行生态环境治理，有 33.33% 的农户则希望政府能够提供现金支持供自己在生产过程中自行进行排污处理，而倾向于聘请专业公司进行排污处理的农户则较少。由此可见，农户具有参与环境保护的意识，但趋向于能得到政府政策性的经济支持。在对于农户更倾向于政府提供何种补贴方式的调查中，有 36.8% 的农户在现金补贴、技术援助、有机肥价格补贴、实施尾水标准等补贴方式中，选择了希望政府提供现金补贴这一选项。农户之所以对于现金补助接受的意愿最大，究其原因，现金补助是最直接最具实质性的，农户可以灵活地配置这笔补助款，甚至改作他用。但是，对政府而言，现金补助具有不可控性并面临着高额的监管成本，政府难以对农户的现金补助款的流向进行监督管理。另外，从本次调查统计分析看，有 30.6% 农户对于无偿技术支持的方案持支持态度，这一占比与倾向于现金补贴的农户比例还是相当接近的，因此从实际操作可行性的角度考虑，笔者更倾向于政府应当采取技术援助作为农户参与农业面源污染治理的主要方式。

统计分析表明，受教育程度不同的农户对政府提供补贴的倾向性存在明显差异。从表 8-3 我们不难看出，随着劳动力受教育程度的提高，思想认识水平的提升，虽然依然有很多农户倾向于政府提供现金支持的补贴方式，但这个比例已经有了很大程度的缩减。只具备小学学历的农户对于现金与技术两种补贴方式的选择比例为 18∶5，而到高中（中专）学历选择比例缩减为 29∶15，即接近 2∶1 的比例，最后当农户具备大学本科及以上的较高学历时，这一比例缩减到了 7∶5。由此可以看出，受教育程度影响农户对政府提供补贴方式的选择，且随着受教育程度的提高，农户对于现金和技术两种补贴方式的倾向逐渐模糊化，农户更易于接受技术补贴的方式。

农户之所以更倾向于现金补助是因为他们仅仅认识到现金可以直接用于生产生活，可以让他们快速地享受到现金补助带来的好处。农户没有充分认识到"授人以鱼不如授人以渔"的道理，没有意识到政府在技术上提供的帮助更有利于从源头上解决农业面源污染的问题，能带来比短期的现金支持更长远且更多的好处。所以，随着农业面源污染等相关知识的普及，以及现代化经济发展推动的受教育程度的提高，会有越来越多的农户参与到农业面源污染的治理上来，并且学会运用更适合有效的方法、更先进的技术手段来改善水污染的状况。因此，技术援助补贴会越来越受到文化程度高的农户的认同。

表 8 – 3  受教育程度对补贴方式的倾向性选择

| 学　历 | 比例（现金/技术） |
|---|---|
| 大学本科或以上 | 7 : 5 |
| 大专 | 4 : 3 |
| 高中（中专） | 29 : 15 |
| 初中 | 9 : 4 |
| 小学 | 18 : 5 |

（3）农户参与环保治理意愿大小，取决于政府补贴政策的含金量。

通过对收回的问卷进行的分析，我们发现受访者中有 36.8% 的农户希望得到政府提供的现金补贴。其中仅 1.18% 的农户在补贴额度为 50～200 元/亩时愿意减少化肥的施用，4.71% 的农户在补贴额度为 200～350 元/亩时表示愿意积极配合政府的流域面源污染治理建设、减少化肥的使用，而大多数的农户则表明只有补贴的额度超过 350/亩的时候才愿意积极配合（表 8－4）。可见，补偿标准与接受意愿存在着很大的相关性。因此，制定适当额度的补贴变得尤为重要。

表 8 – 4  愿意减少化学氮肥施用量的农户希望得到的政府补贴

单位：元/亩，人，%

| 变　量 | 数　量 | 百分比 | 变　量 | 数　量 | 百分比 |
|---|---|---|---|---|---|
| 50～200 | 3 | 1.18 | 350～500 | 120 | 47.06 |
| 200～350 | 12 | 4.71 | 500～650 | 120 | 47.06 |

在调查中我们发现，具体实践中农户能够真正减少的化肥施用量很大程度上取决于政府给予的补贴额度，政府愿意在多大程度上给予农户现金补贴，使农户的生产生活成本降下来，家庭收入得以提高，农户就愿意在多大的程度上配合减少化肥的施用量。因此，农户参与流域农业面源污染治理的积极性主要来源于政府的财政补贴，只有真正的物质上的激励措施才是最行之有效的，也才最贴合闽江流域地区农户增加收入的迫切意愿，才能对流域的农业面源污染治理建设提供有效保障。

在与农户的访谈中，他们指出：如果政府能够提供规定的场地供他们进行生产，他们还是乐于接受政府安排的，前提是场地建成后收取的租金必须要在他们可接受的能力范围之内。除此之外，农户表示希望政府提供的补助措施是长期稳定的。农户指出,他们追求的是稳定的生产生活,只有长期有效的补助措施才能给予他们心理和物质上的保障,确保他们生产生活的有序进行。因此,政府补贴的保障程度越高,农户参与治理的意愿就越强,配合程度就越高,得到的成效也才可能越好。

### (四)闽江流域农业面源污染伙伴治理的决策导向

#### 1. 提升社会对农业面源污染防治的价值认同

党的十八大报告将生态文明建设放在更加突出的战略位置,强调要"增强生态产品生产能力",并把生态环境纳入政府基本公共服务范畴。无论是提高政府的环保执行能力,还是增强农民自觉参与环保的意愿,都需要加强环保舆论宣传,提升全社会对环境治理的价值认同。从政府的角度看,需要摒弃"重经济轻环保""重城市轻农村""先污染后治理""放任自然消减"等落后观念,由经济增长型政府逐步转变为公共服务型政府,由以 GDP 为中心的政绩观以及官员考核体系转变为注重绿色 GDP、公共服务和民生改善的综合指标评价体系;充分认识农业面源污染防治在区域节能减排中的重要性,尤其是福建省在工业污染和城市污染减排空间有限、减排任务艰巨的情况下,应当把农业面源污染防治作为福建省化学需氧量、氨氮等污染物减排的重点领域,并纳入相关区域经济社会发展评价体系和地方政府减排考核体系。从农民的角度,要以文化下乡为载体,以群众喜闻乐见的方式,加强农村环保宣传,提高农民对面源污染危害的认识,改变农民粗放经营、随意排污的生产和生活方式,引导农民树立现代农业与环境保护协调发展的理念,探索资源节约型和环境友好型农业发展的新路子;并逐步扩大农民对农村环境保护的知情权、参与权和监督权,进一步增加农民保护环境的责任意识,让大家共同来减少污染,建设美丽家园。

#### 2. 提升政府环境保护的综合防治能力

(1)加快农业面源污染防治立法。当前,我国缺乏从源头控制农业面源污染的限定性生产技术标准,缺少针对农业面源污染综合防治的环境经济政策;原则性规定多,配套性细则规定少,可操作性不强,责任追究机制不完善。以流域为单元进行立法,加强农业面源污染防治是发达国家的普遍经验。基于福建水系的相对独立性,建议制定"福建省流域农业面源污染防治条例"，加快建立健全农业生态环境管理法律法规体系，完善农业环保执法监督监察机制，并尽快制定农业生态环境保护管理办法及防治农业面源污染实施方案。

（2）完善农业面源污染防治的组织体系。增加县级环境监察执法人员的编制数，确保达到国家规定的要求。在条件允许的乡镇先试点设立环保机构，争取用3年的时间，所有乡镇全部设立环保站，从根本上扭转农村环保"缺胳膊少腿"的状况。在农村"六大员"基础上设立环保员，加强农村环保宣传、环境监督等的执行力度。出台鼓励性政策，引导农业投入品生产企业回收包装废弃物；建立对农业生产废弃物的户集、村收、镇运、县处理的运行体系，建立城乡统一协调管理体制，实现农业投入品废弃物集中收集处理全覆盖、一体化管理。在乡镇中心村建设农业生产废弃物压缩式中转站，配置压缩车，提高农村生产、生活垃圾集中收集处理率，并试行农村生产、生活垃圾的分类收集、分类处理办法。

培养农业专业合作组织，搭建农户参与的组织载体。农业专业合作组织是流域农业面源污染治理的重要载体。当前农村基层组织功能萎缩，难以承担组织农民施用有机肥和发展有机农业的责任。农民技术协会或专业经济合作组织可以有效组织小农户和分散的农民进行市场销售、获得技术培训等，同时可以引导农民增强公众环保意识。相应的国际经验主要有，荷兰发展农村环境合作社，建立农村环境保护的伙伴治理机制；日本在发展可持续农业的过程中，设立了生态农民（Eco－farmer）的荣誉称号，激励农民保护生态环境；英国在建设有机农场时，规定每1~2年需要注册一次。当前福建省农民专业合作组织累计超过1万家，要加强对农民专业组织的扶持、引导和帮助，对于从事蔬菜、花卉、水果等种植行业的合作组织，要鼓励发展绿色农产品、无公害农产品、有机农产品和农产品地理标志，要引导农民大力开展测土配方施肥和新技术运用，要发展设施园艺业；对于从事规模化养殖的专业合作组织，要引导推进生态健康养殖。要发展节水型农业，按水量平衡原理确定灌溉总定额，在旱地逐步推广滴灌和喷灌技术，在水田推行湿润灌溉，减少无机氮肥在田间水中的份额，除暴雨外可减少排水次数从而降低氮磷对水体的污染负荷。

（3）设立农业面源污染综合防治示范区。在目前环境治理的组织资源能力有限的条件下，遴选若干个条件较好的区域，设立省、市和县不同层次的农业面源污染综合防治示范区，是一种现实可行的选择。围绕农田化肥农药减施、农村生活垃圾集中处理和规模化养殖、污染物资源化利用等领域推广综合防治技术。实行奖励和补助相结合的投入方式，加大"以奖代补""以奖促治"政策支持力度，加强农业面源污染防治。按照谁投资、谁受益的原则，运用市场机制，吸引社会资金参与农村环境保护基础设施建设。采取多种方式，发动个体农民、专业合作组织自愿筹资筹劳，参与面源污染防治。探索建立村民环境自治机制，通过村规民约等方式起到相互监督、相互约束的作用。

3. 完善农户参与治理的激励约束机制

完善利益相关者激励相容机制是流域农业面源污染治理的关键环节。中央政府的规制缺失、地方政府的 GDP 偏好、个体农户的趋利性和第三部门发育的滞后性，使流域面源污染成为个体理性选择所造成的"集体行动的困境"。流域面源污染能否得到有效治理将取决于能否通过创新性的思维方式加强利益相关者在互惠基础上的互动，建立相互间的激励相容机制，摆脱集体行动的困境，实现多元主体的信任合作机制。这就要求政府不仅仅要采取强制手段，包括严禁销售高毒高残留农药，将被列入"双禁"的"两高"农药全面清出市场，在农业生产上禁止使用等，同时更要建立以经济激励为导向的鼓励性政策，引导农户由被动参与向主动参与转变、由政府单边治理向政府企业和农户多元治理主体共同治理转变、由以强制为主的政策向以激励为主的政策转变、由以末端治理为主向农业生产全过程治理转变，建立起政府引导、农户自主参与的流域农业面源污染治理机制。政府环境政策的效果和农业面源污染控制目标的顺利实现，取决于农户对农业面源污染治理政策的接受意愿。以无偿技术援助、有机肥价格补贴和尾水标准等 3 项政策为例，农户对无偿技术援助政策的接受意愿最大，尾水标准政策的接受意愿最低。因此，以提高化肥利用率为特征的无偿技术援助政策，既能从源头减少化肥施用量的政策目标，又能降低农业经营成本，能有效地实现经济效益与环境效益的双赢，是未来农业面源污染治理政策设计的首要选择。[1] 政府提供无偿技术援助等以激励为导向

---

① 韩洪云、杨增旭：《农户农业面源污染治理政策接受意愿的实证分析》，《中国农村经济》2010 年第 1 期。

的政策措施，可使农户在最大化个人利益的驱动下，愿意采取有利于环境政策目标实现的经济行为，最终在使农户达到个人目标的同时也实现环境政策的目标。

## 四 小结

推进闽江流域区际生态利益协调由科层型机制向网络型机制转变，是一个涉及政治、经济、法律和文化等多领域的综合性的体制性问题，也必将是一个循序渐进的过程。闽江流域区际生态利益网络型协调机制，包括垂直的多层治理和横向的多元主体伙伴治理两大体系。建立流域水资源的统一管理和行政区际的伙伴治理，有待于流域管理体制的改革与创新，而推进政府企业社会的伙伴治理，则更需要区域经济发展和民主政治进步。2012 年福建人均 GDP 已达到 5525 美元，正处于工业化的中后期阶段，也是经济发展与环境保护的矛盾凸显期，既要加快经济发展方式的转变，实施清洁生产，发展循环经济，从根源上减少流域环境污染程度；又需要加快流域经济的发展，增加上下游地方政府的财政实力，提高城乡居民收入水平。国际经验表明，非营利组织等第三部门的成长、民主政治意识的提升与经济发展具有较强的相关性、互动性和彼此间的依赖性，因而政府在经济发展过程中需要逐步培育和发展第三部门，建立公众和团体参与的机制，推进闽江流域农村面源污染等的有效治理。

水资源是自然环境的血液，而河流是水资源的重要载体。完善闽江流域水污染网络治理机制，建立环境友好型流域管理体制，就是要以人与河流相和谐为目标，以维持河流的健康生命为基础，[①] 以水环境的承载能力为核心，遵循河流的规律开发利用河流、管理保护河流，倡导河流环境文化和河流生态文明，建立起良好和谐的河流与流域水环境，保障饮水安全、防洪安全、粮食安全和生态安全，实现人与河流的良性互动，实现河流水资源的可持续运用，支撑经济社会的可持续发展。正如水利部原部长汪恕诚所指出的，开展河流健康生命研究，就是要"建立一种协商机制，

---

① 水利部汪恕诚部长在 2005 年 10 月 18 日第二届黄河国际论坛开幕式上第一次提出健康河流的概念，尔后在其他文章中将它定义为："河流是可持续发展的，水资源是可持续利用的，河流生态是良好的。"

在河流的开发者、保护者及社会公众之间达成健康标准的共识，平衡水资源开发与环境保护之间的利益冲突"；"就是要使河流的治理、开发和保护、管理的各项工作都能够按照可持续发展的机制进行运行和持续"。流域机构作为"河流的代言人"和"维护河流的健康生命的保护神"，将履行维护河流健康生命的责任，而这也是全社会参与流域水污染治理的共同目标。

真正实现河流健康，实现人与自然平等，必须承认自然界的价值和利益，转变以人为中心的价值取向，承认自然界的价值和权利，人类不再是与自然界斗争的胜利者，而应当履行好管理自然的使命，做称职的自然管理者。美国历史学家阿姆博罗瑟（Stephen Ambrose）在总结人与自然的关系时曾经指出："在 19 世纪，我们将最好的智慧致力于探索自然；在 20 世纪，我们尽力治理和控制自然；在 21 世纪，最好的智慧正为如何恢复自然而工作。"流域生态保护与环境治理是协调人与自然的重大课题，需要全人类共同参与，从现在做起，并寄希望于未来。

# 第九章

# 研究结论

通过以上八章的分析,可以得出以下结论。

(1) 流域生态系统不仅具有整体性、群体性、关联性和综合性等自然属性,而且具有资源、资产和资本三重经济属性。当今时代流域生态资源的开发过程,同时也包含着流域生态资本运动和生态资产增值的过程。人们在流域生态资源开发利用过程中形成了人与自然、人与人之间复杂的生态利益关系。流域区际生态利益协调包含着主体性、客体性、过程性、时间性和空间性的有机统一。从主体性看,它需要处理多元主体复杂的利益关系;从客体性看,它是以水量分配、水质保护和水资源综合开发为协调内容的;从过程性看,它须立足于经济社会和环境的可持续发展;从时间性看,它须考虑生态受益(损)的滞后性;从空间性看,它是以生态受益(损)的单向性和不可逆性为前提的。流域区际生态利益主体包括中央政府(流域生态资源的终极所有者)、地方政府(流域生态资源的受托管护者)、企业(流域生态资源的利用者、破坏者和保护者)和第三部门(流域生态资源保护的第三方监督者)等不同性质的组织。中央与地方之间、流域上下游地方政府之间以及地方政府与企业(农户)之间的博弈分析表明:多元利益主体之间具有各自不同的目标函数和博弈中的策略选择,建立多元主体基于信任的网络合作机制,引导他们由非合作博弈向合作博弈演进,是构建流域区际生态利益网络型协调机制的社会基础。

(2) 由于流域生态资源的公共池塘资源属性和我国公共产权制度的残

缺，流域上下游行政区之间及其内部难以形成有效的激励和约束机制，导致流域上下游行政区际生态利益矛盾与冲突日益突出，并且成为多元利益主体间矛盾与冲突的集中表现。因此，探索建立流域区际生态利益协调机制，是协调流域生态系统复杂利益矛盾的重要突破口和政策着力点。按照流域治理机制的类型，流域区际生态利益协调机制可以相应划分为科层型、市场型、自治型和网络型等四种。各种协调机制具有不同的运行特征及其相应的适用空间，同时相互间存在替代、补充的关系，选择哪种协调机制更适合主要取决于交易费用的高低。基于流域的自然生态属性、发达国家的普遍经验和科层治理体制"碎片化"缝合的现实需要，网络型协调机制应当成为我国流域区际生态利益协调机制创新的目标模式。流域区际生态利益网络型协调机制的理论基础是网络治理理论，它以利己利他的新经济人假设为前提，强调多元主体具有理性反思的能力和愿意建立基于信任的网络合作机制，其框架是中央与地方政府纵向协调、流域区际横向协调和行政区内部协调的有机统一。网络型协调治理机制作为流域区际生态利益协调机制的一种重要形式，它是多元协调主体基于自愿和信任的合作治理机制，具有治理主体多元化、治理手段多样化和治理目标一致性的特点，其实施的过程应坚持公正优先、注重效率、追求效果、适应性管理等四个价值导向。公正优先就是要坚持行为主体、地区和代际等不同利益主体之间公正、公平的原则；注重效率就是要基于共同的治理目标，力求治理成本最低或效益最大化的原则；追求效果就是强调结果的考核；适应性管理就是要求因地制宜地选择治理机制，展现上述不同价值导向的指标具有不同的优缺点和适用范围。

（3）在传统计划经济体制下，我国确立了科层型流域治理体制和以命令控制为特征的环境政策体系。改革开放后，流域管理体制由流域水资源统一管理与分级、分部门管理相结合，逐步过渡到流域水资源统一管理和区域管理相结合。在大江大河流域建立了流域水资源统一管理机构，在行政区内部实行水资源与水环境分割治理，形成多部门分工协作、共同治理的体制；同时形成了以行政手段为主导的流域水资源调控政策体系，以流域水污染防治为中心的控制性政策体系和激励约束相容的流域综合治理政策体系。然而，这种碎片化的科层治理体制存在着部门之间、区域之间的行政分割以及中央与地方政府职责划分模糊不清等缺陷，并且造成区域管理"腿长"、流域管理"腿短"的格局。

改革流域科层管理机制，建立基于多层治理的纵向协调机制符合我国流域分类治理的现实国情，符合生态公共产品分层供给的客观规律，符合分税分级财政体制的改革方向，也是合理界定不同层级政府在流域治理中责权利的客观需要。多层治理强调以多中心治理理论为指导，探索以流域空间为依据、以流域区为单元、以适度分权为取向的多层治理体制及其运行机制，包括分层级建立流域水资源统一管理机构、分层级制定和实施流域综合开发规划、分层级统筹经济社会与环境协调发展、分层级协调流域经济与环境区际纠纷等。为此，需要建立事权与财权相匹配的流域多层治理资金的筹集机制、多层级的财政转移机制和纵向利益分配机制。由现行的以命令控制为主的行政性区际利益协调机制转变为激励约束相容的经济性协调机制。

在现行的科层治理框架下，地方政府的决策须兼顾上级政府满意度、官员个人政绩和区域公共福利等诸多因素，差异化的多元目标导向造成流域治理中地方政府的行为偏差和环境保护政策的边缘化，表现出政府行为的虚位、缺位、错位等现象。需要优化地方官员绩效考核体系，明确界定流域区际的生态环境控制目标，完善环境保护中第三部门参与机制等，建立激励约束相容机制，矫治地方政府的行为偏差，这是提高流域公共治理效率、促进流域永续发展的现实选择。

（4）在流域纵向多层治理机制基础上，建立流域区际伙伴治理机制是流域区际生态利益协调的核心内容，主要包括水资源综合开发、水资源区际分配、水质保护补偿和水质污染赔偿等四个方面。实施流域综合开发是实现流域经济社会可持续发展的核心内容。当前我国流域开发诱发的行政区际生态利益失衡，根源在于：在以流域规划为基础、各行政区分散决策的多元化开发机制下，流域水功能区划无法兼顾行政区际生态利益公平，流域水资源分散开发具有明显的区际负外部性，流域水资源分散开发导致水资源利用结构的趋同性等。因此，建立强有力的流域机构，强化流域规划的指导性，促进流域区际产业分工和生态补偿机制完善，是促进流域行政区际生态利益均衡的现实路径。

我国是一个人均水资源少且时空分布很不均衡的国家，依靠行政手段配置流域区际水资源，是当前政府开展流域水资源分配的主导性机制，表现为跨流域行政化调配水资源、流域区际初始水权行政化分配和用户取水权行政性审批三个层次。行政配置采取"以供定需、总量控制"的管理模式，有利于国家宏观目标和整体发展规划的实现，有利于满足公共用水的需求、维护公平，在制度安排上也易于执行。但它也存在明显的制度缺陷：跨流域水资源调水容易造成调出区的生态利益损失，流域区际水资源分配忽略了区际生态保护贡献的差异，流域水资源取水权的行政审批忽略了水资源生态资产价值。因此，亟须坚持"公平、效率和协调"的原则，建立流域区际水资源配置的生态利益补偿机制，包括：在初始水权行政化配置中引入民主协商机制；建立多层次的水权交易市场，发挥市场机制自我调整的功能；探索流域区际生态利益失衡的科学评估机制，建立流域水权配置外部效应的补偿机制，有效解决水权配置中的利益冲突，促进流域区际生态利益公平和城乡区域基本公共服务均等化。

按照"污染者付费、受益者补偿"的原则，以行政区交界断面水质是否超标为依据，探索建立以受益地区向水资源保护地区实施经济补偿为内容的流域区际生态补偿机制和流域跨界水污染的经济赔偿机制。实施流域区际生态补偿是环境价值理论和外部效应内在化理论在流域治理实践中的具体运用，是依法保护生态环境的重要内容，也已成为当前实现区域经济社会协调发展的重要突破口。实施流域区际生态补偿，一般有三种模式：一是构建流域区际产权市场，通过市场交易实现流域资源优化配置的市场化模式；二是开征流域生态建设税，实施中央财政纵向转移支付的强制性模式；三是通过流域区际民主协商和横向财政转移支付，实现流域区际生态补偿的准市场模式。笔者认为，准市场模式是现阶段我国具有可行性、可操作性和普遍适用性的流域区际生态补偿模式；完善流域区际生态补偿必须建立流域区际民主协商机制、流域生态价值评估机制、补偿资金营运机制、项目带动机制和信息共享与沟通机制。

流域区际生态补偿机制，包括下游对上游实施环境保护的经济补偿和上游对下游实施跨界水污染经济补偿。实施流域跨界水污染的经济补偿，是流域水污染的外部成本内在化的具体表现，是下游地区环境权益受到侵犯的合理要求，也是当前抑制流域跨界水污染事故的重要经济手段。上游地区对下游地区实施经济补偿，应当以行政区交界断面水质达标状况评估为技术支撑，以行政区交界水质超标对下游社会经济的损失评估为基础，确定流域跨界水污染经济损失补偿标准。笔者认为，流域跨界水污染经济损失包括直接损失和间接损失两个方面，前者是指水污染对人体健康、工业、农作物、畜牧和渔业等方面造成的经济损失；后者是指下游地区为治理上游地区的超标排污而支出的派生成本。跨界水污染的经济补偿也要区分两种不同情况的赔偿。一是经常性的行政区交界水质超标补偿，补偿的主客体分别为上下游行政区政府，上下游政府之间的经济补偿数额主要以间接成本即治理污染的成本为标准；二是突发性跨界水污染经济赔偿，除了上下游政府之间的经济补偿外，还包括民间主体之间的赔偿，即上游排污企业对受害主体如企业、居民的赔偿，赔偿应以直接经济损失为依据。如果经常性水质超标以水污染造成的直接经济损失作为补偿依据，则会造成补偿金额较大，操作性差，难以执行，现实选择应当以间接损失作为补偿的依据。按照间接损失进行赔偿，具有明显的优势：赔偿标准测算较准确；赔偿金额相对公平，便于各方接受；具有普遍推广价值。流域跨界水污染的经济补偿，除了建立流域区际民主协商机制外，还应包括上游地区赔偿资金的筹集机制、水污染损失的评估机制和跨界水污染的应急处理机制等。

（5）构建政府主导、纵横结合的流域区际生态利益协调机制有赖于行政区内部多元主体间利益协调机制的构建。即须将行政区分包治理体制下的政府单边治理机制转变为政府、企业和第三部门多元主体的伙伴治理机制。在多层治理框架下，各级地方政府是辖区范围内流域生态环境资源的管护者，是流域生态建设和环境治理的重要责任主体，但不是唯一主体。流域生态治理主体也应由单一的政府治理主体向多元治理主体转变，实行政府、企业、社会等多元主体间的"合作型环境治理"，这种多元主体基于信任和合作所形成的伙伴关系主要包括：政府与排污企业之间、产业生态链上的关联企业之间、污水处理市场化中公私企业之间以及政府与第三部门之间等。

流域生态环境保护中政府与企业的伙伴治理，超越了政府单边治理机制下的控制与服从关系，双方都在合作性博弈中获得利益，政府将减少环境治理的行政成本，企业则将获得利益表达机会与合作解决冲突的渠道，减少政府管制，获得管制收益，同时依靠个性的技术和产品等，创造新的竞争优势，依托声誉机制，提高企业的知名度和美誉度等。按照政府的影响程度，政府与排污企业的伙伴治理采取的自愿性环境协议可以区分为三个类型：单边协议、公共自愿计划和谈判协议。推进政府与企业的伙伴治理，应当加强舆论导向宣传，确立企业、伦理与环境相融合的新逻辑；实行分类政策，分层次推进企业自愿性环境行动；实施激励性优惠政策，引导企业参与自愿性环境治理；强化约束性政策导向，实施企业环境管理制度等。

生态产业园区是政府政策激励下企业间伙伴治理的组织形式，也是发展清洁生产和循环经济的有效载体。以循环经济理念创新流域水污染治理机制，就应当以生态产业链为中心，构建企业间合作和伙伴治理机制，推行水资源一体化利用模式。主要包括三个层次，推进企业清洁生产，实现小循环（企业层次），体现减量化原则；推进企业间水资源交换利用，实现中循环（企业间层次），体现再利用原则；推进中水回用，实现大循环（社会层次），体现资源化（或再循环）原则，从而提高水循环绩效。推进企业间伙伴治理，政府应当采取一系列激励性政策措施，包括企业利益保障机制、水资源循环利用的技术支撑体系以及生态产业循环的风险防范机制等。

污水处理是政府基本公共服务的重要内容。建立城镇污水处理公私伙伴关系，是加快政府职能转变，打造服务型政府的应有之义；是实现环境公共服务有效供给的现实路径；也是发达国家污水处理产业健康发展的成功经验。在污水处理市场化中，公共事务不再由单一的政府来提供，而应由需求者、规划者和生产者三个相互依存的主体共同提供，形成多中心的治理结构。由于规划者（政府）与生产者（私人企业）在污水处理中的出资方式和权益结构不同，公私伙伴关系可以采取合同承包、特许经营、补贴等多种不同的模式，各种模式具有不同的优缺点和制度条件。但公私伙伴关系不论采取哪种模式，都包括信息传递机制、互惠与共享机制和自治机制等。构建污水处理公私伙伴关系利益协调机制，要充分发挥政府的主导功能，建立私人资本投资污水处理行业的经济补偿机制，规范政府部门的公共行政权力，健全投资者利益保障的法律法规体系，从经济利益补偿、政治权利调整和法律规范等多层面促进公私伙伴关系的和谐发展。

第三部门是流域生态公共服务自愿性供给的自主性组织，是代表公众参与流域综合开发决策的有效载体，也是流域水环境治理不可或缺的社会监督主体。民间环保社团等第三部门兴起，是公众环境保护和环境意识提高的必然结果，也是公众和团体参与流域生态治理的有效组织载体以及环境治理技术得以推广和运用的社会基础。当前我国流域治理中环保民间组织参与能力薄弱、参与程度较低，参与监督的效果也很有限。在公共事务网络治理框架下，真正使第三部门成为流域水污染多元治理主体中的重要一员，必须提高第三部门的参与水平、能力和有效度，采取多种方式，进行全过程、多层面的参与。而提升流域治理第三部门的参与能力、水平和有效度，需要完善信息知情机制、利益表达机制、过程监督机制和环境公益诉讼机制，真正提高公众和团体参与流域生态治理的程度。

（6）流域区际生态利益协调是世界各国区域公共管理面临的共同难题。发达国家在工业化进程中在流域区际水资源分配、生态服务补偿和跨界水污染治理等方面形成的经验和做法值得我国借鉴。本书选取了美国、法国和澳大利亚作为典型进行分析。美国是世界上最发达的资本主义国家，实行自由市场经济体制和联邦制的政体结构。从跨州流域管理的组织机制看，可以划分为准市场机制、市场机制和一体化管理机制等三种类型。科罗拉多流域、萨斯奎哈纳流域、德拉华流域和俄亥俄流域等都采取流域委员会模式，实行民主协商的准市场机制，通过签订州际协议的方式协定合理的水权分配、明确水资源利用的优先次序、建立多层次水权交易机制和利益相关者互动机制等。卡茨基尔流域等区域性流域，则通过市场机制实现跨州际的排污权交易、解决生态服务补偿等问题。只有田纳西河流域实行一体化管理机制，建立了具有管理执法职能、权威的流域管理机构，并被授予了高度的行政管理权力和综合开发的自主权，同时设立了具有咨询服务性质的地区资源管理理事会，取得了明显的治理效果。

澳大利亚是世界上水权交易机制运作较成功的国家之一。墨累—达令河流域既是澳大利亚最大的流域，也是通过州际自主协商实行流域综合管理和探索跨州水权交易机制的典型流域。该流域以州际协议形式实现利益相关者对流域的协商管理；设立跨州际的流域管理机构，实现流域治理决策与执行有效分离；实施项目带动，有效实现政府与社区的伙伴合作机制；探索建立了跨州际水权交易机制，有效地提高了流域水资源的配置效率。

　　法国是世界上水资源管理系统比较完善的国家之一。笔者将其流域管理体制描述为纵向多层治理和横向伙伴治理相结合的网络型体制。从纵向府际关系看，建立了以流域为单元的多层级治理结构，清晰划分了不同层级管理机构的事权和财权，并且每个层级都设立流域委员会，形成了利益相关者的民主协商机制，有效实现了流域水资源的综合管理。从政府企业关系看，注重运用经济杠杆调节水资源利益关系，形成了"以水养水"良性循环的格局。

　　上述各国在政治体制、经济发展水平和文化传统等方面存在差异，它们在流域水资源管理上都立足于现实国情，基于适应性管理的原则，探索建立符合各个流域特性的水资源管理体制和区际生态利益协调机制，形成了共同的经验和做法。包括突出以流域为单元，建立水资源管理体制和协调机制；注重水资源统一管理，建立综合开发机制；采取激励约束相容的政策体系，建立政府企业伙伴治理；注重运用经济杠杆，调节各种生态利益关系；注重流域治理决策的科学化与民主化，形成社会共同治理机制等。因此，要立足于我国工业化中后期重化工业加快发展和环境治理压力日益增大的现实国情，基于流域水环境的自然、经济和社会属性，借鉴发达国家的成功经验，积极引入网络治理机制，以提高流域水污染治理效率和效益。

　　（7）闽江流域既是福建省第一大流域，又是海西区经济增长的重要单元。闽江流域上下游行政区生态利益失衡，既不表现为水资源分配的利益争夺，也不是跨界水污染赔偿问题，而表现为上下游行政区在流域水生态、水环境和水安全等方面的责利权模糊不清。上游地区承担着流域生态和环境保护的艰巨责任，其经济社会发展权受到限制，同时生态服务价值难以获得补偿。构建闽江流域区际生态利益协调机制，是福建创造全国生态文明建设示范区的客观要求，是确保闽江流域水生态安全的积极举措，也是实现闽江流域城乡区域协调发展的重要途径。近年来，在闽江流域区际生态利益关系上，逐步形成了以省级政府为协调主体、以生态服务补偿为协调重点、以行政手段为协调手段的科层型协调机制，有效地促进了区际生态利益的相对均衡，实现了闽江上游的生态建设和环境保护。但毕竟区际生态利益协调是一项复杂的系统工程，目前尚处于探索阶段，存在着协调机制单一、协调内容不全面、协调制度不健全等诸多问题。在科层型协调机制中引入网络治理机制，需要通过建立流域多层治理的组织体系，建立流域区际环境治理考核的技术支撑体系，完善流域管理和行政区管理的运行机制，强化流域水资源统一管理；需要通过明确流域区际生态补偿主客体及其责权利，合理确定流域生态补偿标准和计价办法，规范流域生态补偿资金的运营机制，建立和完善流域区际伙伴治理机制。农业面源污染已成为闽江流域水环境综合整治的重点和难点，也是政府与企业（农户）伙伴合作的重点。本书将"三圈"理论引入闽江流域农业面源污染治理的分析视野，指出：当前闽江流域农业面源污染治理具有较高的公共价值，但同时面临着政府实施能力有限和公众支持度低的双重困境。政府治理决策的导向在于增进社会对农业面源污染的价值认同、提升自身环保的综合防治能力和完善农户参与治理的激励约束机制。

# 附录1

# 闽江流域区际生态受益
# 补偿标准探析

**内容提要：**目前闽江流域区际生态受益补偿标准是由省级政府依靠科层制的权威确定的，因而缺乏对流域生态的科学计价。本文运用生态重建成本分摊法，测算了闽江下游福州市对上游南平市的生态补偿标准，并且认为该方法在我国现阶段具有较强的可操作性、可行性和普遍推广价值。

**关键词：**闽江流域　生态受益　补偿标准

## 一　闽江流域区际生态受益补偿的现实依据

　　闽江是福建省第一大河，也是福建人民的母亲河，流域面积约60992平方公里，主要分布在福建省境内，是水系相对独立的区域性河流。它由沙溪、建溪、富屯溪三条支流和闽江干流组成，主干流长559公里，常年径流量621亿立方米。其中上游建溪、富屯溪两条支流发源于闽北南平市，泾流分布在该辖区的10个区、县（市），闽江干流自雄江以下，在福州市辖区流经闽清、闽侯、福州市区、福清和长乐等。由于区位特点与生态功能定位等多种因素的影响，南平市始终是闽江流域的天然屏障，是福建省生态保护的重要功能区，同时也是经济相对落后地区。2004年南平市辖区10个市、县（区）的总人口为304.41万人，国民生产总值仅为321.7亿元，同年闽江下游福州段相关行政区总人口为337.86万人，国民生产总值却达1031.94亿元，后者国民生产总值是前者的3.2倍。

　　近年来南平市投入大量资金，用于植树造林、禁伐减伐树木、修建污水处理厂等，同时关闭几十家污染密集型企业，为保护闽江流域生态环境牺牲了部分发展权，并影响了该地区经济社会发展和人民生活水平的提高。而福州市作为闽江流域生态建设的受益地区，平均每年从闽江干流取水约 4 亿吨，用于农业浇灌、工业生产和第三产业发展等，同时闽江干流也是福州段相关行政区城乡居民饮用水的重要来源地，因此，闽江水质状况与福州经济发展和居民生活质量紧密相关。福州市拥有较强的经济总量和财税收入，对生态环境表现出较强的支付意愿和支付能力，因而作为闽江流域生态建设的受益地区，既有义务且有能力实施区际生态补偿。

2004 年 12 月出台的《福建生态省建设总体规划纲要》提出：要试行生态受益地区、受益者向生态保护区、流域上游地区和生态项目建设者提供经济补偿的办法，探索实行受益地区对保护地区进行区际生态补偿的制度。尔后福建省政府要求福州市政府在"十一五"期间每年向南平市政府支付 500 万元的补偿资金，这种行政命令式的区际生态补偿对于闽江流域上游生态建设、维持流域上下游行政区际生态建设"义务与权益"的平衡和促进区域经济社会协调发展等都具有重要意义，但其补偿标准缺乏对生态价值的科学测算，迫切需要科学的理论支持，本文试图做初步的探讨。

## 二 闽江流域区际生态受益补偿测算办法的比较与选择

目前学术界对区际生态补偿测算办法存在着效益补偿论、价值补偿论和成本补偿论三种明显不同的意见，[①] 其中价值补偿论又由于价值理论基础不同，形成两种不同的价值补偿观点：有人主张以马克思劳动价值理论为指导，按照生产过程中消耗的劳动和物化劳动进行补偿；有人主张以西方效用价值论为指导，按照生态产品服务的功能价值来进行补偿。基于上述意见和观点，笔者认为，生态价值和生态效益是两个截然不同的概念，以生态效益作为补偿依据，就好比把使用杀虫剂后增产粮食的价值作为杀虫剂的价值一样，是极不合理的。按照生产过程中消耗的劳动量进行补偿，虽然可以对新增的劳动投入量进行比较客观、公正的测算，但是由于

---

① 杨光梅、李文华、闵庆文：《基于生态系统服务价值评估进行生态补偿研究的探讨》，《生态经济学报》2006 年第 3 期。

流域的生态系统是经过人们长期投入、精心保护而累积形成的，业已存在几十年的生态存量所含的物化劳动难以核算。以生态产品服务的功能价值为依据进行补偿，虽然是国际上普遍推广并为我国生态学界所日渐接受的方法，但目前生态环境价值尚未纳入我国的国民经济核算体系，存在计量困难，即使进行测算，也往往金额太大，难以支付，因此，以生态价值为基础进行市场化区际补偿方式在现阶段仍然难以推行。基于生态资源的国有性质以及生态产品的特性，在生态建设产权模糊和生态产品市场交易发育不成熟的条件下，面对经济高速增长带来的生态环境迅速恶化的局面，成本补偿方法是一种更现实的选择，即将流域上游生态重建的成本在相关行政区进行分摊，① 这里笔者将之描述为生态重建成本分摊法。所谓生态重建成本分摊法，就是将受到损害的流域生态环境质量恢复到受损以前的环境质量所需要的成本，以上下游的生态受益程度和生态支付意愿为依据，在相关行政区之间进行分摊。生态重建成本分摊法主要包括生态重建成本的测算和分摊率的确定两项内容。

## 三　闽江流域区际生态受益补偿资金的测算

### 1. 生态重建成本匡算

生态重建成本核算有两种方法：一是以上游地区为水质达标已经付出的投入为依据；二是以今后上游地区为进一步改善水环境质量和水资源总量而新建生态保护和建设项目的投入为依据。② 根据闽江生态建设的实际，笔者运用第一种方法对闽江上游（南平市）的生态重建成本进行测算，这是因为：2003 年闽江流域水污染出现反弹后，在中央和省级政府垂直性生态补偿政策的推进下，闽江上游（南平市）重点实施了工业点源治理、城市公共卫生设施建设、畜禽养殖业整治、水土保持等项目，取得了明显的成效，2005 年闽江流域福州与南平两地市行政交界断面水质基本恢复到国家规定的Ⅲ类标准。

生态产品的公共产品特性决定了闽江上游（南平市）生态治理投入多

---

① 欧名豪等：《区域生态重建的经济补偿办法探讨》，《南京农业大学学报》2000 年第 4 期。
② 王钦敏：《建立补偿机制，保护生态环境》，《求是》2004 年第 13 期。

元化的特点，生态重建资金主要来自中央和省级政府的垂直补偿、农民（企业）经营性自筹和南平市的公益性投入。由于区际补偿只是垂直补偿和区际内部补偿的补充形式，因此，生态重建成本中应扣除中央和省级政府的垂直补偿资金、农民（企业）经营性自筹资金，只有南平市生态治理和保护的公益性投入才能作为上下游分担的基础。南平市生态治理和保护的公益性投入是指正常运行并为闽江流域生态治理发挥功效的涵养水源、环境污染综合治理、城镇垃圾和污水处理设施建设、水土保持等项目的折旧成本和运行成本，包括直接投入（V）和间接投入（V损）两部分，前者是指南平市、县（区）和乡（镇）政府在涵养水源、环境污染综合治理、城镇垃圾和污水处理设施建设、水土保持等项目的直接投入；后者是指产业结构调整、生态林保护等造成的农户（或企业）承担的间接费用或损失。生态治理中既有长期项目投入，又有短期项目投入，这里采取 2003～2005 年南平市生态治理投入的直接成本和间接成本的年均值作为南平市的生态重建成本。经过实地调研和分项累计，可得 2003～2005 年南平市生态治理直接成本和间接成本的年均值分别为 1662.9 万元和 1618.6 万元（见表 1 和表 2）。

表1　2003～2005 年南平市生态治理项目和资金结构

单位：万元

| 项目名称 ＼ 资金来源 | 中央政府和省级政府投入总额① | 市县（区）乡政府投入总额② | 农户（或企业）的自筹资金总额③ | 市县（区）乡政府投入的年均额②÷3 |
|---|---|---|---|---|
| 1. 城市公共卫生综合整治投入 | 7660 | 3593.7 | | |
| ①南平市污水处理厂 | 3900 | 2413.7 | 0 | 1197.9 |
| ②南平市区垃圾处理厂 | 3760 | 1180 | | |
| 2. 畜禽养殖业水环境污染综合整治 | 1488.32 | 244 | 3692.9 | |
| ①农户家用沼气池建设 | 768.32 | 144 | 1392.9 | 81.3 |
| ②规模化养殖企业污染整治 | 720 | 100 | 2300 | |
| 3. 生态林建设投资 | 4674.5 | 510 | 0 | 170 |
| 4. 水环境有关的科技项目投资 | 2852 | 199 | 0 | 66.7 |
| 5. 其他水环境综合整治项目 | 239 | 361 | 缺 | |
| ①指导农民科学施肥 | 185 | 0 | 缺 | 120.3 |
| ②建设绿色食品项目投资 | 0 | 36 | 缺 | |
| ③水葫芦打捞 | 54 | 325 | 104 | |

续表

| 项目名称　　　　资金来源 | 中央政府和省级政府投入总额① | 市县（区）乡政府投入总额② | 农户（或企业）的自筹资金总额③ | 市县（区）乡政府投入的年均额②÷3 |
|---|---|---|---|---|
| 6. 水土保持 | 660 | 80 | 5234 | |
| ①"青山挂白"和矿山整治 | 0 | 0 | 80 | 26.7 |
| ②小流域综合治理 | 660 | 80 | 5154 | |
| 合计：南平市生态综合整治公益性直接投入的年均额（V） | | | | 1662.9 |

资料来源：南平市环保局、财政局、水利局、林业局、农业与畜牧局等相关部门提供。

按照国家标准，目前我国生态林管护费用每亩 5 元/年，南平市生态林管护费用与中央和省级财政补助差额实际上就是生态治理的间接成本支出，2003~2005 年南平市生态林管护费用与中央和省级财政补助的年均差额为 1618.6 万元，这部分表现为林区农民的经济损失或机会成本，应当由上下游政府共同分担。

表 2　2003~2005 年闽江上游（南平市）生态治理的间接成本测算

单位：万元，万亩

| 年份　　　资金 | 生态林面积 | 生态林管护费用① | 中央和省级政府补助资金② | 生态林管护费用与中央和省级政府补助资金差额①－② |
|---|---|---|---|---|
| 2003 | 714.7 | 3573.5 | 1506.9 | 2066.6 |
| 2004 | 639.9 | 3199.5 | 1525.1 | 1674.4 |
| 2005 | 727.7 | 3639 | 2524.2 | 1114.8 |
| 三年合计的间接成本 | | | | 4855.8 |
| 三年平均间接成本（V损） | | | | 1618.6 |

2. 分担率的确定

上下游地区成本分摊率可以由各自的生态受益程度以及对生态环境的支付意愿来确定。包括以下步骤。

①根据福州和南平两地市从闽江流域的取水量比重来反映直接收益系数。环境良好的流域能够提供给周围地区优质水源、调节流量和气候、调节地下水位以及生物多样性，并且存在着有利于周围环境的外部性，尤其是上游优质流域为下游提供了多种生态服务。由于上下游生态服务功能价

值的测算是一个极其复杂的过程，这里采用取水量比重来反映直接收益系数。2004 年福州从闽江干流和南平从闽江的取水量分别为 3.97 亿吨和 25.30 亿吨，按照取水量的比重计算得出，福州和南平两地市的直接收益系数分别为 0.1356、0.8644。

②根据恩格尔系数和生长曲线计算上下游行政区对生态的支付意愿。2004 年福州、南平两地市城镇居民的恩格尔系数（Engel's）分别为 39.1% 和 42.80%；福州、南平两地市城镇居民恩格尔系数的倒数 (1/En) 分别为 2.5575 和 2.3408。根据罗吉斯生长曲线公式 $y = k/(1 + ae^{-bt})$，[①] 计算出福州、南平两地市城镇居民对环境的支付意愿为 0.3911 和 0.3409，在此基础上，再采用 2004 年闽江流域福州段和南平段相关行政区的 GDP 值占两地市相关行政区 GDP 值总和的比值（0.7624：0.2376）进行修正，计算出福州与南平地区的间接收益系数为 0.7864：0.2136。

③上下游流域生态建设成本分担率（系数）是由直接收益系数和间接收益系数共同决定的，即由上下游地区的取水量比重、两地市对流域生态环境治理的支付意愿和支付能力来确定。作归一化处理，福州与南平的分担率（$K_i'$）分别为 0.3661、0.6339。

3. 闽江上下游地区分担生态治理成本的金额

根据下列公式，可以测算出福州对南平市应支付的补偿金额 $Vi$：

$$Vi = K_i' \cdot (V + V_{损})$$

式中：$K_i' = \dfrac{Ki}{2}$（$i = 1, 2$）；$V$ 为南平市生态治理的直接成本，$V = 1662.9$ 万元；$V_{损}$ 为南平市生态林保护造成的间接成本，$V_{损} = 1618.6$ 万元。并根据上述的分担率 $K_i' = 0.3661$、0.6339，可以计算出福州市应支付的补偿金额为 1201.4 万元，应在每年 500 万元的基础上追加 701.4 万元。南平市既是生态贡献区，又是生态受益区，应负担部分生态治理成本 2080.1 万元，根据上述，近三年南平市生态治理的直接投入 1618.6 万元，应追加投入 461.5 万元，用于支付林区农民的经济损失。

———————————

① 欧名豪等：《区域生态重建的经济补偿办法探讨》，《南京农业大学学报》2000 年第 4 期。

## 四 结论

运用生态重建成本分摊法，不仅能够比较准确地测算生态重建成本，相对客观、公平地确定补偿金额，便于各方接受，同时也能够有效建立流域上下游行政区的双向激励约束机制，因此，该方法具有较强的可行性、可操作性和普遍推广价值。区际生态补偿不只是单纯的经济问题，更是涉及统筹区域之间、城乡之间协调发展的政治问题。流域上下游政府运用生态重建成本分摊法，围绕资金的筹集、使用和管理等进行协商谈判，形成流域生态建设的共同治理机制，必将是我国深化环境管理体制的重要课题。

（该文原发表于《农业现代化研究》2007 年第 3 期）

# 附录2

# 居民生态支付意愿调查与政策
# 含义：以闽江下游为例

**摘要：**条件价值评估方法（CVM）是国际上衡量生态环境物品非使用价值的重要方法。笔者发放了 500 份支付卡问卷，对闽江下游福州城市居民的生态支付意愿开展调查，分析结果表明：65.63% 的居民对改善闽江流域生态环境具有支付意愿，福州城市居民每年的支付意愿 WTP 介于 38286 万~42599 万元之间。受访者的教育程度、收入水平与支付意愿呈现正相关性，年龄与支付意愿呈现负相关性，职业、性别与支付意愿的相关性不明显。因此，改善居民的教育和收入状况，是提高闽江下游居民生态支付意愿的基础性工作。

**关键词：**条件价值评估方法 生态支付意愿 政策含义

## 一 条件价值评估方法简述

生态环境资源总价值包括使用价值（Instrumental Value）和非使用价值（Intrinsic Value）两部分，前者可分为直接使用价值和间接使用价值，可以直接利用市场价格来衡量；后者可分为存在价值、遗产价值、选择价值，由于非使用价值不存在市场交易，故无法用市场价格来衡量，只能通过非市场价值评估的方法来解决。

常用的生态环境资源的评估方法可分为显示性偏好（Revealed Preference，RP）和陈述性偏好（Stated Preference，SP）两种。显示性偏好是利用个体在实际市场中的行为来推导生态环境物品或服务的价值，在应用中需要掌握如工资、地价、旅行费用等相关市场数据;而陈述性偏好是在假想市场的情况下用社会调查的方法直接从受访者的回答中得到环境价值。条件价值法（ContingentValuation Method，CVM）是一种典型的陈述偏好评估法，它是在假想市场的情况下，直接调查和询问人们对某一生态环境效益改善或资源保护措施的支付意愿（Willingness to pay，WTP）或者对环境或资源质量损失的接受赔偿意愿（Willingness to accept compensation，WTA），以人们的 WTP 或 WTA 来估计环境效益改善或环境质量损失的经济价值。与市场价值法和替代市场价值法不同，条件价值法不是基于可观察到的或预设的市场行为，而是基于被调查对象的回答。条件价值法可用于评估环境物品的利用价值和非利用价值，并被认为是可用于环境物品和服务的非利用价值评估的唯一方法。

　　条件价值评估方法的经济学原理是:① 假设消费者（受访者）的效用函数受市场商品 x，非市场物品（将被估值）q，个人偏好 s 的影响。其间接效用函数受市场商品的价格 P，个人收入 y，个人偏好 s 和非市场商品 q 等多种因素的影响。受访者通常面对一种环境状态变化的可能性（从 $q^0$ 到 $q^1$），假设状态变化是一种改进，即 $V_1$（p，$q^1$，y，s）$\geqslant V_0$（p，$q^0$，y，s），但这种状态改进需要消费者支付一定的费用。条件价值方法是利用问卷调查的方式，揭示消费者的偏好，推导在不同环境状态下的消费者的等效用点，并通过定量测定支付意愿（W）的分布规律得到环境物品或服务的经济价值。

## 二　闽江下游生态环境状况与 CVM 调查问卷设计

### 1. 研究区域概况

　　闽江是中国东南沿海水量最大的河流，由源出武夷山的沙溪、建溪、富屯溪在南平市先后汇入而成干流。闽江分上、中、下 3 个河段。南平市以上（包括三明市）为上游，长 328 公里;南平市至福州市闽侯县为中

---

① Hanemann W M, Kanninen B. The Statistical Analysis of Discrete ~ Response CV Data. In: Bateman I J and Willis K G ed. *Valuing Environmental Preferences: Theory and Practice of the Contingent Valuation Method in the US, EU, and Developing Countries.* New York: Oxford University Press, 1999. 302 - 441.

游，长 165 公里；福州市闽侯县雄江至河口为下游，长约 66 公里。闽江下游在福州市辖区流经闽清、闽侯、福州市区、福清和长乐等。21 世纪以来，闽江上游规模化养殖污染、城市生活污水和农业面源污染呈现加剧趋势，导致闽江流域水质严重恶化，2004 年达到和优于 Ⅲ 类水质的比例为 83%，比 2001 年的 96.3% 下降了 13.3%。2005 年为了改善闽江流域水环境，福建省政府在闽江流域试行上下游生态补偿，省级政府要求下游福州市政府每年向上游三明、南平市政府各支付 500 万元的生态补偿资金。这种由科层机制实行的生态补偿虽然在一定程度上推动了流域上游生态建设和环境保护事业的发展，但是过分强调政府的补偿主体地位，容易形成一个封闭和单一的生态补偿主体。从长远看，闽江流域生态补偿资金应当从下游的受益地区、受益行业和受益主体中间进行广泛筹集。闽江下游的福建省会中心城市——福州市及其辖区县有 300 万用水主体，他们的健康水平、生活品质与穿城而过的闽江水质状况紧密相关，从城市居民水费中提取部分生态补偿资金或开征生态税，加强闽江流域的生态保护和建设，是一项涉及面广的民生工程，为此，需要充分考虑城市居民的生态意识、支付意愿和消费能力。

2. 调查问卷设计

本文通过福州市居民对改善闽江流域生态系统服务所带来福利的最大支付意愿推算流域上下游生态补偿标准，考虑到受访者不熟悉市场定价行为，故笔者选择了支付卡（payment card）问卷的形式，被调查者只需要在一些有序排列的支付数量中选择肯定愿支付的最大数量和肯定不愿意支付的最小数量。问卷结合了福州市社会经济现状，设计出 12 个问题，共包括三部分：首先是引言，介绍了闽江流域上下游生态补偿的意义，为调查作必要的信息铺垫；其次是核心部分，涉及受访者对闽江流域水资源的认识程度、支付意愿、支付方式等方面的内容，通过此部分的相关信息计算，获得闽江下游居民对上游的补偿意愿；最后是受访者的个人信息，通过对受访者的性别、年龄、教育程度等方面的了解，分析支付意愿的影响因素。

本次调查共发放 500 份问卷。样本发放范围包括福州市鼓楼区、晋安区、仓山区、台江区和闽侯县、闽清县、福清市、长乐市等闽江下游流经的 8 个县区。各县区的样本数量根据 2008 年各县区家庭户数按比例确定。由于问卷发放采用随机抽样的方法，而且被调查者覆盖了闽江下游各县区，因此，该调查问卷具有条件价值评估方法所要求的问卷广泛性要求。①

3. 受访者支付意愿信息统计

由于问卷调查利用节假日和暑假期间，组织部分研究生和本科生以随机入户、面对面访谈方式进行，问卷反馈率很高。在本次发放的 500 份问卷中，回收有效问卷 480 份，占总数的 96%；无效问卷 20 份，占问卷总数的 4%（无效原因：或未填写完整，或选项填写矛盾）。从有效问卷看，支付意愿大于零的问卷有 315 份，占有效问卷总数的 65.63%（见表 1）。

**表 1　有效问卷基本信息统计**

单位:%

| WTP = 0 | | WTP > 0 | | | | |
|---|---|---|---|---|---|---|
| 责任不认同 | 责任认同，但应该由政府支付 | 多交水电费 | 交付生态保护税 | 捐款 | 出义务劳动工 | 其他形式 |
| 60 | 105 | 70 | 125 | 65 | 30 | 25 |
| 12.5 | 21.88 | 14.58 | 26.04 | 13.54 | 6.25 | 5.21 |
| 34.38 | | 65.63 | | | | |

从问卷统计来看，受访者不愿意支持上游的生态建设，其主要原因有两方面：一部分受访者认为下游没有承担流域生态建设的责任，即责任上的不认同，流域生态保护应该是上游的责任；另一部分受访者虽然意识到流域生态保护的重要性，但认为流域生态建设的资金应该由政府承担，这部分群体占了多数，为 21.88%。

对 WTP > 0 的受访者的支付意愿进行分析整理，可以得到 WTP 的累计频率分布（见表 2）。从受访者支付意愿的累计频率分布来看，WTP 在 5 ～ 30 元之间出现的频率为 52.38%，在 5 ～ 60 元之间出现的频率达到了 79.37%，大于 60 元的支付意愿出现的频率仅为 20.63%。

---

① Loomis J B, Wash R G. *Recreation Decision*, *Comparing Benefits and Costs* (second edition). Pennsylvania Publishing, Inc, 1997, 159 – 176.

表 2   支付意愿累计频率分布

单位：元，人，%

| WTP | 绝对频数 | 相对频数 | 调整的频度 | 累计频度 |
|---|---|---|---|---|
| 5 | 30 | 6.25 | 9.52 | 9.52 |
| 10 | 45 | 9.38 | 14.29 | 23.81 |
| 15 | 5 | 1.04 | 1.59 | 25.40 |
| 20 | 45 | 9.38 | 14.29 | 39.68 |
| 25 | 5 | 1.04 | 1.59 | 41.27 |
| 30 | 35 | 7.29 | 11.11 | 52.38 |
| 50 | 75 | 15.63 | 23.81 | 76.19 |
| 60 | 10 | 2.08 | 3.17 | 79.37 |
| 80 | 5 | 1.04 | 1.59 | 80.95 |
| 100 | 40 | 8.33 | 12.70 | 93.65 |
| 150 | 10 | 2.08 | 3.17 | 96.83 |
| 300 | 10 | 2.08 | 3.17 | 100 |
| 愿意支付数 | 315 | 65.63 | 100 | |
| WTP = 0 | 165 | 34.38 | | |
| 总　计 | 480 | 100 | | |

根据上述信息可进一步计算出 WTP > 0 时，总样本的中位值为 30，平均值为 50.86，标准差 57.21，如表 3 所示。

表 3   支付意愿统计

| WTP > 0 的样本数（人） | 平均值（元） | 中位值（元） | 标准差（元） | 置信度（0.95） | 最大值（元） | 最小值（元） | 总和（元） |
|---|---|---|---|---|---|---|---|
| 315 | 50.86 | 30 | 57.21 | 6.34 | 300 | 5 | 16020 |

同时根据问卷结果分析受访者愿意采取的支付方式，如图 1 所示，其中 125 人选择了交付生态保护税（39.68%），70 人选择了多交水电费（22.22%），65 人选择了捐款（20.63%），30 人选择了出义务劳动工（9.52%），25 人选择了其他形式为支付方式，所占的比重最小，仅 7.94%。

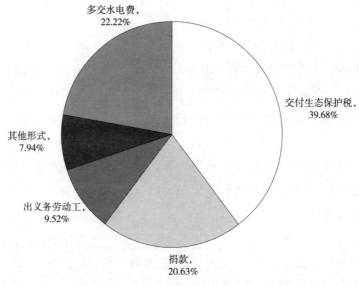

**图 1　支付方式分布**

## 三　调查结果分析

### 1. 支付意愿数据分析

目前学术界对于 WTP 的计算，有三种不同的分析方法。本文综合运用上述计算方法，测算福州市居民对上游生态的支付区间。

（1）根据各支付意愿水平下的权重比例，计算该地区的总支付意愿，即 $WTP = \Sigma AWTP_i（n_i/N_i）\times Num_{month} \times Num_{family}$，[①] 其中：$AWTP_i$—受访者在 $i$ 水平的支付意愿，$n_i/N_i$—相对频度，即一定支付水平下，愿意支付的受访者占全部受访对象的比重，$Num_{month}$—统计的时间长度，$Num_{family}$—受访地区户数。从本次调查结果看，$\Sigma AWTP_i（n_i/N_i）$ 计算结果为 33.31，同时根据 2009 年《福建统计年鉴》的数据，至 2008 年底福州市鼓楼、台江、仓山、晋安、闽侯、闽清、福清、长乐的城镇人口总数为 329.684 万人，按照福州市城镇家庭平均每户 3.1 人计算，闽江下游福州市用水总户

---

[①]　徐大伟：《跨流域生态补偿的测算方法与支付行为研究》，《北京大学博士后研究工作报告》，2008 年 6 月。

数为 106.35 万户。综合计算可得出居民的总支付意愿为 WTP = 33.31 元/户 × 12 月/年 × 106.35 万户 = 42510 万元。

（2）运用问卷结果分析所得的中位数与 WTP > 0 的支付意愿率计算出最终的平均支付意愿，即 $WTP = Median \times Num_{month} \times Num_{family}$，其中，Median——中位值，即累计频度为 50% 的支付意愿，根据问卷调查结果，可以得到 Median = 30，从而 WTP = 30 元/户 × 12 月/年 × 106.35 万户 = 38286 万元。

（3）采用 Kristrom 的 spike 模型计算，即通过问卷结果分析中的平均数，运用 spike 模型修正的结果与 WTP > 0 的支付意愿率计算出平均支付意愿，表示为 $WTP = Mean \times Rate_{WTP > 0} \times Num_{month} \times Num_{family}$，其中，Mean——平均数，$Rate_{WTP > 0}$——WTP > 0 的支付意愿比例，根据问卷调查结果，可以得到 Mean = 50.86，$Rate_{WTP > 0} = 65.63\%$，从而 WTP = 50.86 元/户 × 65.63% × 12 月/年 × 106.35 万户 = 42599 万元。

综合上述计算结果，闽江流域下游居民的支付意愿 WTP 介于 38286 万 ~ 42599 万元之间。

2. 回归模型分析

由于受访对象具有不同的经济社会背景，通过 Logit 和 Tobit 方法对非使用价值影响因素进行分析，是运用 CVM 方法分析调查结果的要求，[①] 因为它可以检验出支付意愿的影响因素与现实中的经验判断是否一致。这里运用这两种方法探求福州市受访者的经济社会背景与支付意愿的相关关系。

本文采取二元虚拟变量代替因变量，即"是否支付"：

$$Y = \begin{cases} 1：受访者愿意支持下游对上游的适当补偿 \\ 0：受访者不愿意支持下游对上游的适当补偿 \end{cases}$$

在自变量的选择上，挑选了对受访者支付意愿有重要影响的五类指标：性别、年龄、教育程度、职业、全家年收入。由于受访者代表的是家庭，要求对家庭情况比较熟悉，因此，受访者的年龄必须超过 18 岁，每个家庭通常派文化程度较高的成员接受问卷调查，这就能解释样本中受访者

---

① 何忠伟、王有年、李华：《基于 CVM 方法的京北水资源涵养区建设研究》，《农业经济问题》2007 年第 8 期。

的文化层次的变化规律,小学及小学以下的最少,大学本科以上的最多。其调查的收入分配情况也符合福州市居民的收入分配结构具体情况如表 4 所示。

### 表 4　受访者基本情况

单位:人,%

| 变量 | 变量属性 | 样本人数 | 比例 | 变量 | 变量属性 | 样本人数 | 比例 |
|---|---|---|---|---|---|---|---|
| 性别 | 男 | 245 | 51.04 | | 企事业单位职工 | 200 | 41.67 |
| | 女 | 235 | 48.96 | | 农、林、牧、渔、水利业生产人员 | 30 | 6.25 |
| 年龄 | 18~25 岁 | 140 | 29.17 | | 无职业者 | 55 | 11.46 |
| | 26~35 岁 | 125 | 26.04 | | 10000 元以下 | 85 | 17.71 |
| | 36~50 岁 | 130 | 27.08 | | 10000~20000 元 | 25 | 5.21 |
| | 51~60 岁 | 65 | 13.54 | | 20001~30000 元 | 60 | 12.5 |
| | 61 岁以上 | 20 | 4.17 | | 30001~40000 元 | 20 | 4.17 |
| 教育程度 | 小学及小学以下 | 15 | 3.13 | 收入 | 40001~50000 元 | 45 | 9.38 |
| | 初中 | 40 | 8.33 | | 50001~60000 元 | 40 | 8.33 |
| | 高中（中专） | 85 | 17.71 | | 60001~70000 元 | 30 | 6.25 |
| | 大专 | 105 | 21.88 | | 70001~80000 元 | 5 | 1.04 |
| | 大学本科或以上 | 235 | 48.96 | | 80001~90000 元 | 15 | 3.13 |
| 职业 | 政府行政管理人员 | 70 | 14.58 | | 90001~100000 元 | 20 | 4.17 |
| | 高校教师与学生 | 85 | 17.71 | | 100000 元以上 | 135 | 28.13 |
| | 科研院所研究人员 | 40 | 8.33 | | | | |

代入上述信息,可获得 Logit 检验结果,如表 5 所示,可以看出性别与 WTP 表现为不相关,未通过显著性检验,也即性别对支付意愿的影响不大;而常数项、年龄、教育程度、职业以及收入等变量都通过了显著性检验。从这五项的检验结果看,教育程度达到了 95% 的显著性水平,说明受教育程度越高,环保意识越强,从而人们的支付意愿越强;收入变量系数为正,且在统计上也达到了 95% 的显著性水平,说明随着收入增加,人们的支付意愿在增强;而相比之下,年龄和职业的显著性水平稍低,为 90%,其中年龄的相关系数为负,说明随年龄的增长,人们的支付意愿在下降,同时职业的好坏在一定程度上也会影响 WTP 的结果。

表5 Logit 模型回归结果

| 解释变量 | 回归系数 | Z 统计值 |
|---|---|---|
| 常　　数 | − 3.032726 * | − 1.589786 |
| 性　　别 | 0.398327 | 0.809614 |
| 年　　龄 | − 0.365829 * | − 1.525582 |
| 教育程度 | 0.570373 * * | 2.153848 |
| 职　　业 | 0.262232 * | 1.408476 |
| 收　　入 | 0.141614 * * | 2.120802 |

注：* 、* * 、* * * 分别表示 10% 、5% 和 1% 的显著性水平。

　　Toboit 模型是以左边界为 0，采取与 Logit 模型相同的解释变量进行回归的计量方法，运用该方法，代入表 5 的信息，结果如表 6 所示。与 Logit 模型相比，Toboit 检验中所有解释变量的系数符号没有发生变化，但变量的系数大小发生了改变。从检验结果看，年龄项的显著性从 95% 提高到了 99% ，说明随着年龄的增加，可能由于人们知识结构或者收入水平等的影响，人们的支付意愿在下降；与表 5 相比，职业项从表现与 WTP 相关转为未通过显著性检验，可能是由于所设计的调查问卷中职业划分存在交叉重叠，尤其是企业和事业单位合并为一个选项，影响到统计结果。对于其他自变量来说，其变化对支付意愿的影响与 Logit 模型的解释结果是一致的。

表6 Toboit 模型回归结果

| 解释变量 | 回归系数 | Z 统计值 |
|---|---|---|
| 性　　别 | 0.060732 | 0.136754 |
| 年　　龄 | − 0.548986 * * * | − 2.623506 |
| 教育程度 | 0.236312 * | 1.497564 |
| 职　　业 | 0.084312 | 0.584122 |
| 收　　入 | 0.121555 * * | 1.876707 |

注：* 、* * 、* * * 分别表示 10% 、5% 和 1% 的显著性水平。

## 四　研究结论与政策含义

　　从上述支付意愿调查分析可以得出研究结论和政策含义。

　　(1) 提高居民收入水平，增强生态支付意愿。罗吉斯蒂（Logistic）生长曲线模型表明：居民的生态支付意愿与他们的收入水平具有明显的正相关性。[①] 因此，加快区域经济发展，提高福州市居民收入水平，是增强他们生态支付意愿的根本途径。上述调查表明，闽江流域下游受访者的支付意愿 WTP 在 38286 万 ~ 42599 万元之间，这与闽江上游生态服务价值或生态重建成本还有很大差距。省级政府要根据福州市居民收入水平的提高逐步调整上下游生态补偿标准。

（2）加强宣传力度，提高环保意识。采用 Logit 和 Tobit 方法分析支付意愿的影响因素，结果表明：收入、教育程度和年龄与 WTP 都存在显著的相关性，这主要是因为上述因素与人们的环保意识密切相关，其中年龄的相关系数为负，即随着年龄的增长，人们的生态支付意愿会逐步下降；而随着收入增长和教育水平提高，人们的环保意识不断加强，支付意愿也呈增强趋势。因此，加大环保宣传力度，提升国民素质和环保意识，是开展流域生态补偿的重要社会条件。

（3）推进生态税费改革，规范补偿资金筹集机制。由于目前我国还没有真正意义上的生态税，现有生态税费的征收只是出于对使用资源的更新，没有真正反映出对资源的生态属性予以补偿的性质，[②] 流域上下游生态补偿资金大多直接来源于政府的财政拨款。为此，政府可以尝试在原有的相关生态税种的基础上增设以生态环境补偿和恢复为目的的税种，形成完整的生态税体系。从问卷结果看，在 WTP > 0 的受访者所愿意采取的支付方式中，交付生态保护税所占的比重最大，为 39.68%，表明开征生态税具有较好的社会基础。除了交付生态保护税，交付水电费也为居民接受，占总数的 22.2%。就目前福州市的自来水价格来看，水价的组成 = 基本水价 + 污水处理费。如果把对上游生态补偿的因素考虑进去，则每吨用水价格 = 基本水价 + 污水处理费 + 生态补偿费（每吨水提取的生态补偿费 = 下游对上游的生态补偿总额/下游地区从闽江提取的水量），可通过水管部门对用水主体的水费征收，获得下游居民对上游生态保护的补偿资金。

（4）合理分配补偿资金，促进流域可持续发展。闽江上游包括南平和

---

① 陈奇：《Logistic 平方生长曲线的性质》，《柳州职业技术学院学报》2009 年第 9 期。

② 王金南等：《生态补偿机制与政策设计国际研讨会论文集》，中国环境科学出版社，2006。

三明两个地级市，闽江下游福州支付的生态补偿资金需要在南平和三明之间进行合理分配。目前闽江下游的生态补偿是按照 1∶1 的比例在三明和南平之间进行平均分配的，具有平均主义的色彩而缺乏科学依据。如果以生态建设的机会成本作为补偿资金的分配依据，经测算，南平市和三明市因生态建设而产生的机会成本分别为 1442202 万元、954299.5 万元，[①] 生态补偿资金在两地的分配比例应为 1.5∶1。根据上述计算的居民支付意愿区间，南平和三明获得的补偿区间应分别为 22972 万～25559 万元和 15314 万～17040 万元。

（该文原发表于《云南师范大学学报》2010 年第 4 期）

---

① 闽江上游南平、三明生态保护的机会成本计算公式：［福州市的城镇居民人均可支配收入 - 三明（南平）城镇居民人均可支配收入］＊三明（南平）城镇居民人口数 + ［福州农民人均收入 - 三明（南平）农民人均收入］＊三明（南平）农村人口数。计算办法参见王金南等《生态补偿机制与政策设计国际研讨会论文集》，中国环境科学出版社，2006。

# 附录3

# 闽江流域上下游生态补偿支付意愿调查表

问卷号：□□□　　　　　　　　　　　登录号：□□□

尊敬的受访者：您好！

　　"我花钱种树，他免费乘凉""上游保护，下游受益""上游污染，下游遭殃"是目前我国流域生态环境建设与保护面临的不公平境况，也是闽江流域生态治理和生态建设中体制性矛盾的生动写照。按照"谁保护、谁受益""谁受益、谁付费"的原则，完善闽江流域上下游生态补偿机制，是推进海峡西岸生态文明建设的重要内容。

　　保护闽江流域生态环境，不仅是闽江上游生态贡献区（三明、南平）政府和公众的责任，也是闽江下游生态受益区（福州）政府和公众的责任。因研究需要，课题组拟在闽江下游的福州市开展随机抽样调查，想了解您对闽江流域上下游生态补偿的认知与态度，因此耽误您几分钟时间参与此份问卷并作答。本问卷采取不记名方式，所得数据均予以保密，仅供学术研究之用。劳您细心填写，感谢您的合作！

　　国家社科基金青年项目《基于网络治理视角的流域区际生态利益协调机制构建》

2009 年 6 月

## 一、调查内容（在您所选项上打√或者填写具体数字）

1. 您认为闽江流域水资源的重要性如何？

A. 非常重要　　　　　　B. 比较重要　　　　　　C. 无所谓重要

D. 不太重要　　　　　　　E. 一点也不重要

2. 您是否同意闽江流域上游为了发展当地经济可以无限制地使用河流中的水资源？

A. 是　　　　　　　　　　B. 否

3. 您是否同意闽江流域上游为了发展当地经济可以向河流排放污染物质？

A. 是　　　　　　　　　　B. 否

4. 您认为保护流域水源是整个流域的责任吗？

A. 是　　　　　　　　　　B. 否

　如果选择 A，请您继续回答；如果选择 B，请跳过第 5～7 题，直接回答第二部分内容

5. 如果是整个流域的责任，您是否支持下游地区适当地补偿上游地区实现流域保护和恢复计划？

A. 是　　　　　　　　　　B. 否

　如果选择 A，请您继续回答；如果选择 B，请跳过第 6～7 题，直接回答第二部分内容

6. 如果政府为了保护闽江流域水源和生态系统、恢复流域环境，而进行财政资金投入，但由于政府财力有限，需要在整个流域筹集私人资金，假设需要您或您的家庭支付一定数额的费用（自愿性质），您愿意每月从您或您的家庭收入中最多拿出多少钱支持这一计划？

0 元　5 元　10 元　15 元　20 元　25 元　30 元　40 元　45 元　50 元　55 元　60 元　65 元　70 元　75 元　80 元　85 元　90 元　95 元　100 元　110 元　120 元　130 元　140 元 150 元　160 元　170 元　180 元　190 元　200 元　225 元　250 元　275 元　300 元　350 元　400 元　450 元　500 元　>500 元的，请在后面的空格里填入具体数额____元

7. 您愿意采取哪种方式支付这种费用？

A. 多交水电费　　　　B. 交付生态保护税　　C. 捐款
D. 出义务劳动工　　　E. 其他形式

## 二、个人及家庭基本特征

8. 您的性别：

A. 男　　　B. 女

9. 您的户籍：

　　A. 居民　　　　B. 农民

10. 您的年龄：

　　A. 18~25 岁　　　　　B. 26~35 岁　　　　　C. 36~50 岁

　　D. 51~60 岁　　　　　E. 61 岁以上

11. 您的学历：

　　A. 小学及小学以下　　B. 初中　　　　C. 高中（中专或技校）

　　D. 大专　　　　　　　E. 大学本科或以上

12. 您的职业：

　　A. 政府行政管理人员　　B. 高校教师与学生　　C. 科研院所研究人员

　　D. 企事业单位职工　　　E. 农、林、牧、渔、水利业生产人员

　　F. 无职业者（包括失业、下岗、离退休等）

13. 您全家一年的总收入是多少元？

　　A. 5000 以下　　　　　B. 5001~10000　　　　C. 10001~20000

　　D. 20001~30000　　　E. 30001~40000　　　F. 40001~50000

　　G. 50001~60000　　　H. 60001~70000　　　I. 70001~80000

　　J. 80001~90000　　　K. 90001~100000　　　L. 100000 以上


调查至此结束，谢谢您的真诚合作！


时间：　　年　　月　　日　　　　　　地点：

访员姓名：＿＿＿＿＿＿＿（签名）

# 附录4

# 闽江流域农户参与农业面源污染治理的意愿调查表

问卷号：□□□　　　　　　　　　　　登录号：□□□

尊敬的受访者：

您好！胡锦涛同志在十八大报告中指出：大力推进生态文明建设，是关系人民福祉、关乎民族未来的长远大计。当前应该坚持预防为主、综合治理，以解决损害群众健康的突出环境问题为重点，强化水、大气、土壤等污染的防治，从源头上扭转生态环境恶化趋势，为人民创造良好生产生活环境，为全球生态安全作出贡献。

福建是全国生态建设的先进省份，闽江流域是福建优美生态环境的天然屏障。既要"百姓富"，又要"生态美"，是当前福建省委、省政府提出的重要工作目标和总体要求，这是福建社会科学界关心的理论热点问题。近年来，闽江流域中心城市和工业点源污染得到有效治理，但是农业面源污染却呈现加剧趋势；尤其是地处闽江上游的三明、南平是经济欠发达地区，农业生产、农民增收与环境保护的矛盾十分突出。本课题组拟开展随机抽样调查，了解农户参与农业面源污染治理的意愿、能力和政策需求等。

请您协助我们完成问卷调查。本问卷采取不记名方式，所有数据均只用于统计和研究。请您放心按照自己的实际情况和真实想法回答问题，您的答案将完全被保密。请在您认为的最佳选项上打√。感谢您的配合与帮助！

国家社科基金青年项目《基于网络治理视角的流域区际生态利益协调机制构建》

2012 年 12 月

采访地点：_____镇_____村　　　被访者姓名：_____

家中是否有人是村干部：____　　　采 访 日 期：_____

## 一、农户家庭基本信息

1. 您家庭成员中核心劳动力的年龄是：

    A. 18~30 岁　　　　　　B. 31~50 岁　　　C. 50 岁以上

2. 您家庭成员中核心劳动力的学历为：

    A. 小学及小学以下　　　B. 初中　　　　　C. 高中（中专）

    D. 大专　　　　　　　　E. 大学本科及以上

3. 您家庭成员中的最高学历为：

    A. 小学及小学以下　　　B. 初中　　　　　C. 高中（中专）

    D. 大专　　　　　　　　E. 大学本科及以上

4. 从事农业生产的行业：

    A. 种植业　　B. 畜禽养殖业　　C. 渔业养殖　　　D. 林业种植

5. 您的家庭总收入：_____元，其中农业收入_____元，非农收入_____元。

## 二、农户对农业面源污染的认知程度

1. 您平时是否关心闽江流域水污染问题？

    A. 关心　　　　　　　　B. 不关心

2. 您周围的水是否存在污染？

    A. 存在　　　　　　　　B. 不存在　　　　C. 不知道

3. 您家承包农用地的化肥农药施放量如何？

    A. 开展测土配方，适度施放　　B. 根据个人积累的经验确定施放量

    C. 根据作物情况确定施放量

4. 您认为您家承包地的污染程度如何？

    A. 无污染　　　　　　　B. 污染程度一般　　C. 污染程度严重

5. 您是否听说过农业面源污染？

    A. 听说过而且比较了解        B. 听说过，但不太了解

    C. 没听说过

6. 您认为农业面源污染的危害程度如何？

    A. 非常大        B. 较大        C. 危害小        D. 无危害

7. 您认为农业面源污染治理是谁的责任？

    A. 政府                B. 农户

    C. 政府为主、农户为辅        D 政府为辅、农户为主

8. 若政府对农业面源污染治理提供补贴，您更倾向于哪种方案？

    A. 现金补贴                B. 技术援助

    C. 有机肥价格补贴           D. 实施尾水标准

### 三、种植户对农业中农药化肥施用补助的意愿

1. 您认为是否有必要对农业面源污染进行防治？

    A. 没必要        B. 无所谓        C. 很有必要

2. 您是否获得过有关氮肥①流失防治的政府补贴？（选 A 的继续作答）

    A. 获得        B. 没获得

3. 如果获得，补贴内容是：

    A. 施用商品有机肥           B. 测土配方施肥补贴②

    C. 直接进行水质污染治理

4. 如果政府给予您一定量的补贴，您是否愿意减少化学氮肥到规定用量以

    下（纯氮量 21.85 公斤/亩，相当于 46.8 公斤尿素）？

    A. 不愿意        B. 愿意        C. 视情况而定

5. 如果您选择了您愿意减少的化学氮肥施用量后，您希望获得的补贴是

    _____元/亩。

    A. 50 元/亩以下        B. 50～200 元/亩        C. 200～350 元/亩

    D. 350～500 元/亩        E. 500～650 元/亩

6. 您不愿意减少化肥的使用量是因为？（愿意的不作答）

---

    ①  氮肥：常见的有尿素、碳铵、硝铵、硫铵等。

    ②  施用测土配方肥补贴：在农业科技人员指导下科学施用配方肥。

A. 担心粮食产量降低　　　　　　　　B. 担心政府发放补贴不到位

C. 耕地离家较远，减少施肥量会带来很多麻烦，不便于管理作物

D. 其他

### 四、养殖户对规模化养殖治理补助的意愿

1. 你认为规模化养殖所造成的污染是否需要防治？（选 1 继续作答）

A. 需要　　　　　　　B. 不需要　　　　　　C. 无所谓

2. 您认为应如何减少规模化养殖对环境造成的污染？

A. 缩小养殖规模　　B. 引进排污设备　　C. 聘请专业排污公司

3. 若政府对规模化养殖进行补助，您更倾向于采用以下哪种方法减少规模
畜禽养殖造成的危害？

A. 政府提供现金支持，自己进行排污处理

B. 政府提供现金支持，聘请专业的公司进行排污处理

C. 政府提供技术支持，对养殖过程进行无害化处理

D. 政府增加投入进行综合治理

### 五、您对闽江流域面源污染治理建设有什么建议？

再次感谢您的配合！

# 参考文献

## 中文文献

### 著作类

1. 尼古拉斯·亨利：《公共行政与公共事务》，华夏出版社，2002。

2. 埃莉诺·奥斯特罗姆：《公共事物的治理之道》，上海三联书店，2000。

3. 埃莉诺·奥斯特罗姆：《制度激励与可持续发展》，上海三联书店，2000。

4. 迈克尔·麦金尼斯：《多中心治道与发展》，上海三联书店，2000。

5. 迈克尔·麦金尼斯：《多中心体制与地方公共经济》，上海三联书店，2000。

6. 曼瑟尔·奥尔森：《集体行动的逻辑》，上海三联书店，2003。

7. 奥利弗·E. 威廉姆森：《治理机制》，中国社会科学出版社，2001。

8. 青木昌彦：《比较制度分析》，远东出版社，2002。

9. 查尔斯·沃尔夫：《市场或政府》，中国发展出版社，1995。

10. 丹尼尔·F. 史普博：《管制与市场》，上海三联书店，2003。

11. 彼德·布劳：《现代社会中的科层制》，学林出版社，2001。

12. 盖瑞·米勒：《管理困境——科层的政治经济学》，上海三联书店，2002。

13. 埃瑞克·G. 菲吕博顿、鲁道夫：《新制度经济学》，上海财经大学出版社，1998。

14. 乔·B. 史蒂文斯：《集体选择经济学》，上海三联书店，2003。

15. 思拉恩·埃格特森：《经济行为与制度》，商务印书馆，2004。

16. 丹尼尔·W. 布罗姆利：《经济利益与经济制度——公共政策的理论基础》，上海三联书店，1997。

17. 丹尼斯·C. 缪勒：《公共选择理论》，中国社会科学出版社，1999。

18. 约翰·罗尔斯：《政治自由主义》，译林出版社，2000。

19. 爱德华·弗里曼：《环境保护主义与企业新逻辑》，中国劳动社会保障出版社，2004。

20. 陈振明：《公共管理学——一种不同于传统行政学的研究途径》，中国人民大学出版社，2003。

21. 陈瑞莲等：《区域公共管理理论与实践研究》，中国社会科学出版社，2008。

22. 俞可平：《治理与善治》，社会科学文献出版社，2001。

23. 杨冠琼：《政府治理体系创新》，经济管理出版社，2000。

24. 谢庆奎等：《中国地方政府体制概论》，中国广播电视出版社，1998。

25. 林尚立：《国内政府间关系》，浙江人民出版社，1998。

26. 董辅礽等：《集权与分权——中央与地方关系的构建》，经济科学出版社，1996。

27. 周伟林：《中国地方政府行为分析》，复旦大学出版社，1997。

28. 朱光磊：《当代中国政府过程》，天津人民出版社，2002。

29. 荣敬本：《从压力型体制向民主合作型体制的转变》，中央编译出版社，1998。

30. 杨春学：《经济人与社会秩序分析》，上海三联书店，1998。

31. 何增科：《公民社会与第三部门》，社会科学文献出版社，2000。

32. 张紧跟：《当代中国政府间关系导论》，社会科学文献出版社，2009。

33. 孙柏瑛：《当代地方治理——面向 21 世纪的挑战》，2004。

34. E. S. 萨瓦斯：《民营化与公私部门的伙伴关系》，中国人民大学出版社，2001。

35. 余晖、秦虹：《公私合作制的中国实验》，上海人民出版社，2005。

36. 舒庆、周克瑜：《从封闭走向开放——中国行政区经济透视》，华东师范大学出版社，2003。

37. 孔繁斌：《公共性的再生产——多中心治理的合作机制建构》，江苏人民出版社，2008。

38. 保罗·R. 伯特尼、罗伯特·N. 史蒂文斯：《环境保护的公共政策》，上海三联书店，2004。

39. 朱迪·丽丝：《自然资源——分配、经济学与政策》，商务印书馆，2002。

40. 布鲁斯·米切尔：《资源与环境管理》，商务印书馆，2004。

41. 爱德华·弗里曼等：《环境保护主义与企业新逻辑》，苏勇、张慧译，中国劳动社会保障出版社。

42. 曲格平：《国情与选择——中国环境与发展战略研究》，云南科技出版社，1994。

43. 李康：《环境政策学》，清华大学出版社，2000。

44. 姚志勇：《环境经济学》，中国发展出版社，2002。

45. 曾思育：《环境管理与环境社会科学研究方法》，清华大学出版社，2004。

46. 徐祥民、田其云等：《环境权——环境法学的基础研究》，北京大学出版社，2004。

47. 吕忠梅：《环境法新视野》，中国政法大学出版社，2000。

48. 韩德培：《环境资源法》，法律出版社，2001。

49. 李艳芳：《公众参与环境影响评价制度研究》，中国人民大学出版社，2004。

50. 姚从容：《公共环境物品供给的经济分析》，经济科学出版社，2005。

51. 谢永刚：《水灾害经济学》，经济科学出版社，2003。

52. 谢永刚：《水权制度与经济绩效》，经济科学出版社，2004。

53. 罗勇、曾晓非：《环境保护的经济手段》，北京大学出版社，2002。

54. 郑易生、王世汶：《中国环境与发展评论》，社会科学文献出版社，2001。

55. Terry. Anderson，Donald. Leal. :《环境资本运营——生态效益与经济效益的统一》，清华大学出版社，2000。

56. 王伟中主编《中国可持续发展态势分析》，商务印书馆，1999。

57. 潘家华：《持续发展途径的经济学分析》，中国人民大学出版社，1999。

58. 周宏春、刘燕华：《循环经济学》，中国发展出版社，2005。

59. 冯尚友：《水资源持续利用与管理导论》，科学出版社，1999。

60. 张维迎：《博弈论与经济学》，上海三联书店，1996。

61. 叶民强：《双赢策略与制度激励——区域可持续发展评价与博弈分析》，社会科学文献出版社，2002。

62. 郭培章、宋群：《中外流域综合治理开发案例分析》，中国计划出版社，2001。

63. 王金南：《中国水污染防治体制与政策》，中国环境科学出版社，1999。

64. 全球水伙伴中国地区委员会：《水资源统一管理》，中国水利水电出版社，2003。

65. 广东省环保局：《泛珠三角环境合作论坛论文集》，2005。

66. 《中华人民共和国水法》《中华人民共和国水土保持法》《中华人民共和国水污染防治法》《中华人民共和国防洪法》，中国民主法制出版社，2003。

67. 斯蒂芬·戈德史密斯、威廉·D. 埃格斯：《网络化治理》，北京大学出版社，2008。

68. 王亚华：《水权解释》，上海三联书店、上海人民出版社，2005。

69. 韩绵绵：《水权交易的第三方效应研究》，中国经济出版社，2012。

70. 王浩：《水生态环境价值和保护对策》，清华大学出版社，2004。

71. 廖卫东：《生态领域产权市场制度研究》，经济管理出版社，2004。

72. 李强等：《中国水问题》，中国人民大学出版社，2005。

73. 范丽琦：《可持续的水质管理政策》，中国政法大学出版社，2010。

74. 谢剑等：《应对水资源危机》，中信出版社，2009。

75. 严法善、刘会齐：《环境利益论》，复旦大学出版社，2010。

76. 赵来军：《我国湖泊流域跨行政区水环境协同管理研究——以太湖流域为例》，复旦大学出版社，2009。

77. 陈瑞莲等：《中国流域治理研究报告》，格致出版社、上海人民出版社，2011。

78. 郑谦：《公共物品"多中心"供给研究》，北京大学出版社，2012。

79. 肖建华等:《走向多中心合作的生态环境治理研究》,湖南人民出版社,2010。

80. 王勇:《政府间横向协调机制》,中国社会科学出版社,2010。

81. 孙波:《公共资源的关系治理研究》,经济科学出版社,2009。

82. 管跃庆:《地方利益论》,复旦大学出版社,2006。

83. 中国 21 世纪议程管理中心、可持续发展战略研究组:《生态补偿:国际经验与中国实践》,社会科学文献出版社,2007。

84. 戴星翼等:《生态服务的价值实现》,科学出版社,2005。

85. 李小云等:《生态补偿机制:市场与政府的作用》,社会科学文献出版社,2007。

86. 袁弘任等:《水资源保护及其立法》,中国水利水电出版社,2002。

87. 张瑞恒等:《水资源经济论》,中国大地出版社,2003。

88. 马国忠:《水权制度与水电资源开发利益共享机制研究》,西南财经大学出版社,2010。

89. 王伟光:《利益论》,人民出版社,2001。

90. 艾米·R.波蒂特等:《共同合作》,中国人民大学出版社,2011。

91. 刘文等:《资源价格》,商务印书馆,1996。

92. 李玉文等:《流域水资源管理中社会资本作用机制的实证研究》,经济科学出版社,2012。

93. 徐大伟:《企业绿色合作的机制分析与案例研究》,北京大学出版社,2008。

94. 刘年丰等:《生态容量及环境价值损失评价》,化学工业出版社,2005。

95. 陆益龙:《流动产权的界定》,中国人民大学出版社,2004。

96. 丁任重:《西部资源开发与生态补偿机制研究》,西南财经大学出版社,2009。

97. 汪新波:《环境容量产权解释》,首都经济贸易大学出版社,2010。

98. 陶传进:《环境治理:以社区为基础》,社会科学文献出版社,2005。

99. 李晶等:《水权与水价——国外经验研究与中国改革方向探讨》,中国发展出版社,2003。

100. 黄寰:《区际生态补偿论》,中国人民大学出版社,2012。

101. 王浩等:《面向可持续发展的水价理论与实践》,科学出版社,2003。

102. 许凤冉、阮本清、王成丽：《流域生态补偿理论探索与案例研究》，中国水利水电出版社，2010。

103. WECD，*Our Common Future – From One Earth to One World*，Oxford：Oxford University press，1987.

104. 张春玲、阮本清、杨小柳：《水资源恢复的补偿理论与机制》，黄河水利出版社，2006。

105. 孔凡斌：《中国生态补偿机制：理论、实践与政策设计》，中国环境科学出版社，2010。

**论文类**

1. 胡鞍钢、王亚华：《新的流域治理观：从"控制"到"良治"》，《经济研究参考》2002 年第 10 期。

2. 朱德米：《网络状公共治理：合作与共治》，《华中师范大学学报》2004 年第 3 期。

3. 张紧跟：《组织间网络：公共行政学的新视野》，《武汉大学学报》2003 年第 4 期。

4. 傅小随：《地区发展竞争背景下的地方行政管理体制改革》，《管理世界》2003 年第 2 期。

5. 谢庆奎：《中国政府的府际关系研究》，《北京大学学报》2000 年第 1 期。

6. 陈瑞莲、张紧跟：《论区域经济发展中的政府间关系协调》，《中国行政管理》2002 年第 12 期。

7. 戴维·卡梅伦：《政府间关系的几种结构》，《国际社会科学》2002 年第 1 期。

8. 贾根良：《网络组织：超越市场和企业两分法》，《经济社会体制比较》1998 年第 4 期。

9. 罗仲伟：《网络组织对层级组织的替代》，《中国工业经济》2001 年第 6 期。

10. 王国生：《过渡时期地方政府与中央政府的纵向博弈及其经济效应》，《南京大学学报》2001 年第 1 期。

11. 蒂姆·佛西：《合作型环境治理：一种新模式》，谢蕾译，《国家行政学院学报》2004 年第 3 期。

12. 肖建华：《多中心合作治理：环境公共管理的发展方向》，《林业经济问题》2007 年第 1 期。

13. 孙柏瑛、李卓青：《政策网络治理：公共治理的新途径》，《中国行政管理》2008 年第 5 期。

14. 马晓明、易志斌：《网络治理：区域环境污染治理的路径选择》，《南京社会科学》2009 年第 7 期。

15. 黄爱宝：《论府际环境治理中的协作与合作》，《云南行政学院学报》2009 年第 5 期。

16. 李军杰、钟君：《中国地方政府经济行为分析》，《中国工业经济》2004 年第 4 期。

17. 王育宝、李国平：《环境治理的经济学分析》，《江西财经大学学报》2003 年第 6 期。

18. 易况伟、陈万志：《环境治理供给不足的经济学分析》，《技术经济与管理研究》2003 年第 4 期。

19. 赵云君、文启湘：《环境库兹涅茨曲线及其在我国的修正》，《经济学家》2004 年第 5 期。

20. 张敏、姜学民：《我国环境政策的改革思路》，《中国生态农业学报》2002 年第 12 期。

21. 夏光：《论环境政策的转型》，《中国环境报》，2001 年 7 月 13 日第 3 版。

22. 肖巍、钱箭星：《环境治理中的政府行为》，《复旦学报》（社会科学版）2003 年第 3 期。

23. 樊根耀：《环境治理中的市场机制及产权问题》，《国土资源》2003 年第 4 期。

24. 徐伟敏：《论完善我国环境保护的公众参与》，《山东大学学报》（哲学社会科学版）1999 年第 2 期。

25. 童大焕：《环境污染与政府间博弈》，《南方周末》2002 年 8 月 8 日。

26. 太晓霖：《环境问题中受益者和受害者关系动态初步分析》，《云南环境科学》2002 年第 12 期。

27. 张军涛：《生态脆弱区环境资源管理的制度与政策创新》，《公共管理学报》2004 年第 8 期。

28. 胡鞍钢等：《转型期水资源配置的公共政策：准市场和政治民主协商》，《中国水利》2000 年第 11 期。

29. 陈明：《澳大利亚的水资源管理》，《中国水利》2000 年第 6 期。

30. 里昂德·伯顿、克里斯·库克林：《新西兰水资源管理与环境政策改革》，《外国法译评》1998 年第 4 期。

31. 李琪：《国外水资源管理体制比较》，《水利经济》1998 年第 1 期。

32. 高新才等：《关于加强水资源管理的再思考》，《光明日报》2002 年 1 月 8 日。

33. 汪恕诚：《水权与水市场》，《中国水利》2000 年第 11 期。

34. 肖国兴：《论中国水权交易及其制度变迁》，《管理世界》2004 年第 4 期。

35. World Bank：《水权交易市场——机构设置、运作表现及制约情况》，孟志敏译，《中国水利》2000 年第 12 期。

36. 毛寿龙：《关于黄河断流的制度分析》，http://www.wiapp.org/duanping27.html.2000。

37. 叶民强、金式容：《公共河道水污染的博弈分析》，《华侨大学学报》（自然科学版）2001 年第 7 期。

38. 陈潭：《集体行动的困境：理论阐释与实证分析——非合作博弈下的公共管理危机及其克服》，《管理科学》2004 年第 2 期。

39. 尹云松、孟枫平：《流域水资源数量与质量分配双重冲突的博弈分析》，《数量经济技术经济研究》2002 年第 3 期。

40. 傅尔林等：《流域可持续发展中的效率与公平关系》，《生态经济》2002 年第 1 期。

41. 方子云：《水环境与水资源保护流域化管理的探讨》，《水资源保护》2001 年第 4 期。

42. 周玉玺：《流域水资源产权的基本特性与我国水权制度建设研究》，《中国水利》2003 年第 6 期。

43. 赵定涛、洪进等：《我国流域环境政策与管理体制变革研究》，《公共管理学报》2004 年第 8 期。

44. 陈湘满：《我国流域开发管理的目标模式与体制创新》，《湘潭大学社会科学学报》2003 年第 1 期。

45. 陈湘满、刘君德：《论流域区与行政区的关系及其优化》，《人文地理》2001 年第 8 期。

46. 陈湘满：《论流域开发管理中的区域利益协调》，《经济地理》2002 年第 9 期。

47. 蔡守秋：《论跨行政区的水环境资源纠纷》，《江海学刊》2002 年第 4 期。

48. 林长升、张芸：《试论流域区际利益协调》，《福建师范大学学报》（自然科学版）2002 年第 9 期。

49. 高永志、黄北新：《对建立跨区域河流污染经济补偿机制的探讨》，《环境经济》2003 年第 9 期。

50. 钭晓东：《水资源立法的"流域水环境管理"体系探考》，《浙江社会科学》2001 年第 9 期。

51. 张菊生：《淮河流域跨省河流水环境的主要问题及对策研究》，《水资源研究》2003 年第 1 期。

52. 关劲峤等：《太湖流域水环境变化的货币化成本及环境治理政策实施效果分析——以江苏省为例》，《湖泊科学》2003 年第 9 期。

53. 刘兆德：《太湖流域水环境污染现状与治理的新建议》，《自然资源学报》2003 年第 7 期。

54. 唐德善、张伟、曾令刚：《水环境与社会经济发展阶段关系——太湖流域与日本之比较研究》，《水资源保护》2004 年第 2 期。

55. 伍新木、李雪松：《流域开发的外部性及其内部化》，《长江流域资源与环境》2002 年第 1 期。

56. 陈利顶、傅伯杰：《长江流域可持续发展基本政策研究》，《长江流域资源与环境》2002 年第 5 期。

57. 何大伟、陈静生：《黄河流域水资源与水环境管理的制度安排》，《科技导报》2004 年第 3 期。

58. 陈湘满：《美国田纳西流域开发及其对我国流域经济发展的启示》，《世界地理研究》2000 年第 6 期。

59. 段永红：《我国城市污水处理市场化问题探讨》，《中国农村水电水利》2003 年第 5 期。

60. 洪大用:《转变与延续:中国民间环保团体的转型》,《管理世界》2001 年第 6 期。

61. 张志强、徐中民:《生态系统服务与自然资本价值评估》,《生态学报》2001 年第 11 期。

62. 杨妍、孙涛:《跨区域环境治理与地方政府合作机制研究》,《中国行政管理》2009 年第 1 期。

63. 王树义:《流域管理体制研究》,《长江流域资源与环境》2009 年第 4 期。

64. 黄爱宝:《论府际环境治理中的协作与合作》,《云南行政学院学报》2009 年第 5 期。

65. 张郁、丁四保:《基于主体功能区域的流域生态补偿机制》,《经济地理》2008 年第 28 卷 (5)。

66. 丛澜、徐威:《福建省建立流域生态补偿机制的实践与思考》,《环境保护》2006 年第 10 期。

67. 施祖麟、毕亮亮:《我国跨行政区河流域水污染治理管理机制的研究》,《中国人口·资源与环境》2007 年第 3 期。

68. 孙卫:《水权管理制度的国际化比较与思考》,《中国软科学》2001 年第 2 期。

69. 卢祖国、陈雪梅:《论我国流域管理碎片化治理之策》,《生态经济》2006 年第 4 期。

70. 王勇:《流域政府间横向协调机制必要性诠析——兼论流域负外部性》,《大连干部学刊》2007 年第 10 期。

71. 任敏:《我国流域公共治理的碎片化现象及成因分析》,《武汉大学学报》(哲学社会科学版) 2008 年第 4 期。

72. 毕亮亮:《跨行政区水污染治理机制的操作:以江浙边界为例》,《改革》2007 年第 2 期。

73. 张紧跟、唐玉亮:《流域水环境治理中的政府间环境协作机制研究》,《公共管理学报》2007 年第 3 期。

74. 黄爱宝:《生态善治目标下的生态型政府构建》,《理论探讨》2006 年第 4 期。

75. 刘玉龙:《从生态补偿到流域生态共建共享》,《中国水利》2006 年第

10 期。

76. 黄爱宝：《论府际环境治理中的协作与合作》，《云南行政学院学报》
   2009 年第 5 期。

77. 谢庆奎：《中国政府的府际关系研究》，《北京大学学报》2000 年第
   1 期。

78. 杨妍、孙涛：《跨区域环境治理与地方政府合作机制研究》，《中国行
   政管理》2009 年第 1 期。

79. 朱德米：《地方政府与企业环境治理合作关系的形成：以太湖流域水污
   染防治为例》，《上海行政学院学报》2010 年第 1 期。

80. 温东辉等：《美国新环境政策模式：自愿性伙伴合作计划》，《环境保
   护》2003 年第 7 期。

81. 贺立龙等：《环境污染中的合谋与监管：一个博弈分析》，《青海社会
   科学》2009 年第 1 期。

82. 沈满洪：《环境保护中的第三种机制》，《中国环境报》，2003。

83. 马强等：《我国跨行政区环境管理协调机制建设的策略研究》，《中国
   人口·资源与环境》2008 年第 5 期。

84. 张紧跟、庄文嘉：《从行政性治理到多元共治：当代中国环境治理的转
   型思考》，《中共宁波市委党校学报》2008 年第 6 期。

85. 胡若隐：《地方行政分割与流域水污染治理悖论分析》，《环境保护》
   2006 年第 6 期。

86. 余俊波等：《基于区域合作视角下的流域治理生态模型构架及其应用研
   究》，《西北农林科技大学学报》2011 年第 6 期。

87. 陈晓春、王晓燕：《流域治理主体的共生模式及稳定性分析》，《湖南
   大学学报》2013 年 1 期。

88. 邓伟根：《流域治理的区际合作问题研究》，《产经评论》2010 年 6 期。

89. 李献士、李健：《流域生态利益相关者共同治理机制研究》，《资源开
   发与市场》2013 年 1 期。

90. 董亚光：《"生态利益中心主义"取代"人类利益中心主义"的困境分
   析——兼评〈环境法律的理念与价值追求——环境立法目的论〉》，
   《改革与开放》2012 年第 10 期。

91. 彭海珍等：《环境保护私人供给的经济学分析——基于一个俱乐部物品

的模型》,《中国工业经济》2004 年第 5 期。

## 英文文献

1. Aaron T. Wolf. Conflict and Cooperation along International Waterways, *Water Policy* 1, 1998.

2. Alan. H. Victory. Sustainable Management of the Ohio River by an Interjurisdictionally Represented Commission, *Wat. Sci. Tech*, Vol. 32, 1995.

3. Blomquist W. *Institutions for Managing Ground Water Basins in Southern California.* UK: Praeger. 1995.

4. Candace Jones, William S. Hesterly, A General Theory of Network Governance: Exchange Conditions and Social Mechanisms. *Academy of Management Review*, 1997 (4).

5. Challen, Ray. *Institutions, Transaction Costs and Environmental Policy: Institutional Reform for Water Resources*, Edward Elgar publishing, Inc. . 2000.

6. Ciriacy – Wantrup, S. V. Water Policy and Economic Potimizing: some Conceptual Problems in Water Research, *American Economic Review* 57, 1967.

7. Dales, J. H. Land, Water and Ownership. *Canadian Journal of Economics*, 1968.

8. Dasgupta, P. S. *The Control of Resources.* Oxford: Basil Blackwell, 1982.

9. Editorial. Water Quality Management and Sustainability, Environmental Flows and River Basin Management, *Physics and Chemistry of the Earth*, Vol. 20, 2003.

10. Erik Mostert. Perspectives on River Basin Management, *Phy. Chem. Earth* (B). Vol. 24, 1999.

11. Erik Mostert. The European Water Framework Directive and Water Management Research, *Physics and Chemistry of the Earth*, Vol. 28, 2003.

12. F. M. Cate. River Basin Management in Lower and Upper Austria: Beginnings and Future Prospects, *Physics and Chemistry of the Earth* , Vol4, 1999.

13. Francisco A. Comin. Management of the EBRO River Basin: Past, Present

and Future, *Wat. Sci. Tech*, Vol. 40, 1999.

14. Gilbert F. White. Reflections on the 50 – year International Search for Integrated Water Management, *Water Policy*, 1998.

15. Gould, G. Water Right Transfers and Third Party Effects. *Land and Water Law Review*, 1998.

16. Grossman, Sanford J., and Hart, Oliver D. The Costs and Benefits of Ownership: A Theory of Vertical and Lateral Integration, *Journal of Political Economy* 94, 1986.

17. Harald D. Frederiksen, Water Resources Institutions: some Principles and Practices, World Bank Technical Paper Number 191, Washington, D. C. : The World Bank.

18. Hardin, Garrett. The Tragedy of the Commons. *Science*, 1968.

19. H. Bloch. The European Union Water Framework Directive: Taking European Water Policy into the Next Millennium. *Wat. Sci. Tech*, Vol. 40, 1999.

20. H. Kroiss. Water Protection Strategies—Critical Discussion In Regard to the Danube River Basin, *Wat. Sci. Tech*, Vol. 39, 1999.

21. H. Middelkoop. Toward Integrated Assessment of the Implications of Global Change for Water Management—The Rhine Experience, *Phy. Chem. Earth* (B). Vol. 26, 2001.

22. Itay Fischhendler. Spatial Adjustment as a Mechanism for Resolving River Basin Conflicts: the US – Mexico Case, *Itay Fischhendler Political Grography*, 2003, (22).

23. Janos Feher. Water Quality Management Options for a Downstream Transboundary River Basin—The SAJO River Case Study. *Wat. Sci. Tech*, Vol. 40, 1999.

24. J. A. van. Interactive Management of International River Basins: Experiences in Northern America and Western Europe. *Phy. Chem. Earth* (B), Vol25, 2002.

25. J. Burton. A Framework for Integrated River Basin Management. *Wat. Sci. Tech*, Vol. 31, 1995.

26. Jennifer L. Turner, Authority Flowing Downwards? Local Government Entrepreneurship in the Chinese Water Sector, Ph. D. diss. , Indiana University, 1997.

27. Jing Ma. Transboundary Water Policies: Assessment, Comparison and Enhancement, *Water Resoure Management*, 2008.

28. Kneese AV. *Managing Water Quality: Economy, Technology and Institutions.* Washington, DC, USA: Johns Hopjins University Press, 1984.

29. Laszlo Somlyody. Water Quality Management: Can we Improve Integration to Face Future Problems? *Wat. Sci. Tech*, *Vol.* 31, 1995.

30. Lester M. Salamon, and Odus V. Elliot, Tools of Government : A Guide to the New Governance, *Oxford University Press*, 2002.

31. LundqvistJ. Rules and Roles in Water Policy and Management: Need for Clarification of Rights and Obligations . *Water International*, 2000, (2).

32. Mather, J. *Water Resources.* John Wiley&Sones, Inc. , 1984.

33. Masahiko Aoki, *Toward a Comparative Institutional Analysis*, MIT Press, Cambridge, MA.

34. OECD, Local Partnerships For Better Governance. Pairs: OECD, 2001.

35. Olli Varis. China's 8 Challenges to Water Resources Management in the First Quarter of 21$^{st}$ Century, *Geomorphtogy*, 2001 (4).

36. Ostrom E. *Crafting Institutions for Self – Governing Irrigation Systems.* San Francisco, USA: Institute for Contemporary Studies Press, 1992.

37. Ostrom VA. *Water and Politics: a Study of Water Policies and Adminstration in the Development of Los Angeles.* USA: The Haynes Foundation, 1953.

38. Park, Seung Ho. *Managing an Interorganizational Network: A Framework of the Institutional Mechanism for Network Control*, Berlin: Organization Studies, 1996.

39. Pieter Huisman. Transboundary Cooperation in Shared River Basins: Experience from the Rhine, Meuse and North Sea", *Water Policy*, 2000.

40. Powell W W, *Neither Market nor Hierarchy: Network Forms of Organizing*, *Research in Organizational Behavior*, Greenwich, CT: JAI, 1990.

41. R. A. W Rhodes. *Understanding Governance: Policy Network, Governance, Re-*

*flexivity and Accountability.* Open University Press, 1997.

42. Vinogradov S. Transforming Potential Conflict into Cooperation Potential: the Role of International Water Law. UNESCO, 2003.

43. Pigou, A. C. *Economics of Welfare* (4ᵗʰ edition) . London: Macmillan, 1932.

44. Ruud van der Helm. Challenging Futures Studies to Enhance EU's Participatory River Basin Management, *Physics and Chemistry of the Earth*, Vol. 20, 2002.

45. Saliba, B. C. & Bush, D. B. Water Markets in Theory and Practice: Market Transfers, Water Values and Public Policy. *Studies in Water Policy and Management* No. 12 (Boulder, CO, Westview Press), 1987.

46. Sandor Kisgyorgy. Water Quality Management and Legislation in Hungary—A River Basin Approach, *Wat. Sci. Tech*, Vol. 40, 1995.

47. Smith, Fred. Market and the Environment: a Critical Appraisal. *Contemporary Economic Policy*, 1995, 13.

48. S. P. Boot. Participation in European Water Policy. *Physics and Chemistry of the Earth*, Vol. 28, 2003.

49. SpulberN, Sabbagh. *Economics of Water Resources: from Regulation to Privatization.* Boston, USA: Kluwer Academic Publishers, 1998.

50. Stevens, J. *The Public Trust : a Sovereign's Ancient Prerogative Becomes the People's Environmental Right.* University of California Davis Law Review, 1980 (4).

51. T. C. Williams. A Citizen's Approach to Integrated River Basin Management. *Wat. Sci. Tech*, Vol. 32, 1995.

52. Tom Tietenberg. *Environmental and Natural Resource Economics.* 5ᵗʰ ed. Addison Wesley Longman, Inc.

53. Whittlesey, N. Water Policy for the Twenty First Century. *American Journal of Agriculture Economics*, 1995 (5).

54. Willamson, Oliver E. *Markets and Hierarchies: Analysis and Anti − Trust Implications: A Study in the Economics of Internal Organization*, New York: Free press, 1975.

55. World Bank. Clear Water, Blue Skies: China's Environment in the New Century. Washington DC, USA: The World Bank, 1997.

# 后　记

　　我的家乡福州近郊是个山清水秀的地方，幼年时祖宅院内有口清新的水井，院外还有两口水塘，村边的小溪也是清澈见底，这些如画的风景伴随着我度过了美好的童年。然而，30多年城市化的扩张，吞噬了家门口的水塘，老宅内的井水不知不觉变得混浊，村边的溪水也已乌黑干涸。家乡水环境的恶化时常唤起我对于一泓清水的童年的记忆，也激发了我对水治理研究的兴趣。

　　感谢我的博士生导师中山大学陈瑞莲教授。她是国内率先确立区域公共管理研究方向的知名学者。2004年博士论文开题时正是她将我引入流域公共治理这一学术领域。记得在选这个题时，我曾因为觉得难度大而退却，正是陈老师的鼓励，才坚定了我持续研究的决心。这个在当时公共管理学界属于较前沿的选题，为我日后成功申报国家和省部级各类课题奠定了基础。本部专著正是我主持的2008年国家社科基金项目的最终成果。

　　感谢中山大学夏书章教授、王乐夫教授、马骏教授、蔡立辉教授、倪星教授、张紧跟教授和刘亚平博士。他们在我论文的写作、答辩过程中提出了许多富有见地的意见和建议。中山大学是我国首批开设行政管理学专业博士点的两所高校之一，有很强的学术团队，老师们的谆谆教诲让我终生难忘。夏书章教授是我国行政学界的泰斗，记得第一次听他的课时，我仿佛是一个终偿所愿的朝圣者，很是激动，如沐春风；他对我毕业论文选题的充分肯定以及对于生态治理问题的关注给我很大的激励和鞭策。王乐夫教授循循善诱、平易近人的智者风范令人印象深刻。马骏教授西学归来，他扎根现实、服务于真实世界、刻苦严谨的学者风范令人佩服。

感谢我的硕士导师福建师范大学林修果教授，他是我从事公共管理研究的领路人，一路走来，离不开他的悉心指导与用心栽培。感谢厦门大学陈振明教授，他独到而又深刻的见解以及对我学术研究的鼓励与支持，使我受益匪浅。

感谢三年博士学习"同窗共进"的同学们，他们是杨爱平、李学、许源源、谭珊颖、任敏、周映华与王惠娜等，与他们的思想交流常常让我豁然开朗。感谢福建省委党校行政学院的领导和同事将本书列入《海西求是文库》，学校给予资助出版；感谢学校科研处的同事们为我的学术研究提供了热情周到的服务。新组建的公共管理教研部朝气蓬勃，气氛融洽，领导与同事对我的工作给予了最大的支持。

感谢我的家人。无论何时，遇到多大困难，我的父母总是对我充满信心，他们的爱是我前行的动力。我的先生黎元生博士对我的学习与研究给予了理解，三年求学聚少离多，他的勉励让我的求学之路未曾感到孤单。黎晓妍是我们可爱的女儿，随着她的诞生，尽管我的生活有些慌乱，学术研究进程也为之放缓，但她却让我体验到了人生别样的喜悦与满足。

感谢为本书写作提供帮助的许多朋友。2004 年至 2013 的 10 年期间，我曾到珠江流域、闽江流域一些地区实地调研，得到了当地许多朋友的热情相助，他们对脚下土地与河水的深情感染了我。2010 年下半年受福建富闽基金会的资助，我还前往美国北卡罗来纳大学威明顿分校公共与国际事务系做访问学者，合作导师 Mark. T. Imperial 毫无保留地将他流域治理的研究成果与我分享，进一步拓展了我的学术视野。

感谢社会科学文献出版社的赵慧英编辑，她为本书的出版付出了辛勤的劳动。当然限于个人的研究能力与水平，本书仍有许多不足，欢迎同行专家批评、斧正。在本书付梓之即，我的译著《水的治理：复杂的跨国政治与全球制度构建》也将计划出版，原著作者 Ken Conca 教授在序言中引述了一个中国古老的民间故事：很久以前中国有一个刻石头的工匠整天用他在河边找到的彩石雕些鸟、鹿以及水牛。当年轻的学徒惊讶地问他怎么知道该雕什么时,他说:"我总是倾听石头怎么说,石头会告诉我它想要成为什么。"Ken Conca 教授说他要努力倾听河边石头的心声。我的愿望亦是如此:希望越来越多的人关注水,越来越多的人乐意倾听河流的心声。

胡　熠

2013 年 7 月于福州

**图书在版编目（CIP）数据**

流域区际生态利益网络型协调机制／胡熠著 . -- 北京：
社会科学文献出版社，2013.9（2019.6 重印）

（海西求是文库）

ISBN 978 – 7 – 5097 – 5050 – 6

Ⅰ.①流…　Ⅱ.①胡…　Ⅲ.①流域 – 生态环境 – 管理
体制 – 研究Ⅳ.①TV213.4

中国版本图书馆 CIP 数据核字（2013）第 214399 号

· 海西求是文库 ·

## 流域区际生态利益网络型协调机制

著　　者／胡　熠

出 版 人／谢寿光
项目统筹／王　绯
责任编辑／赵慧英　关晶焱

出　　版／社会科学文献出版社 · 社会政法分社（010）59367156
　　　　　　地址：北京市北三环中路甲 29 号院华龙大厦　邮编：100029
　　　　　　网址：www. ssap. com. cn
发　　行／市场营销中心（010）59367081　59367083
印　　装／三河市龙林印务有限公司

规　　格／开　本：787mm × 1092mm　1/16
　　　　　　印　张：22　字　数：358 千字
版　　次／2013 年 9 月第 1 版　2019 年 6 月第 3 次印刷
书　　号／ISBN 978 – 7 – 5097 – 5050 – 6
定　　价／79.00 元